太陽光植物工場の新〔

野口伸　橋本康　村瀬治比古　[編・著]

養賢堂

巻頭言
何故，いま太陽光植物工場か

　本書は，この3年間（2008-2011），日本学術会議の関係分科会にWGを設けて審議された「知能的太陽光植物工場の新展開」に基づいて企画・刊行される植物工場に関する全く新しい学術図書である．わが国唯一の植物工場に関する学術をミッションとする日本生物環境工学会（日本学術会議公認，日本農学会承認）から選抜される学識者，すなわち園芸学，植物生理学，情報工学，システム制御学，農業工学等々の意欲的な精鋭から構成されるWGにおいて審議されてきた「太陽光植物工場」の公的な報告書[1]が2011年6月に刊行された．その報告書は，関係省庁や学術機関に配布され，それに対する応答や反響も出始めている．

　そこで，WGに係わった者を中心に，その報告書に軸足を据え，農商工連携等で社会の関心が高まっている植物工場を新たな視点でやや詳しく扱う本邦初の植物工場に関する解説書の刊行を試みた．

　植物工場が，農学と工学にまたがる新しい農業を目指していることは，多くが漠然と認識し，特に人工光植物工場が，レストランの片隅でサラダ菜等を栽培し，客の関心を集めていること等，ある意味で社会の関心事となっている．

　しかし，世界的なスタンスでは，欧米人が既に論評しているように，人工光植物工場には新規性はあるものの，オランダ等の大規模な高品質・多収穫の生産システムに比べると実用性に迫力を欠き，欧米が真似したい日本の技術ではない，と手厳しい．わが国では，ハイテクに進みつつある施設園芸の方がより期待されるのでは，と云うのが農業サイドの一般的な見方のようであった．しかし，オランダに見られるコンピュータで生産性を飛躍的に増大させてきたグリーンハウス・ホーティカルチャーに較べると，わが国の施設

園芸は技術，システム共に現状の延長線上では，北欧並みの大きな発展は難しい．工業国日本の国力を活用し，食料生産を革新するには，まず北欧を見習い，やがてそれを凌駕すべきとの風潮が強まっている．行政も従来の農林水産省に経済産業省も加わった「農商工連携」の視点の重要性から，単なる閉鎖的な従来型農業の枠内からの脱却が望まれ，社会の反応も期待も多面的にゆれ動いている．

わが国で名付けた「植物工場」の名称を最大限に拡大解釈し，オランダのコンピュータをフルに活用したグリーンハウス・ホーチカクチャーを「太陽光植物工場」と位置付け，工業国日本により相応しい画期的な次世代食料生産システムを目指そうと云うのが，上記WGの意図したところである．

わが国と同様，工業国でもあり，農業国でもある北欧のオランダでは，太陽光を最大限に利用し，その平面積が1 haを超える巨大なグリーンハウスが林立する栽培団地で園芸作物の工場生産を実現しており，前述のように，グリーンハウス・ホーティカルチャーと称し，新しいタイプの農業を繁栄させている．栽培作物も，わが国に較べれば比較にならない多様さ，しかも高品質・多収穫を実現している．まさに大規模で，実用的な「太陽光植物工場」である．このグリーンハウス・ホーティカルチャーは，わが国の施設園芸とは異次元の工場的なシステムであり，他方，前述の日本だけの人工光植物工場では勝負にならない，ある意味で本格的な，しかも将来性に富んだ農業生産システムである．

長い伝統の農業生産分野において，自然環境を調節した栽培システムに関して世界を見回すと，『日本的な（零細な）施設園芸』，わが国の工業界が「農の論理」とかけ離れた視点で開発した『人工光植物工場』，そして，「農の論理」と「エネルギーの有効活用」に沿い，集約的な農業生産システムとしてオランダで開発された『グリーンハウス・ホーティカルチャー（太陽光植物工場）』の3種に大別される．植物工場が次第に世間で知られると拡大解釈で上記の3種を総体的に植物工場と言うこともありうることで，「群盲が象を撫でる」の類で，本質が歪められ，誤った情報が伝播することも否定できない．

いかなる分野でも，発展の途上では，従来の経緯（従事者にとっては経験年数や経験形態等）が厳然と存在し，見える姿，根底の論理等，全く異なる場合がある．植物工場は，まさに発展の途上に就いたと云っても良い状況にあり，農業界，工業界，国際的な知識（学術）等々，何れを主な背景に持つか，或いは軸足とするかによって，専門家や関係者と云われる各位にとっても，上記3種に関しては，それぞれを論じるスタンスは，異なるのは当然であり，背後にある学術に関しては，さらに見通しが困難なのは云うまでもない．

　さらに，社会の関心が高まり，行政の農商工連携等が進展すると，問題は，一層複雑になる．支援・指導する省庁も，経済産業省，農林水産省，文部科学省等々に係わり，技術的な表現や用語も，使用される現場や技術者で，少なからず異なることも起こりうる．用語だけではなく，基本的な学術，今後の発展に寄与する軸になる科学技術とイノヴェーションの見通しを整理することが，急務と云えるであろう．

　ここに全く中立な日本学術会議の社会貢献の必然性が浮上する次第である．
　詳細は，本書の各章に譲るが，上記3種の栽培システムに於いて，今後の学術はどのような方向を目指すべきか，残念ながら共通の方向性には収束しない．

　最も有望で，現在我が国で開発が遅れているオランダのグリーンハウス・ホーティカルチャー「太陽光植物工場」に視点を集中することとし，システム科学と生物学の織り成す学術を基準とし，それを本書の中心に据えることとした．

　第1部でわが国の今後の太陽光植物工場の発展に必要と考えられる基本的な学術，すなわち「計測」と「システム制御」を中心とする機能的工学を取り上げる．今まで，わが国の農園分野で全く縁の薄かったシステム科学に視点を置き，システム同定を強調し，今後の太陽光植物工場のイノヴェーションを展望することを旨とする．カバーすべき生物学として，ファイトトロニクス，SPA（スピーキング・プラント・アプローチ）等々目新しい用語が数

多く出てくるが，工学に係わる学徒・技術者，特に農業工学関係者のターゲットとすべきキー・ワードであり，新たな視点を提供できれば幸いである.

さらに，今後の食料生産システムとして期待される太陽光植物工場の概念をより一層明確にし，その依拠すべき学術を整理し，従来の人工光植物工場，施設園芸（先端的施設園芸）との違いを明らかに示した学術会議の対外報告書「知能的太陽光植物工場の新展開」を詳しく解説する.

モデルとすべきオランダの太陽光植物工場の現状認識に関しては，色々な視点からの論評が可能である．本部の最後に，新規にこの面への関与を希望する従来からの農園技術者，研究者の近親感を阻害しないように，施設園芸に永らく携わり，オランダのグリーンハウス・ホーティカルチャー「本書では太陽光植物工場と記す」を詳しく観察してこられた池田先生が，園芸学者として観察してきたグリーンハウス・ホーティカルチャーについて，従来の施設園芸の延長として，氏が考える表現で書いて頂いた．システム科学へのスムーズなガイダンスに資する有効な記事であり，その意義は大きい.

第2部では，農商工連携植物工場プロジェクトで行政が拠点研究機関（拠点大学）を指定し，巨額の試験研究補助金を交付した大阪府立大学，愛媛大学，千葉大学に於ける実施例を，そして総務省の地域ICT利活用広域連携事業として琉球大学が開発した植物工場の例を紹介する．(1) 大阪府立大工学部（当初は農学系研究者がプロジェクトを企画したが，実施の便を考慮し現在，工学部へ移籍）に経済産業省が補助する植物工場は，オランダ型のものではなく，技術大国日本の先端的な理工学技術を投入し，植物生産に係わる生理・生態のメカニズムの解明や今後の食料生産のイノヴェーションを目途とする研究開発型の人工光植物工場であり，現在知られる商業用人工光植物工場とは全く異次元の斬新な植物工場への補助である．(2) 愛媛大学農学部は，第19期の日本学術会議の提言[2]に沿い，いち早く西南暖地型太陽光植物工場に関する拠点形成に着手したため，その延長上，並びに拡充のために，経済産業省と農林水産省が行った太陽光植物工場に関する巨額の補助である．(3) 千葉大学園芸学部は，施設園芸に伝統的な拠点大学であったため，

農林水産省がその線からの植物工場への展開への補助であり，(4) 総務省による琉球大学への亜熱帯型植物工場への補助を，それぞれ紹介する．今後の成果を期待したい．

　行政が判断した，わが国に適する現状からの各種の補助であり，先端的な大阪府立大学の「人工光植物工場」あり，オランダ型を目指す愛媛大学の「太陽光植物工場」あり，先端的な施設園芸から植物工場を目指す千葉大学あり，そして亜熱帯に於ける植物工場を開発する琉球大学の「特殊植物工場」あり，…と漠然と世間が捉える植物工場の全ての揃い踏みといっても過言ではない．比重が置かれる科学技術にも，発展途上，成熟期等の状況や経緯を踏まえ，従事する者のこだわり，現状の素直な認識等々，関係者の深い思いを背景に，読者への情報提供に関しては，これ以上の素材は無いであろう．第1部の今後の植物工場への技術動向で縛ることなく，全く編集者の意図を加えずに，それぞれの拠点大学が，それぞれの価値観で，ありのままの現状認識を書いて頂いている．それらのズレの大きさが今後への課題を示唆するであろう．第2部は各方面の関係者に大いに参考になる貴重な情報と云えるであろう．

　第3部は，第一部の「太陽光植物工場」の方向性に沿った関連の技術動向を紹介する．主として学術会議WGに参加して頂いた同志にお願いしている．

　「環境調節」の学術から見ると，太陽光植物工場，人工光植物工場，施設園芸（先端的施設園芸）等は，俯瞰的，あるいは学際的な視点からは，相互の協力関係が極めて重要なことは云うまでもない．「太陽光植物工場」がわが国で発展していくために，「温故知新」の古き教えを尊重し，上記の関連分野の学術から必要な情報を吸収することが重要であり，この第三部では，それに資する姿勢が読み取って頂ければ幸いである．

　本書を一読された後，読者は，従来の関係図書に見られるような「我田引水を思わせる狭い植物工場」のイメージではなく，広義に見た植物工場とはこんなに守備範囲が広いのか！　そしてこれが（国際的視点から見る）わが

国の現実か，とご理解いただけるであろう．そこから抜け出して，我が国に相応しい植物工場を目指すにはどうすれば良いか？　わが国の国情に合致し，世界の植物工場を目指すには，システム科学と躍進著しい生物学を車の両輪とし，オランダのグリーンハウス・ホーティカルチャーに追いつき，さらに抜き去り，「太陽光植物工場」の覇者を目指すべきであろう．これを関係者一同，わが国の伝統である協調の文化に逆らわず，一歩一歩押し進めること，本書がそのような途への一里塚となれば，編集者，著者一同の慶びとするところである．

野口　　伸（日本学術会議会員，日本生物環境工学会会長，北海道大学教授）

橋本　　康（日本学術会議連携会員，日本生物環境工学会名誉会長，国立大学法人・愛媛大学名誉教授）

村瀬治比古（日本学術会議連携会員，日本生物環境工学会理事長，大阪府立大学工学部教授）

（アイウエオ順）

1)　野口他：学術会議第 21 期対外報告（2011.6）
2)　橋本他：学術会議代 19 期対外報告（2005.6）

日本学術会議報告「知能的太陽光植物工場の新展開」の要旨

(2011-6-20　日本学術会議幹事会承認)

1. 作成の背景

　人口増大，異常気象，砂漠化等による耕地面積の減少等々のネガティブ要因の予想を超える拡大により，農業生産の新たな展開は，世界各国にとって喫緊の最重要課題の一つとして捉えられている．特に，圧倒的な工業生産への集中で発展してきたわが国においては，労働力は農村を離れ，社会全体が農業といかに係わっていくかの論議は後回しにされ，日本農業の改善方向は，いまだ明確にされず，食料供給には多くの深刻な問題が残されている．さらに，東日本大地震における原子力発電所事故における農地の放射線汚染の回避を含めて，大災害時の長期的な食料確保の安全保障への対応が求められる．このような工業化社会が優先する状況におけるわが国の新たな農業生産への取り組みとして，工業技術を活用する植物工場への期待は少なくない．生物学と工学との複合領域で展開される植物工場は，両者の体系的な学術に立脚し，システム科学を包含するサステイナブルな展望が示せなければ，その有用性に対する社会の理解は得られないであろう．植物工場の有用性の評価が分かれ，今後の展開の方向性が絞られぬまま最近に至っていることは誠に遺憾なことである．以上の認識に基づいて，農業情報システム学分科会では，WG「知能的太陽光植物工場」を設置して，わが国の食料生産手段としての植物工場の広範な普及を実現するために不可欠な科学技術とこれからの学術研究のあり方について審議を重ねてきた．

2. 現状及び問題点

　人工光植物工場は都市域で廃ビル等に注目し，水耕栽培システムを設置し，

外気と切断された閉鎖環境下において，人工光で栽培する葉菜類は，珍しくもあり，アメニティー的な効果もあり，存在自体には少なからぬ価値が認められて当然である．だが食料生産の長い歴史の主役を担ってきた農業界から見ると，現在実用に供されている植物工場は，従来型の農業と対比し，扱う品種が少数，果菜や穀物への拡大が期待できない等々，多くの欠点だけが指摘され，正当な評価に至らなかったことは容易に理解できる．しかし，この種の植物工場は，世界的に見て，実は少数の存在であり，詳しくは人工光植物工場と「人工光」を頭に被せる植物工場に過ぎない．このような状況を憂慮し，平成17年に日本学術会議19期農業環境工学研究連絡委員会では，農村地域に工業国に相応しい植物工場を普及させ，気候条件が大きく異なるわが国の特性を考慮し，全国何箇所かに拠点を設け，そこで西欧型の一棟の面積が1haを越える広いグリーンハウスで太陽光をフルに活用する植物工場による農業生産の技術形成を行い，従事者の養成を含め，新たな食料生産の増大を指向すべきである，との提言を行った．この対外報告に従い，直ちに愛媛大学を中心とする四国国立3大学が研究チームを組織し，大きな方向性が示された．平成21年に経済産業省と農林水産省による農工商連携組織が，愛媛大学，千葉大学，大阪府立大学を中核に数研究機関に助成を行い，太陽光と人工光による植物工場の計画案が絞られ，それらの研究を実施する大型装置の建設が進んだ．日本学術会議の対外報告に沿うかたちで国家プロジェクトが開始し，植物工場の普及に向けた大きな一歩を踏み出したことは喜ばしい限りである．この報告は，いま社会から注目されている植物工場の次なるステップに備えて今後検討すべき情報化・システム化の観点から問題点を指摘し，農林水産省・経済産業省など関係行政機関，産官学の研究機関の今後の取り組みを喚起するために取りまとめたものである．

3. 報告の内容

(1) 植物工場の目指す環境制御型農業を育てる学術環境の整備

　オランダのような植物工場の先進国ではコンサルタントが驚異的な高品質・多収穫を実現したケース・スタディーに注目し，得られたデータに基づ

いて「栽培作物と環境調節に関するある種のエキスパート・システム」を研究開発した．このエキスパート・システムがオランダの農業生産において驚異的な成果をもたらした原動力である．すなわち，栽培技術の表面的な模倣は無意味であり，太陽光植物工場における環境条件と生理生態の応答関係を同定し，オランダに見られるような農業を革命するコンピュータ制御の芽を大きく育てる学術環境の整備がわが国においても不可欠である．

(2) 生体計測とスピーキング・プラント・アプローチ（SPA）による環境制御の必要性

太陽光植物工場では，人工光植物工場とは異なり，外界の気象条件の時系列的な変動，あるいは日変化に基づく変動によって，栽培環境と同時に生育状態も変動する．この変動に対応して収穫量を維持・増大させることが，太陽光植物工場発展のポイントである．効果的な環境制御を行うため，まず植物の生育状態の診断が必要不可欠であり，植物の生体計測結果に基づいた環境制御が本質である．この技術思想は20年以上前に提唱されたSPAと今日研究が進められている第2世代SPAであり，今後の太陽光植物工場にとって必須の概念として位置付けて学術研究を推進する必要がある．

(3) 植物栽培プロセスへのシステム科学的アプローチの推進

SPAを効果的に推進するには，環境条件に対する作物の生理状態のシステム同定が重要になる．すなわち，諸々の環境条件に応答する作物のシステム科学的な検討が必要である．植物工場のモデルプラントで実際に栽培し，実測し，試行錯誤で基本的なシステムに関する洗い直しが必須である．さらに太陽光植物工場のシステム制御において，その飛躍的な前進に向けて最適化，知能化の概念は重要である．これらの学術研究を推進して，全く効率的な植物工場のあるべき理想像，すなわち「次世代植物工場」像に結び付ける必要がある．

(4) 次世代植物工場を担う研究者・技術者の育成

農学における課題対応型教育プログラムとして「次世代植物工場」は取り組むべき課題である．「次世代植物工場」は生物学と工学の融合を高度に進めた学際・複合領域であり，さらにSPAや植物−環境複合系のモデリング

と制御，さらに最適化・知能化といった学問分野が重要となる．また，現在農商工連携プロジェクトとして行政から強力に支援されている植物工場プロジェクトにおいても情報化・システム化・自動化を重点課題に据えており，その人材育成は急務である．今後，学協会・大学・試験研究機関・企業などが連携して，教育カリキュラムや教科書など教材の整備を行うことが必須である．

日本学術会議第21期農学委員会・食料科学委員会合同
農業情報システム学分科会委員長　野口　伸（日本学術会議会員・日本生物環境工学会会長・北海道大学教授）

「知能的太陽光植物工場」WGメンバー
野口　伸（代表），野並　浩（幹事，連携会員），大政謙次（連携会員），古在豊樹（連携会員），後藤英司（連携会員），橋本　康（連携会員），町田武美（連携会員），村瀬治比古（連携会員），有馬誠一（オブザーバ），池田英男（同）石川勝美（同），今井　勝（同），位田晴久（同），上野正実（同），奥田延幸（同），川満芳信（同），近藤義和（同），清水　浩（同），高山弘太郎（同），田中道男（同），筑紫二郎（同），鳥居　徹（同），仁科弘重（同），羽藤堅治（同），原　道宏（同），松岡孝尚（同），丸尾　達（同），森本哲夫（同），吉田　敏（同）
注：日本学術会議会員，連携会員，オブザーバは同等に審議参加

目　次

巻頭言　　（i）

日本学術会議報告書の要旨　　（vii）

第1部　太陽光植物工場 ……………………………………………（1）

第1章　植物工場序論＝システム・アプローチ（橋本）……………（3）

1. はじめに ……………………………………………………………（3）
2. 植物工場とは，栽培のパラダイムシフト ………………………（4）
3. 環境制御型農業生産へ至る歴史的歩みとその背景 ……………（6）
   （1）近代農学の起源　（7）　（2）環境調節による植物生理生態の機能開発　（7）　（3）植物生理生態の計測と最適環境条件　（8）　（4）人工光植物工場の出現　（9）　（5）植物工場の国内学術振興　（9）　（6）北欧における太陽光植物工場の振興　（10）　（7）国際学会 IFAC（国際自動制御連盟）の動向　（10）
4. 植物工場に対する学術会議の取り組み ………………………（11）
   （1）学術会議の動向　（11）　（2）システム科学へ　（12）
5. システム科学的アプローチ ……………………………………（12）
   （1）システム制御の起源　（12）　（2）制御工学（Control Engineering）基づく各種デバイス　（13）　（3）制御工学からシステム科学へ　（13）　（4）横幹連合の農工商連携，植物工場への関心　（16）
6. 栽培プロセスのシステム制御 …………………………………（17）
   （1）グリーンハウスにおける栽培プロセスの特質　（17）　（2）栽培プロセスの「重み付け」とシステム制御に基づく環境調節　（18）　（3）第3世代のファイトトロニクス　（19）　（4）基礎の基礎は線形フィルタリングの考察から　（21）　1）線形フィルタイング　2）システム同定，重み関数　（5）線形フィルタリングと第3世代のファイトトロニクス　（24）　（6）人工知能（事例ベース）を活用する環境制御への道

　　　　(25)　(7) グリーンハウス・オートメーション（G-A）(26)　(8) 太陽光植物工場の CIM, CIH への展開　(26)
　7. まとめ……………………………………………………………………(27)
　8. システム・アプローチの背景 = IFAC = とその流れ…………(28)
　　参考文献……………………………………………………………………(29)
第2章　植物生体情報の計測及びシステム制御への応用（橋本・高山・
　　　　野並）………………………………………………………………(32)
　1. 植物生体情報の計測とは（橋本）……………………………………(32)
　2. 最適制御の突破口を示唆した高度な植物生体計測の若干の例（橋
　　　本）……………………………………………………………………(32)
　　　(1) 2次元画像計測による葉面温度の画像認識　(32)　(2) 植物用の MRI による2次元断層画像による水分の計測　(33)　(3) 光合成産物の動特性の解明と最適栽培への期待　(33)
　3. 生体情報を活用する環境調節（SPA）（橋本）……………………(34)
　4. 最近の植物診断「第二世代の SPA」とその成果（高山）………(37)
　　　(1) 投影面積測定システムによる水ストレス診断　(37)　1) デジタルカラー画像を用いたトマト個体の"しおれ"の数値評価　2) 高糖度トマト生産のための自動給液制御システム　(2) 葉温測定システムによる蒸散機能診断　(41)　1) 葉温と蒸散の関係　2) サーモグラフィによる蒸散機能診断　(3) クロロフィル蛍光画像計測システムによる光合成機能診断　(43)　1) クロロフィル蛍光とその画像計測　2) インダクション法による光合成機能診断　3) トマト群落の健康状態モニタリングのためのクロロフィル蛍光画像計測システム　4) 太陽光利用型植物工場における光合成機能診断例　(4) 匂い成分計測システムによる植物診断　(49)　(5) 欧州における生体情報利用の取り組み　(50)
　5. SPA から SCA（細胞診断）への期待（野並）………………………(51)
　　　(1) SCA とは　(51)　(2) プレッシャープローブと MALDI の組み合わせ　(53)　(3) 探針エレクトロスプレーイオン化　(53)　(4) リアルタイム質量分析　(54)　(5) SCA の基礎となるメタボロミクス　(57)　(6) ストレス感受の閾値　(58)　(7) SCA の新展開　(59)
　6. 植物診断から環境制御への課題（野並, 高山）……………………(61)
　　　(1) 植物診断の実用化に向けた課題　(61)　(2) 生理的要素を取り入れた制御の考え方　(61)　(3) フィードバック制御と遺伝子発現の制御　(65)

参考文献 …………………………………………………………… (67)
第3章　植物工場のシステム制御（岡山，福田，村瀬）………… (71)
1. システム制御の概要（岡山，福田，村瀬）…………………… (71)
   (1) システムとしてみた植物工場 (71)　(2) システムの数理モデル化 (72)
2. 細密農業における気流の精密制御（岡山，村瀬）…………… (73)
   (1) 細密農業 (73)　(2) 気流制御の重要性 (74)　(3) CFDシミュレータを用いた気流制御と光合成 (75)　1) ヴァーチャル栽培空間　2) 実際の栽培空間　3) ヴァーチャル栽培空間における純光合成速度の計算方法　4) シミュレーションによる計算値と実測値　(4) 栽培環境シミュレータ (81)
3. 高付加価値物質生産に向けた有用物質蓄積モデル（岡山，村瀬）(81)
   (1) 栽培システムの階層性とモデルの必要性 (81)　(2) 有用物質蓄積モデルの概要 (83)　1) 各葉の有用物質蓄積量について　2) 各葉の細胞数について　3) 各葉の生体重について　4) モデルの全体像　(3) 計測が困難なパラメータの推定 (87)　(4) 感度試験 (87)　(5) 今後の課題 (88)
4. 植物工場における遺伝子発現の診断と制御（福田，村瀬）…… (88)
   (1) 遺伝子発現の診断制御 (88)　1) 網羅的な遺伝子発現診断—DNAマイクロアレイ—　2) 非破壊リアルタイムな遺伝子発現診断—ルシフェラーゼ発光計測—　(2) 体内時計最適化植物工場 (94)
5. 体内時計の数理モデルと制御工学（福田，村瀬）…………… (95)
   (1) 体内時計のシステム同定 (96)　1) 体内時計の特徴　2) 分子機構の数理モデル　3) 体内時計の階層構造　4) 葉の数理モデル　5) 根の数理モデル　(2) 体内時計のシステム解析 (104)　1) 遺伝子発現ダイナミクス　2) 細胞間ダイナミクス　(3) 体内時計のシステム制御 (106)　(4) 体内時計制御工学 (108)　1) 基本概念　2) 最適リズム設計理論　3) リズム制御理論

参考・引用文献 ……………………………………………………… (111)
第4章　ロボットの活用（有馬，野口）………………………… (114)
1. わが国の農業の現状とIT・ロボットによるイノベーションの必要性 …………………………………………………………………… (114)
2. ロボットによる省力化と情報化 ………………………………… (116)

3. ロボットを利用した情報化農業システム……………………(117)
　　　　(1) 生育・品質の管理　(117)　(2) 植物生育診断ロボット　(118)
　　　　(3) 生育診断情報　(119)　(4) 収穫物情報収集装置　(120)
　　4. 太陽光植物工場のための収穫物情報収集機能付き収穫ロボット……
　　　　(122)
　　　　(1) トマト収穫ロボット　(123)　(2) キュウリ収穫ロボット　(124)
　　　　(3) イチゴ収穫ロボット　(125)
　　5. 太陽光知的植物工場システムの全自動化……………………(127)
　　参考文献……………………………………………………………(129)

第5章　作物の知能的扱い（森本，羽藤，野口）……………(131)
　　1. はじめに……………………………………………………(131)
　　2. 知能的アプローチ…………………………………………(132)
　　　　(1) 複雑な植物応答　(132)　(2) システム科学的に捉える　(134)
　　　　(3) 知能的アプローチの導入　(135)
　　3. ファジィ制御………………………………………………(136)
　　4. エキスパートシステム……………………………………(139)
　　5. ニューラルネットワーク…………………………………(143)
　　6. 遺伝的アルゴリズム………………………………………(146)
　　7. カオスとフラクタル………………………………………(149)
　　8. おわりに……………………………………………………(153)
　　参考文献……………………………………………………………(154)

第6章　次世代の太陽光植物工場（野口）……………………(157)
　　1. 次世代太陽光植物工場のあり方…………………………(157)
　　2. 植物工場の持続的発展に必要な基本要素………………(159)
　　3. 最適化・インテリジェント化の目指す方向……………(162)
　　4. 植物工場によるグリーンイノベーション………………(167)
　　参考文献……………………………………………………………(170)

第7章　光環境の制御（後藤）…………………………………(172)
　　1. はじめに……………………………………………………(172)
　　2. 施設内の光環境……………………………………………(172)
　　　　(1) 施設内の光環境と温度環境　(172)　(2) 光環境制御の考え方
　　　　(173)

3. 被覆資材の利用……………………………………………(175)
　　　（1）赤外線カット資材　（175）　（2）光質選択性資材　（177）
　　4. 人工光補光の利用……………………………………………(179)
　　　（3）HIDランプによる補光　（179）　（4）LED等による局所補光
　　　（180）
　　引用文献………………………………………………………(182)
第8章　防災と植物工場（村瀬）………………………………(183)
　　1. はじめに………………………………………………………(183)
　　2. 農地防災………………………………………………………(184)
　　3. 防災事業………………………………………………………(185)
　　4. 農業インフラストラクチャー（農業インフラ）……………(187)
　　5. 植物工場と災害………………………………………………(189)
　　6. おわりに………………………………………………………(190)
　　参考資料………………………………………………………(190)
第9章　オランダはどのようにして高生産性を達成したか（池田）‥(191)
　　1. はじめに………………………………………………………(191)
　　2. 日本とオランダの施設栽培の特徴…………………………(191)
　　3. サイエンスに基づいた栽培技術を展開……………………(193)
　　　（1）ロックウール（RW）栽培の普及　（193）　（2）植物体管理　（194）
　　　（3）ロックウール栽培用品種の作出　（196）　（4）天敵や受粉昆虫の利用　（198）　（5）かけ流しから循環給液管理への変化　（198）　（6）ハウス内環境の改善　（199）　（7）移動式植物栽培　（202）　（8）コジェネ／トリジェネの普及　（203）　（9）省エネから創エネへの移行　（203）　（10）分業化　（205）　（11）科学的栽培技術を利用できる人材の育成　（205）　（12）グリーンポート　（206）　（13）その他　（207）
　　4. おわりに………………………………………………………(208)
　　参考文献………………………………………………………(208)

第2部　拠点大学の現状……………………………………(209)

第10章　大阪府立大学　農業インフラとしての植物工場（村瀬，福田）
　　…………………………………………………………………(211)
　　1. はじめに………………………………………………………(211)

2. インフラクライシス……………………………………(211)
3. 農業インフラストラクチャー…………………………(212)
4. 社会インフラとしての新たな視点……………………(214)
　(1) 高齢者・障害者雇用　(214)　(2) ストレスケア　(215)　(3) 植物工場と災害　(216)
5. 先端的実証試験施設……………………………………(217)
　(1) ユニヴァーサルデザイン研究施設　(219)　(2) 解析ソフト開発研究施設　(219)　(3) 施設型ロボット開発研究施設　(220)　(4) 直流給電および固体光源開発研究施設　(220)　(5) 機能性作物育成試験施設　(220)　(6) 遺伝子組み換え作物育成試験設備　(221)　(7) 自動化多段栽培システム　(221)
6. エネルギーシステム……………………………………(222)
7. おわりに…………………………………………………(223)
参考資料……………………………………………………(223)

第11章　愛媛大学拠点を中心とした植物工場研究プロジェクト（仁科，石川，田中）………………………………………………(224)

1. はじめに…………………………………………………(224)
2. 四国地域における植物工場研究の進展………………(224)
　(1) 四国地域における植物工場研究実績と各種の協力関係　(224)　(2) 愛媛大学植物工場研究プロジェクトの進展　(225)　(3) 愛媛大学植物工場研究センター　(227)
3. 太陽光利用型植物工場であるが故の Speaking Plant Approach と知能化……………………………………………………(228)
　(1) 制御の流れから考える太陽光利用型植物工場　(228)　(2) 太陽光利用型植物工場であるが故の Speaking Plant Approach　(229)　(3) SPA 技術と知識ベースによる知的植物工場　(230)
4. 太陽光利用型植物工場の発展・普及のための SPA 技術の開発‥(231)
　(1) 光合成機能診断のためのクロロフィル蛍光画像計測システム　(231)　(2) 蒸散機能診断のための葉温測定システム　(232)　(3) 水ストレス状態診断のための投影面積測定システム　(233)　(4) 植物生育診断情報および収穫物情報のマッピングシステム　(234)　(5) 知識ベースのための植物生育のモデル化　(234)
5. 環境制御に基づいた西南暖地型太陽光植物工場の高度化……(235)
6. 太陽光利用型植物工場の発展・普及のための人材育成………(236)

7. 今後の抱負と使命 …………………………………………… (238)
  参考文献 ……………………………………………………… (238)
第12章 千葉大学における省資源・環境保全型植物工場の展開（丸尾，古在）………………………………………………………… (240)
  1. はじめに ……………………………………………………… (240)
  2. 野菜生産を取り巻く日本および中国・韓国の状況 ………… (240)
  3. 農林水産省植物工場・千葉大学拠点 ………………………… (241)
     (1) 設置の経緯 (241) (2) 事業概要と特徴 (242) (3) 研修会・視察会 (243) (4) 環境にも人間にも快適な植物工場 (244)
  4. 栽培的課題への取り組み …………………………………… (245)
     (1) 密植栽培 (245) (2) 生育制御 (246) (3) 植物工場専用品種の育成 (246) (4) 培地の少量化 (247) (5) 培養液完全循環型 (247) (6) 生理障害の回避 (247) (7) 病虫害の耕種的回避 (247)
  5. 資源利用効率と速度変数情報を考慮した植物環境制御法 … (248)
     (1) 分析・診断・効率向上システム (248) (2) 投入資源利用効率と省資源・環境保全との関係 (248) (3) 統合環境制御によるコスト・パフォーマンスの向上 (248) (4) 必須投入資源とそれらの利用効率 (252)
  6. 速度変数の計測と制御 ……………………………………… (253)
     (1) 速度変数と状態変数 (253) (2) 状態変数だけにもとづく環境制御の問題点 (254) (3) 速度変数の計測と見える化 (255) (4) 正味光合成速度 Pn と施用 CO_2 利用効率 Ec の算定 (255) 1) Pn, Ec および CO_2 損失速度 Lc の関係 2) ゼロ濃度差 CO_2 施用法 3) CO_2 損失速度の算定 4) Ec におよぼす換気回数 N と正味光合成速度 Pn の影響 5) CO_2 施用のコスト・パフォーマンス 6) 換気回数 N の連続推定
  7. 水利用効率 …………………………………………………… (259)
     (1) 人工光植物工場 (259) (2) 太陽光植物工場 (260)
  8. チッソ肥料およびリン酸肥料の利用効率 ………………… (261)
  9. 光エネルギー利用効率 ……………………………………… (261)
  引用文献 ……………………………………………………… (263)
第13章 琉球大学における亜熱帯型植物工場（川満，上野，近藤，今井）………………………………………………………………… (267)
  1. はじめに ……………………………………………………… (267)

2. 太陽光との決別―液化天然ガス（LNG）冷熱を利用した「デージファームプロジェクト」……………………………………………(268)
  3. 沖縄における植物工場の技術的課題…………………………………(271)
    (1) ハード面の課題 (271)　(2) ソフト面の課題 (272)
  4. 太陽光との再会－太陽光可変利用型植物工場………………………(272)
  5. 琉大パッケージの開発…………………………………………………(276)
  6. むすび……………………………………………………………………(277)
  引用文献………………………………………………………………………(278)

第3部　今後に向けて……………………………………………………(281)

第14章　園芸学からの話題（1）　園芸の技術形成（田中，奥田）‥(283)
  1. はじめに…………………………………………………………………(283)
  2. 園芸作物の生産技術……………………………………………………(283)
    (1) 品種の育成と選定 (283)　(2) 種苗の生産技術 (285)　(3) 品質向上のための栽培管理技術 (286)
  3. 園芸学的アプローチ……………………………………………………(290)
  引用文献………………………………………………………………………(290)

第15章　園芸学からの話題（2）（位田）…………………………(293)
  1. はじめに…………………………………………………………………(293)
  2. オランダの園芸…………………………………………………………(293)
  3. 人工光植物工場…………………………………………………………(295)
  4. 培養液管理………………………………………………………………(297)
  5. 湿度制御…………………………………………………………………(298)
  6. エネルギー生産…………………………………………………………(298)
  7. 遺伝情報発現……………………………………………………………(299)
  8. おわりに…………………………………………………………………(300)
  参考文献………………………………………………………………………(300)

第16章　園芸学からの話題（3）　生物環境調節の利用（吉田）……(301)
  1. 九州大学における生物環境調節のスタンドポイント…………………(301)
  2. 太陽光の下で行われた生物環境調節に関する基礎研究………………(303)
  3. 新たな生物環境調節への挑戦…………………………………………(307)

参考文献……………………………………………………………（308）
第17章　遺伝子発現情報を利用した環境調節（清水）……………（309）
　　1. はじめに……………………………………………………………（309）
　　2. 遺伝子発現情報を利用した環境調節の考え方…………………（310）
　　3. 環境要因と遺伝子発現の関係……………………………………（312）
　　　（1）End-of-day far-red 処理　（312）　（2）植物におけるフィードバック
　　　システム　（315）
　　4. 最後に………………………………………………………………（319）
　　　参考文献……………………………………………………………（320）
第18章　植物のヘルスケアー管理（鳥居）…………………………（321）
　　1. 栄養診断……………………………………………………………（322）
　　2. 病・害虫診断………………………………………………………（324）
　　　文献…………………………………………………………………（326）
第19章　植物機能の画像計測技術の発展とその応用（大政）………（327）
　　1. はじめに……………………………………………………………（327）
　　2. 可視・近赤外分光反射画像計測…………………………………（328）
　　3. 蛍光画像計測………………………………………………………（331）
　　4. 熱赤外画像計測……………………………………………………（334）
　　5. 3次元形状画像計測………………………………………………（336）
　　6. おわりに……………………………………………………………（338）
　　　参考文献……………………………………………………………（338）
第20章　植物工場の将来像への期待（野並）………………………（341）
　　1. どの因子を制御の対象とするのか………………………………（341）
　　2. オミクス計測科学…………………………………………………（343）
　　3. おわりに……………………………………………………………（346）
　　　参考文献……………………………………………………………（347）
　　　索引…………………………………………………………………（349）

附　著者一覧
　　野口　伸：北海道大学教授・日本学術会議会員
　　橋本　康：愛媛大学名誉教授・日本学術会議連携会員

村瀬治比古：大阪府立大学教授・日本学術会議連携会員
野並　浩：愛媛大学教授・日本学術会議連携会員
高山弘太郎：愛媛大学講師
岡山　毅：茨城大学助教
福田弘和：大阪府立大学助教
有馬誠一：愛媛大学准教授
森本哲夫：愛媛大学教授
羽藤堅治：愛媛大学准教授
後藤英司：千葉大学教授・日本学術会議連携会員
池田英男：千葉大学客員教授
仁科弘重：愛媛大学教授
石川勝美：高知大学教授
田中道男：香川大学教授
古在豊樹：千葉大学客員教授・日本学術会議連携会員
丸尾　達：千葉大学准教授
川満芳信：琉球大学教授
上野正実：琉球大学教授
近藤義和：琉球大学教授
今井　勝：明治大学教授
奥田延幸：香川大学教授
位田晴久：宮崎大学教授・日本学術会議連携会員
吉田　敏：九州大学准教授
清水　浩：京都大学教授・日本学術会議連携会員
鳥居　徹：東京大学教授・日本学術会議連携会員
大政謙次：東京大学教授・日本学術会議会員

第1部

太陽光植物工場

第1章　植物工場序論　―システム・アプローチ―

橋本　康

1. はじめに

　植物工場が最近急激に社会の注目を浴び始めた．喜ばしいことと受け止めている．しかし，農業分野に植物工場が出現し，一部マスコミの話題になったのは約30年ほど前であり，関係する学会「日本植物工場学会」が設立され，日本学術会議に承認され，国際学会（IFAC）にも関係技術委員会が立ち上げられてから，20年余が経過している．

　当時の農業界では環境調節された農業と云えば，プラスティックハウスによる施設園芸が中心であり，ハイテク工学で武装し，人工光による照明で空気調和された工場で栽培される植物工場は，社会に強いインパクトを与えたが，太陽光の恵みで発展してきた「農の論理」への配慮に欠け，農業界からは，農業の範疇ではないと激しい反発が寄せられた．残念なことであった．

　また，農学・園芸分野の中心的な学者への協力要請への努力も不十分であったためか，栽培作物の拡大や，高品質・多収穫への生物学的な成果を期待させる展望が得られないままに時が経過し，結果として開かれた俯瞰的な科学領域としての総合的な高い評価が得られないまま，苦しい展開が続いた．

　世界に目を向けると，西欧における冬の主な野菜は，オランダ，ベルギーを中心にグリーンハウス・ホーティカルチャーにより供給されていた．1棟の面積が1ヘクタールを超える巨大な建造物であり，それらが群をなし，太陽光（補光に人工光も設備）を採り入れ，大型ボイラーによる暖房システムや養液供給システムをはじめ，まさに大型機器が装備された栽培工場であった．1970年代末頃，コンピュータ制御がこのグリーンハウス・システムにも導入され，関係学会も国際園芸学会（ISHS）だけでなく，機能的な工学を守備範囲とする国際自動制御連盟（IFAC）が関与し，まさに太陽光植物工場と称されるような先端的なコンピュータ制御の野菜工場が実現し，繁栄している．

　日本学術会議第19期農業環境工学研究連絡委員会（委員長：橋本　康）で

は，世界におけるわが国のこの状況を憂慮し，今後の食料生産に有用な係わりをもてる植物工場の重要性を公的に史上初めて言及する対外報告書[1]を2005年にまとめた．国際的に見てもメジャーである太陽光植物工場を中心に，人工光の植物工場を含め，学術貢献の展望を試みたものである．すなわち，農の論理に基づき，地域の気象条件が多岐に渡るわが国の特徴を考慮し，全国にいくつかの地域拠点となる太陽光植物工場を設置し，地域に見合う拠点技術を園芸学，農業環境工学，制御・情報工学等の関連技術をベースに植物工場技術の形成を試み，それを教育・普及し，農業振興，さらには地域振興を図るべきとの提言であった．

この提言に従い，四国地区に拠点が誕生し，その成果が出始めた．それに影響されたか否かは定かでないが，経済産業省と農林水産省とによる「農商工連携」植物工場プロジェクトが2009年に立ち上がった．

日本学術会議第21期農業情報システム分科会（委員長：野口　伸）では，第19期以後の経過を踏まえ，2008年に「知能的太陽光植物工場」を課題とし審議するWGを立ち上げた．21世紀の今日，20世紀後期に開発された植物工場には，工業分野で開発された諸々の技術が応用され，部分的な新規性が話題になり，表層的には進歩や発展が陸続と継続しているかのようにも見えるが，西欧の太陽光植物工場に比較すると，多様な栽培作物，高品質・多収穫という農業の本質面では決定的な遅れを否定できない．発展を期待するには，イノヴェーションを何処に求めるかについて，抜本的で，なお俯瞰的な学術に立ち返っての審議を慎重に行った．そこで見えてきた課題は生物学とシステム科学に依拠したわが国独自の「太陽光植物工場」への新しい道である．以下に，学術会議の報告で省略した諸々の話題にも触れ，新たな道を解説したい．

2. 植物工場とは，栽培のパラダイムシフト

認識科学とは，現象の認識を目的とする理論的・経験的な知識活動である．認識科学の王者と云えばニュートン以来，永らく物理学や化学であったが，植物生理学は細胞レベルでの認識科学が猛烈に進展し，今や物理化学の王座

に待ったをかける勢いである．すなわち植物に関する科学に脚光が当たりだした．それは，とりもなおさず，植物応用科学である農業のルネサンスである．

他方，現代の高度な物造りは設計科学に依るが，対象の「ありたい姿」や「あるべき姿」を計画・説明・評価する知の形態として捉えている．設計科学とは現象の創出や改善を目的とする理論的・経験的な知識活動と定義される．

永い伝統の認識科学が，Entity（実体）→ Attribute（属性）→ Function（機能）→ Value（価値）の流に沿って解明する科学であるとするならば，現代の工学を支える設計科学は，Value（Abstract）→ Function → Attribute → Entity（Material）と，ある意味，認識科学の逆を追求することである．

さて，20世紀の後半に於いては「物造り」の自動化が高度に進展した．制御工学に基づくシステム理論・システム科学に依るところが大であった．その理論は単純なメカニズムのフィードバック制御からスタートしたが，ラージスケール・システムへと分野横断的に設計科学を拡大・進展させ，成功を収めてきた．生体・医用を含む複雑なシステム，さらに生態系を包含する巨大な環境システムまで，システム科学で解明してきた分野は限りなく広い．

さて，話を戻して，上述のように，植物生理学に於ける認識科学の高度な展開は，その逆を追及することにもなる植物応用の「物造り」，即ち農業生産への波及に連なることになろう．

この考えで，農業に於ける栽培を新たな視点，即ち，栽培システムをパラダイム・シフトする具体的システムとして「植物工場」を学術的視点に比重を置き，多面的に検討される時期に至ったと考えられる．前述のように日本学術会議第21期農業情報システム学分科会がWGを新設し，今後の農業生産の大きな柱となるべき「太陽光植物工場」に係わる学術を審議した報告書の主旨は，栽培に於ける認識科学の重視から設計科学の重視へと学術の俯瞰的展開を期することであった，と解釈することでもある．

実学的レベルでは，「従来の施設園芸」ではないシステム科学に立脚する

科学論的な方法論の重要性に注目し，「太陽光植物工場」に例をとり，今後の重点課題として掲げ，食料問題に新たな道筋を付けようとするものとも云える．

　無論，太陽光植物工場のシステム論的な進展は，人工光植物工場との相乗効果が望ましいことは云うまでもない．しかし，それは学術的に迫力を欠く現在の人工光植物工場ではなく，システム科学の先端的実証を目途とする人工光植物工場である必要がある．幸い，経済産業省の支援で大阪府立大学に設立される次世代型人工光植物工場に関わる開発研究等と相乗効果をもたらすものと期待されるが，発想の転換が極めて重要であり，本学会の期待の星であろう．

　太陽光植物工場では，システム科学に基づく園芸学の進展が期待されるが，園芸学は従来の「施設園芸」に於いても，またシステム科学に依拠する新たな「太陽光植物工場」においても，異類の園芸学である筈は無く，設計科学的な革新への追随は，連続的に徐々に進展すべきであろうことは云うまでも無い．

　しかし，園芸学と車の両輪をなすと喩えられる工学技術には，大胆な発想の転換が望まれよう．従来は，システム科学的な取り組みではなく，工学デバイスの小幅な挿げ替えやその機能アップで役割分担してきた農業工学的な役割に安住することは，許されないであろう．従来の「施設園芸」と，システム科学を基盤とする今後の「太陽光植物工場」とでは，工学面の科学技術のアプローチの方法は，全く異なるものであり，多面的な検討は当然，意識改革が一層要求されよう．

3. 環境制御型農業生産へ至る歴史的歩みとその背景[2]

　わが国で知られる植物工場は北欧型の太陽光植物工場とは大きく異なり，人工光が主流であった．実用的普及を急ぎ過ぎたため，園芸学者の十分な協力が得られず，他方，工学面では大幅なコストダウンに走り，葉菜類以外の農作物に関しては，当初理想とした「最適栽培」の課題は置き忘れられ，北欧の高品質・多収穫な最適栽培とは，比較のレベルに至ってない．北欧に比

肩し，何れ凌駕を期待される太陽光植物工場は，これからの課題である．しかし，植物工場は，そもそもの基礎となる諸々の研究に関しては，その背景の環境調節や関連する生体計測との関係で，植物科学の根底に係わる最適な環境制御の課題に挑戦してきた．今後の幅広い発展のためにも，「温故知新」ではないが，やや詳しく関連する学術を整理しておきたい．

(1) 近代農学の起源

近代農学は英国，ロンドン郊外のローザムステッド試験場に嚆矢をみたことは，広く知られている．気象条件に左右される圃場では，環境は可制御ではなく，土壌肥料の条件等をパラメータとし，その限りでの最適栽培を実証的に求めて，一歩一歩栽培に関わる経験を蓄積し，関連データを統計的に解析し，近代農学を確立してきた．時々刻々と変化する気象条件は試験区に共通に作用するので，制御できないが「コンペンセーションの原理」により，相殺された．この流れは，基本的には20世紀中葉まで変わらなかった．換言すれば，種子（育種）と環境（気象，土壌「イオン・アップテーク」）が栽培（農業生産）の決定要因であるが，種子と土壌に比重を置き，すなわち，環境のうち扱いの難しい気象は，上述のように「相殺」されるべきものか，副次的に考慮すべきもので，気象を含む環境調節に主体を置く農業は，実利は認められても，科学的なアプローチの対象とする学術ととらえるには困難であると考えられてきた．

(2) 環境調節による植物生理生態の機能開発

第2次世界大戦後に，温度・湿度等の基本的な環境要因を制御し，植物の生理生態の機能を実験する装置として，ファイトトロンが米国ロサンゼルス郊外パサデナ市のカリフォルニア工科大学に出現した．同大学のウェント教授がこのファイトトロンを利用し，トマトの生育に最適な温度環境があることを発見した．環境要因と栽培植物の生理生態に関わる厳密な学術成果であり，環境は副次的存在ではない，と世界中に大きなインパクトを与えた．環境を遺伝子と共に主役として扱い，植物科学をパラダイムシフトする道具（システム）としてファイトトロンは世界中にその存在感を明示した．

複雑な環境を要素還元した単純な制御環境条件下で植物の科学は大幅に進

展した．この新しい環境要因を重視する学術を1964年オクスフォードで開催の国際会議で公的に「ファイトトロニクス」と称した．しかし，多くの環境要因を包含する複雑な気象をファイトトロンで再現しようとし，人工気象室へ向ったが挫折することとなる．

暗黙知に言及するまでもなく，気象は階層の高い複雑な物理学そのものであり，それを人工的に制御することは難しく，しかもその環境条件で不確定要素の多い植物体（ホール・プラント）の生理生態を解明しようとしても，得られた結果はバラツキが大きく，何が解明されたか不明な，いわば五里霧中をさまよう科学と評された次第であった．なお，日本生物環境調節学会は，1962年わが国の全国の主要大学のファイトトロンの研究開発を目途に結成された．オランダのワーゲニンゲン園芸試験所にもカリフォルニア工科大と同型のファイトトロンが建設されたが，オランダ自慢のグリーンハウス・ホーティカルチャー（太陽光植物工場）に多大の影響を与えたものと思われる．

(3) 植物生理生態の計測と最適環境条件

1970年代，米国デユーク大学理学部が中心になり，新たな動きが出始めた．複雑な気象条件の造成は避け，温度，湿度，CO_2ガス濃度，光量子，イオン・アップテーク等の限定された環境要因を厳密に制御した環境条件下で，植物の生理生態のダイナミクスを解明する新たな方法論に着手し，世界から注目された[3,4]．これを，第2世代のファイトトロニクスと称すると，従来の種と土壌に加うるに，新たに上記のような環境条件が植物の生理生態に大きな影響を与えることを学術的に解明した．すなわちCO_2吸収，気孔抵抗，水ポテンシャル，転流速度等を非破壊計測し，動的な生理生態の挙動が解明された．「植物生体計測」の台頭と，その重要性が広範に理解され，作物の機能開発に大きく貢献することが認められた．この研究領域は，理学を中心に進展したが，裏を返すと，応用分野における最適栽培の根拠そのものである．ここに至って，農学の論理は「環境を積極的に活用することによって作物の生理機能の開発，すなわち最適栽培への手がかりが得られた」と修正せざるを得ない[5]．

第1章 植物工場序論 —システム・アプローチ— （ 9 ）

(4) 人工光植物工場の出現

　デューク大学と同類の論理で，独自に開発した質量分析計を中心に生体計測を実施し，温度，湿度，光の最適条件等を推測し，葉菜類の生育速度を飛躍的に高めうることを実証し，野菜を最適栽培出来るかも知れないシステムを開発した．これが日立製作所中央研究所で開発され，世に知られた人工光植物工場の誕生の本質である[6]．まさに基礎開発の時点では欧米に匹敵する学術的根拠のある環境調節システムで最適条件にピントを当てており，その論文は，後述の日米セミナーにも収録されている[7]．応用を見越して「植物工場」と命名されたが，それに値するものであった．全盛期に至った物造り国・日本における約30年前の先端工学と農学との融合で，その可能性にマスコミが注視したのは言うまでもない．

　しかし，実用化の段階では，植物の高度な生理機能をモニターし，生育状態を判断する何らかの工学手段も考慮されず，単なる，人工照明による簡易栽培施設に過ぎないと評価されるに止まり，他方，当時の農業界からは協力が得られないどころか，猛烈な反発を浴び，その価値ある存在は，ネガティブ・キャンペーンでマイノリティーな孤立感を深めていった．

　人工光植物工場は規模が小さく，栽培作物も葉菜類に限られ，省エネや地球温暖化が云々される現時点では難しい状況下に置かれている．東北大震災による原発事故で，この種の栽培への価値が再発見されれば幸いである．

　いずれにしろ実用化に耐えている人工光植物工場は，環境調節の視点から見るとシンプルに環境条件を還元した準最適条件下での効率的な周年生産システムであり，パラダイムシフトの先行事例として診るならば，その存在価値（レイゾン・デイトル）は決して小さくはない．

(5) 植物工場の国内学術振興

　当時のビニールハウスを用いた施設園芸とは全く異次元の発想のこの新技術を擁護し，発展させるために，1989年に日本植物工場学会が創設された．（社）計測自動制御学会，日本生物環境調節学会の支援を得て類を見ない農工融合の学会が出現した．しかし，工学面も新規参入の中小の企業が成果を可視化出来るデバイスに比重が大きく，基幹技術であるシステム制御は忌諱

され，「先進的施設園芸」との性能比較でも明確な特徴を打ち出せず，名称のイメージのみが期待感を維持する状況で，関係者としては残念であった．しかし，決定的な要因は，学会として，農学の論理や現代生物学の本質である遺伝子や細胞生理学に関する総合的学術を積極的に導入し，支援するまでには至らず，残念ながら農学（生物学）専門家の継続的な興味の対象にはなり得ず，停滞する結果を招いた．このネガティブ要因の解消を目途に日本植物工場学会は日本生物環境調節学会と合併し，2007 年に日本生物環境工学会が発足した[8]．植物工場に関わるあらゆる学術の振興を使命とする新学会への移行である．

(6) 北欧における太陽光植物工場の振興

西欧（当初はオランダ，ベルギー等）では 1 棟が 1 ha を超えるグリーンハウスにおける園芸作物の栽培が盛んであった．その園芸学は西欧を拠点とする ISHS（国際園芸学会）が強力に支えていた．この分野に，工学技術の革新の波が押し寄せ，その環境制御がコンピュータで自動制御するシステムに変貌した．太陽光植物工場といえる存在が，一層その威力を世界に示し始めた．充実した園芸学の専門家に加うるに機能工学を使命とする計測・制御工学や農業工学の専門家とが協力し合い，関係する研究領域と研究者が暫時拡大することとなった．

1980 年代から，西欧に拠点を置く国際自動制御連盟「IFAC（International Federation of Automatic Control）」が ISHS の補完的な役を担い始め，輪がさらに広がることとなった．IFAC は 1970 年代から日本学術会議が参加している由緒ある国際学術団体である．

(7) 国際学会 IFAC（国際自動制御連盟）の動向

システム制御面は，IFAC に 1990 年に農業工学に関する TC（技術委員会）が設置され，翌 1991 年に第 1 回の国際ワークショップがわが国（松山市）で開催された．IFAC 主催・ISHS 共催の国際会議であり，太陽光植物工場に関する北欧・西欧の主な研究者を招待し，国際的に大きな反響を呼んだ[9]．IFAC 全体のわが国の受け皿は日本学術会議であるが，これを契機とし，狭い農業分野の IFAC・TC の活動の受け皿は日本生物環境調節学会が引き受け

た．

　この会議は関連学術を大きく振興した．植物工場における作業の自動化[10]，種苗生産の工場化[11]，植物工場に中心を置く農業の知能化[12]へと一気に拡大した．ここまでは将に日の出の勢いと云えた．しかし，研究室における興味深い学術成果も当時の太陽光植物工場に適用するには，計測機器の限界もあり，他方，わが国には，植物工場の環境制御も，本来のシステム制御やその方法論に基づく最適栽培を試行・検討する実システムも無く，意欲的な活動に至らず，停滞の20年へと連なった．

4. 植物工場に対する学術会議の取り組み

(1) 学術会議の動向

　既に触れたが，日本学術会議第21期農業情報システム分科会（委員長：野口　伸）では，第19期以後の経過を踏まえ，2008年に「知能的太陽光植物工場」を課題とし審議するWGを立ち上げ，抜本的に，俯瞰的な学術に立ち返っての審議を慎重に行った．そこで見えてきた課題は生物学（園芸学）と工学（システム科学）に依拠したわが国独自の「太陽光植物工場」への新しい道である．

　既に述べた学術会議のWGの審議が進み，現在までの成果等が委員の担当記事[13-26]として陸続と報告されている．しかし，従来の「施設園芸」の延長上，或はデバイスの新規性を強調した表皮的な応用技術だけでは植物工場を更に一層発展させるには不十分であることが判明してきている．

　トマトに例をとっても，オランダと我が国の太陽光植物工場で生産される農産物の高品質・多収穫に於ける大きな格差は，環境条件と作物との相互作用を繰り込んだ本質的な栽培環境のシステム制御に起因すると推測される．その中身は情報科学的なノウハウであり，論文等では公表されていない．このようなノウハウを我国個々の拠点大学（研究機関）で技術形成し，確立する必要がある．

　すなわち，生物学（園芸学）と工学（システム科学）の両面に深く関わる基本的な学術を徹底的に洗い直し，現在まで解決がなされていない基本的な課

題を発掘・研究・解明し，ノウハウのベースを構築することであろう[27]．

工学分野で目まぐるしく出現するデバイスを取り入れて新規性を強調することも必要ではあるが，そのような表皮的な工学ではなく，準備と開発に少なからぬ時間と学術を要するシステム制御と，さらに重要なことは，一層進展が著しい生物の論理をバックグランドとした細胞生理学を視点に入れた園芸学の協力を要請し，その学術を繰り込んでいくことが重要であろう．

(2) システム科学へ

確かに「デバイスかシステムか」あるいは「材料かエネルギーか」，いずれかにポイントを置き，技術開発を達成してきた分野は多い．それらの組み合わせも，多くの技術開発に貢献してきた．

しかし，植物工場においては，農学における材料やエネルギー，あるいは工学におけるデバイス等の技術力よりも，全く縁遠い「システム」に依存する度合いが強いことを，オランダ等の驚異的な生産は暗示している．北欧に比肩させ，更に一層発展させるには単なるデバイスの改善ではなく，農業分野では全く苦手なシステム科学を基本からフォローし，開発する必要がある．

すなわち，従来の農業分野に馴染みの薄かったコンピュータを用いたシステム制御を避けては通れない．大幅に変らなければならないのは，システム科学への取り組みなのである．

5. システム科学的アプローチ[28]

(1) システム制御の起源

システム科学はシステム制御（制御工学）から発展している．その起源は第2次世界大戦まで遡ると言われる．レーダを初め革新的なシステムを兵器に応用し，確率的に最大の効果を得るようにシステムを制御する研究に莫大な予算と研究者を投入し，米国は勝者となったことは多くが知るところである．

その成果は，1950年代から米国のマグローヒル出版社から数十冊にも及ぶシリーズとして刊行され，戦後の平和的な物造りの基盤として貢献したことも良く知られている．1960年代の工学系大学院の教材としても活用され

た．

物造りは，究極的に材料とシステムに依存する．システムは，物造りに共通な技術であり，計測と自動制御に係わる学術に集約される．1961年に発足した計測自動制御学会（英文名：SICE）がわが国に於ける唯一・最大の学会である．現在，50年の年輪を刻み，公益社団法人・計測自動制御学会へと変貌しているが，わが国の物造りを学術的に支えてきた学会である．以下，制御工学，システム制御，システム科学等の流れを鳥瞰してみたい．

(2) **制御工学**（Control Engineering）**に基づく各種デバイス**

フィードバック理論は自動制御の基礎として，あらゆる機器の自動化に貢献してきたが，このようなデバイスの自動化は制御工学として，体系化され，規格化され，今やありとあらゆる部品や機器に採用されている．

当然，ハイテクなデバイスを種々導入している（先端的な）施設園芸には部分的には制御工学が導入されていることは言うまでもない．しかし，この範疇では，システム制御に基盤を置くとは云わず，システム全体の評価・運転がシステム理論に基づくものが，我々の対象とする植物工場システムである．繰り返すが，単に部分的に制御工学的に基づくデバイスを装備した園芸施設ではなく，階層的であるにせよ，全体，及び部分的にシステム制御の方法論で捉え，計画し，評価し，補償・改善する栽培プロセスに基づく植物工場，それがすなわち，太陽光植物工場である．

(3) **制御工学からシステム科学へ**

制御工学の重要性に鑑み，上記計測自動制御学会が発足した1961年に先立つ1957年に，国際的な連盟が誕生した．IFAC（International Federation of Automatic Control）である．1960年にMoscowで第1回の世界大会（World Congress）が開催された．以後，3年毎に世界を廻り世界大会が開催され，技術革新の動向に見合うTC（技術委員会）の統廃合，世界各国（NMO）の振興等々を，喩えるなら車の両輪として，この分野の発展に係わってきた．わが国に関しては，1971年に日本学術会議が参加し，1981年には京都で第8回世界大会（京都コングレス）を開催した．この世界大会は椹木義一京都大学教授が大会長として指揮されたが，大会の副題は，「制御工学からシステム科

学へ」と単なる製造業の道具であった制御工学から，医学，農学，経済学等広範な科学技術分野へシステム理論を幅広く，奥深く適用し，社会（世界）貢献を果たそうと云う，物造りで一応の世界制覇（当時）を成し遂げた高邁な理想に燃えていた．上記の京都コングレスでは太陽光植物工場のセッションを史上初で認めていただき，小生のチェアでオランダ，ドイツ，日本からなる仲間で，世界初のシステム科学への第一歩を踏み出した．今から丁度30年前のことである．これが契機となり，「農業に於ける制御工学」のTC（技術委員会）が創設され，毎年世界の何処かで，農業工学に係わる自動制御，広範にはシステム制御の国際会議が開催され，今日へ連なっている．無論，太陽光植物工場，農業ロボット，農業情報システム等々幅広い分野に波及した．

☕ 何故，IFACと係わることになったか？
―システム科学の裏話―

　オランダは合理的な国である．江戸時代に高度な造船技術を開発し，わが国と交流したことは多くが知っている．今でも，わが国の大手造船企業が設計段階で模型をオランダに持ち込み，研究用水槽を利用し，船体の形状等の研究を行っている．チューリップやチーズの農業国のイメージと同様に，西欧有数の工業国でもある．石油コンビナートのロイヤル・ダッチ・シェル，総合電機製造業のフィリップス等はオランダに軸足を置く多国籍大企業である．従って，工科系のデルフト工科大学，農科系のワーゲニンゲン農科大学は，何れも西欧は言うに及ばず，世界有数のハイレベルの大学である．

　グリーンハウス・ホーティカルチャーにコンピュータ制御が導入され始めた1970年代に，ワーゲニンゲン農科大学にデルフト工科大卒の新進気鋭の若手が何人か採用され，古くからの園芸工学者にシステム制御の重要性を説き，その国際学会であるIFACとの連携を模索していた．

　システムの制御と計測に興味を抱き，オランダのグリーンハウス・ホーティカルチャーのコンピュータによる環境制御に大きな可能性を期待していた筆者（橋本）と彼らが遭遇し，意気投合したのは，丁度その頃である．

幸運は，直後に IFAC 世界大会（京都）が，日本学術会議とわが国の計測自動制御学会（SICE）が受け皿として計画されていたことである．当時，SICE 四国支部長であった若輩の筆者は恐れ多くも大会長（IFAC 会長を兼ねる）の椹木・京大教授にお願いし，植物工場関係の特別セッションを IFAC 史上初めて認めていただいた．喜んだオランダの制御工学らは，一気にグリーンハウス・ホーティカルチャー関係者に，システム科学の重要性と，それを権威ある IFAC の土俵で世界的に振興すると宣言し，旗揚げに貢献した私が，IFAC に担ぎ出されることになった．信じられないが，偶然が奇跡に連なった，と想起する．

　当時北欧に於ける古い歴史の施設園芸分野には，育った世代やタイプの異なる多くの技術者が混在していた．古い順から見ていくと，大工に毛の生えた施設技術者，暖房の温水配管に関する技術者，温湿度の空気調和に係わる機械技術者，簡単なセンサ関係の電気技術者，そして養液供給関係の園芸技術者，温室内の農作業に係わる農業機械技術者，それらをコンピュータで統合し，システム制御を実現する制御技術者（工学者），播種，育苗，移殖，受粉，芯留め等の園芸操作を行う園芸技術者，それらのスケジュールをコンピュータで管理する農業情報技術者等々，吃驚するほど多種多様な作業者，技術者，研究者が入り混じって作物の高品質・多収穫の実現に向け協力し合う生産の現場であった．

　自動制御が技術革新した石油コンビナートでは，化学工学，制御工学の高度にトレーニングされた均一化された数多くの技術者により，問題の発掘・改善等が進められ，比較的短期間に高度な発展を遂げたが，グリーンハウス・ホーティカルチャーでは，不均一な技術が混在し，参加する技術者のレベルも理解力も想像以上にアンバランスな状態であった．

　どれが軸となる科学技術か明確に語る者も居らず，まさに今日のわが国に於けるが如くファジーと言えた．しかし，将来を期待されるグリーンハウス・ホーティカルチャーを施設園芸の昔のままに漂わせる訳には行かないので，さしあたり（太陽光）植物工場と呼び，システム科学への流れを強調しようと，ワーゲニンゲンの若手と話し合ったのが四半世紀前のことであった．オランダでは，コンピュータへの比重を増し，躍進へ連なった．

　他方，わが国工業界が開発した期待の「人工光植物工場」は，抜群の科学技術力で世間を説得するというより，サラダ菜の生産コストが，露地やハウス栽培よりも，安いか高いか等で「施設園芸」と綱引きし，非協力状態から脱却できないまま停滞することになった．

　生物科学や工学が躍進する今日，多くの関係者が依拠すべき確固たる科学技術

を見失い，現状を改善すべき提言も，農学，園芸学，農業工学，工学や関係学会毎にバラバラ，行政の視点も資本を投入し効率化を目指すオランダ型植物工場に理解が深く見受けられる経済産業省，農協基盤の延長上にいわゆる伝統的な農業として施設園芸の更なる振興を図りたいように見受けられる農林水産省，世間の関心は高まるが，社会情勢，農村基盤，資本投入形態等々，何れも今日の農業そのものが抱える深刻な問題に遭遇する．基本となる依拠すべき学術の方向性は，従って見えてこない．この状況下では，行政に公平な日本学術会議が真に学術本位で将来像を考えよう，とWGを組織し，審議することとなった次第である．

若手研究者に夢を与える度合いが大きく，工業国日本を実現した「システム科学」に標準を当て，植物工場を見直そう，との対外報告が公表され，今回の企画がスタートした．

すでに過大な期待を実現できなかった「人工光植物工場」ではなく，新規性に期待が持てる「太陽光植物工場」への方向付け，これは再三述べてきたが，オランダ等に於けるグリーンハウス・ホーティカルチャーの日本適応型のもので，施設園芸とは異次元の「システム科学の視点」で展開する食料生産企業体の工場である．もっとも背景が異なる者によっては，違った景色に映ることもあろうが，何れにしろ，生物学とシステム科学に焦点を絞り，共通する流れで，文脈を打ち立て，学術的な話し合いの場に持込もうと云う訳である．

大阪府立大工学部には経済産業省が巨額の補助を行い，生産価格が安い，高いの栽培ではなく，ハイテクで植物の生命科学や生産メカニズムを解明し，生物生産を革新する「新型の人工光植物工場」を企業参加で始めたが，まさにシステム科学の威力を証明する現時点で唯一の価値ある存在である．当然，「太陽光植物工場」との相乗作用が期待される．

我々でも明快に理解できない複雑で意味不明な園芸工学の分野を若手の研究者や技術者でも分かりやすく簡易化し，要因をセパレートし，将来性のある目標を抱けるように入り組んだ文脈を整理するのがシステム科学の隠された一面と強調したい．

(4) 横幹連合の農工商連携，植物工場への関心

さて，システムの計測と制御に関わる技術は，もの造りに関する製造業に共通する基幹科学技術であり，関連する学会ごとに必要な上記学術を育成してきたが，前述の公益社団法人・計測自動制御学会が呼びかけ，横断的に基

幹科学技術を共通の認識と理解で深化させ社会貢献を目指そう，と学術会議の力を借り組織化したのが横断型基幹科学技術研究団体連合（横幹連合）である．システム制御が中心となる生産システムは横幹連合で取り上げるべき課題であるとの認識である．

最近，横幹連合では「農商工連携ビジネス」を対象項目の一つとして取り上げ，学会連携による課題解決型研究活動と定めた．植物工場の主力学会である日本生物環境工学会とシステム制御に主体を置く工学系の計測自動制御学会が学会連携により太陽光植物工場の課題の研究活動を進めることとなり，今後の動向，並びに学術会議との関連が注目される．

6. 栽培プロセスのシステム制御[29]

(1) グリーンハウスにおける栽培プロセスの特質[3, 5]

1棟の床面積が1 haを超える広いグリーンハウス（巨大な栽培温室）には，栽培植物の地上部，地下部に関与する環境要因や養液が高品質・多収穫を実現するように供給される．このグリーンハウスにおけるプロセス，すなわち栽培プロセスに各種のシステム制御が導入されている．

地上部の空気温度，湿度，気流速度，炭酸ガス濃度や太陽光の光強度等が適切な目標値に自動制御される．空気の温湿度は空気調和制御により，炭酸ガス濃度は減少したら補充する濃度制御，光強度は遮光によるカーテン等の開閉による制御や補光ランプのオン・オフ制御等である．

地下部は，根菜類の土耕以外は，水耕である養液栽培で供給イオンの濃度制御や液温制御，あるいは根圏の呼吸のため溶存酸素等の制御が行われる．

永年にわたる栽培の経験で，おおよその最適値らしき値や範囲は分かっていると理解しがちであるが，上記の栽培プロセスのシステム制御をいくつかの階層やサブシステムに区分すると，個々の評価，相互の干渉，全体の最適等，複雑に作用することは当然であり，厳密には，それらを単純に理解することは至難の業であろう．たしかに，先端的施設園芸でも，ハイテクな制御デバイスを導入するが，単なるデバイスの付加では，栽培プロセスの全体像や，相互干渉に関わる複雑系を解明することは不可能である．この点が，太

陽光植物工場がシステム科学に依拠すべき重要な根拠である．収穫時期に合わせる促成栽培や抑制栽培のやや時間間隔の長い調節，外気の気象変化に基づく負荷変動に対応できる短時間の適応制御，あらゆるサブシステム間で生じる相互干渉の安定化等システムの全体を常に見渡し，色々なデータを勘案し，安定で高品質・多収穫を実現する栽培プロセスを制御・運用するには，システム制御，あるいは複数のシステム制御を包含する論理（技術）が不可欠であり，ここにシステム科学に依拠する必要性が認められる．

(2) 栽培プロセスの「重み付け」とシステム制御に基づく環境調節

ここで，視点を変え，環境調節の実態は，どんなものかを考えてみよう．若干の例を挙げよう．葉で生成された光合成産物が実や他の部位に移動することを転流と称することはご存知であろう．その時定数は（Duke大学の研究で），驚くほど早く数分〜数十分であることが測定されている[7]．果菜類の高品質・多収穫には，光合成と転流とがスムーズになる環境条件が望ましく，適切な生体情報を時系列的に判断し，最適な環境条件を与えることが重要である．

他方，根圏の温度がイオン・アップテークに関係することも知られているが，それと光合成速度との特性をベースに，適切な環境調節も考慮したい等々…

言わんとすることは，栽培作物の機能開発に影響する環境要因は，ある意味無数であると云っても良い．これら環境要因を相互作用，干渉作用等に目を奪われても，あるいは背を向けても，効果的な環境制御は不可能である．

そこで，戦略的に幾つかの環境要因と生理生態の応答特性を選び，モデル実験をし，環境制御へ貢献する程度を「重み付け」する必要がある．すなわち，システムに係わる入・出力の重み付け，別な表現では，「重み関数を同定」することである．この基礎的なデータは，一見それのみでは何の価値もないように見られるが，実はシステム科学に基づく環境制御へのパスポートになる．

人智（経験）の枠内で環境調節する現在の「施設園芸」と，人智を超えたシステム科学を駆使するため各種の重み関数を基礎実験で「同定」しておき，

制御特性を把握し，合理的な環境調節を実現する「太陽光植物工場」とを識別する重要な学術であると明言しておきたい．

(3) 第3世代のファイトトロニクス

上記のように「重み関数」を理解し，環境調節の実態を把握し，システム科学で合理的アルゴリズムで作物の機能開発を推進し，栽培の高品質・多収穫を実現する手がかりは，第2世代のファイトトロニクス，即ちDuke大学や九州大学生物環境調節センターで為された植物生理・生態学的な研究成果に大きなヒントを見い出し得る．譬えて見るならば，複素関数論の「解析接続」の如く，知を接続したい．「第3世代のファイトトロニクス」と仮称しよう．

当時の第2世代のファイトトロニクスは，米国では理学部中心に進展し，極めて高い評価を得ていたが，わが国では日本生物環境調節学会が農学部に軸足を置いたため，九州大学生物環境調節センター，京都大学，愛媛大学等の成果は実学に直結しないと国内のネガティヴ・キャンペーンで苦しい立場に甘んじた．

今みると，今後の太陽光植物工場の基礎面に資するスタンスにあり，先見の明ある価値ある研究と総括される．九大の成果（思い）の一端を同センターの中心であった北野九大教授に選んで頂いた．以下に1例を紹介する[30,31,32]．

研究に於けるアブダクションやブレイク・スルー同様に，その流れの変転を見極めるのは至難の業であろう．

1980年代後半頃から，分子生物学や細胞生理学の嵐が吹き荒れ，この流れの研究は予算獲得の戦い等で押しのけられ影が薄れたが「Plant Physiology」，「Plant, Cell & Environment」，「J. Experimental Botany」，「Biotoronics」，等々に優れた関係業績が残されている．「Biotoronics」は，九大生物環境調節センターが世界から論文を募り，長らく孤立奮闘（？）した学術誌であったが，現在は日本生物環境工学会の英文誌としてサバイバルしている．

現在，太陽光植物工場に多くの関心が集まり出すと，上記の諸研究を再度検証し，第3世代のファイトトロニクスとして栽培プロセスのシステム科学

的アプローチが依って立つ基礎植物学として，ルネサンスの糸口にしたい．

> ☕ **第 2 世代のファイトトロニクスの覇者は米国の Duke 大学，しかし，我が国の隠れたる勇者は，九州大学生物環境調節研究センター ?!**
>
> 　東大教授・杉二郎先生が日本生物環境調節学会を立ち上げたのが約 50 年前，筆者が同研究室大学院生の頃．実学の農業工学がご専門であったが，広い科学・技術に関心をもたれ，学術振興会（JSPS）の初代常務理事を歴任された「学際」の大家であった．
> 　京都大学の園芸学（塚本，浅平，矢沢，武田，位田），病理学（獅山），生理学「動物（加藤），植物（小西）」，九州大学の園芸学（福島，松井，相賀），蚕糸学（林），水産学（塚原），東京大学の農芸化学（神立，熊沢），作物学（村田），植物生理学（八巻，倉石），東北大学の作物学（尾田），畜産学（津田），東京農工大の蚕糸学（諸星学長），植物生理学（田崎），三重大学の園芸学「養液栽培」（位田），名古屋大学の園芸学（鳥潟），愛媛大学の農業工学（船田）等々多くの大先生方とファイトトロニクスのわが国の振興を図る目的で生物環境調節に係わるわが国唯一，世界的に見てもユニークな学会を興された．文部省が支援し，純粋学術を目途の史上初の農学分野に於ける一大プロジェクトである特定研究も約 10 年間も続いた．
> 　上記学会と学術会議の勧告に基づき文部省が拠点形成として九州大学に世界に誇る全国共同利用のセンターが創設され，高性能ファイトトロンが建設された（松井・相賀・江口・野並，北野，吉田 etc）．続いて，愛媛大学（船田・橋本・大政・森本）にも小型ファイトトロンが建設された．やや遅れて環境省の国立環境研にもファイトトロン（相賀・大政）が設けられた．日本のこの動きに世界が注目・評価し，筆者がファイトトロニクスのメッカである米国の Duke 大学に留学した際には，この分野の業績を評価され，客員教授として迎えて頂いた．
> 　ところで，水耕栽培（養液栽培）はわが国が世界に誇る培地の環境調節方式であり，植物工場がここまで存在でき・発展したのは，ある意味で，この分野の研究者の実績のお蔭であると私は理解している．岩田正利東大名誉教授（園芸学）をはじめ，山崎肯哉先生，鈴木芳雄先生，池田英男先生等の筑波大系列の先生方，さらに千葉大の伊東　正先生，篠原　温先生，丸尾　達先生や京都府大の並木隆

和先生，静岡大の糠谷　明先生等の業績には最大の敬意を表したい．杉先生は，特定研究においても，植物栄養学の熊沢先生のご意見を尊重され，栽培面よりも植物生理学的側面に比重を置き，水耕研究班を組織された．小生も若手として参加し，東大教授熊沢喜久雄先生（農芸化学・植物栄養学）の下で勉強させていただいた懐かしい思い出がある．

(4) 基礎の基礎は線形フィルタリングの考察から

システム制御は，複雑な対象を同定し，適切な操作を行う工学で，物造りに共通な基幹科学技術であり，前段の計測と，後段の制御から構成される．

計測結果が，直ちに制御操作端（制御動作）に関与する場合，単純なフィードバックフープに基づく制御システムであるが，計測結果が各種の情報処理に基づいて同定され，複雑な入出力を繰り返し，制御操作端に関与する複雑なシステムまで多くの形態がある．それゆえ，数学的な定式化が用いられる．

一般的に，環境要因に影響される栽培作物の生理・生態をシステム科学に整合させる最も基礎的な数学的表現は，重み関数であろう．今，グロース・チャンバーで育成されている栽培植物に，或る環境要因の ΔL の増分が加えられたとする．ΔL のステップ入力が作用したと考えてよい．ステップ入力に於いて加えられた時間を，$\Delta t \to 0$，の特別なケースを考えると，インパルス（衝撃波）を作用したと考えることが出来る．このインパルスの作用により，栽培植物の生理生態が，以後どのような影響を受けるか，はきわめて重要な生体情報である．

このインパルス応答を重み関数と称するが，システム制御の基礎の基礎と云えるえる概念である．ここを出発点にシステム科学に乗せ，作物の機能開発に基づき高品質・多収穫な栽培を実現する栽培プロセスが太陽光植物工場（オランダの表現に拘れば，グリーンハウス・ホーティカルチャー）である．

以下，著者の既刊図書[28]から，部分的に引用し，紹介する．

1) 線形フィルタリング

図1.1, 1.2に示すように, 入力関数をパルス列で近似すると,

$$f(t) = \sum_{n=-\infty}^{t} f(n\Delta)\gamma(t, n\Delta)$$
$$= \sum_{n=-\infty}^{t} f(n\Delta)u(t-n\Delta) - \sum_{n=-\infty}^{t} f(n\Delta)u(t-(n+1)\Delta) \quad (1.1)$$

ただし,

$$\gamma(t, n\Delta) = u(t-n\Delta) - u(t-(n+1)\Delta) \quad (1.2)$$

いま, このシステムに単位ステップ関数 $u(t)$ を作用させた場合, その応答を $k(t)$ とする. $k(t)$ はこの系のステップ応答ということになる. $f(t)$ に対する出力波形 (出力関数) を $g(t)$ とし, $\Delta \to 0$ とすると,

$$g(t) \approx \sum_{n=-\infty}^{t} f(n\Delta)\{k(t-n\Delta) - k(t-(n+1)\Delta)\}$$
$$= -\int_{-\infty}^{t} f(\tau) \frac{dk(t-\tau)}{d\tau} d\tau = \int_{-\infty}^{t} f(t-\tau)h(\tau)d\tau \quad (1.3)$$

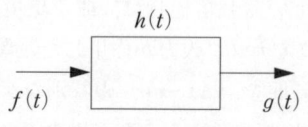

図1.1 入出力関数と重み関数

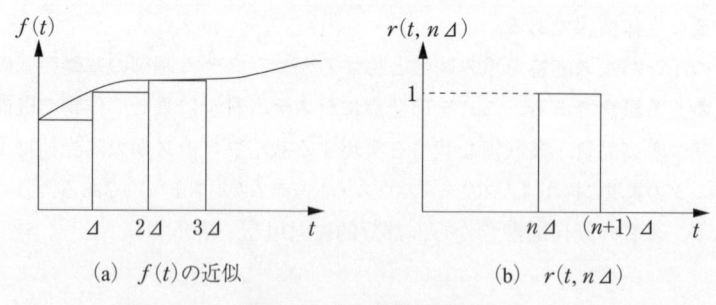

(a) $f(t)$ の近似　　　　(b) $r(t, n\Delta)$

図1.2 入力関数の近似

ただし，

$$\frac{dk(t-\tau)}{d\tau}=h(\tau) \qquad (1.4)$$

ここで，$h(\tau)$ はインパルス応答または重み関数という．

それゆえ，

$$g(t)=-\int_{-\infty}^{t}f(t-\tau)h(\tau)d\tau \qquad または\ g(t)=-\int_{-\infty}^{t}f(t-\tau)f(\tau)d\tau \qquad (1.5)$$

式 (1.5) を一次元のコンボリューションといい，線形のフィルタリングを表す．

ここで，$h(t)$ で表現される重み関数が，環境条件の入力に対する植物の生理生態的な応答を対応つける．実際には，このような単純な重み関数は，少ないが，生理的な事象に対する数理科学的な思考の出発点として重要である．

2) システム同定，重み関数

ここで，下記（図1.4）のシステム同定によれば，入力を環境条件，出力を生理生態のデータが得られれば，その時点に於ける「重み関数」が得られることになる．それらを時間軸で移動させ，逐次計算すれば，「重み関数」の各項が得られ，それらを級数で表わし，任意の環境条件に対応する生理生態の重み関数が近似的に推定される．

図1.4の入力，出力では，すでに線形フィルタリングの項で説明したように，

$$y(t)=-\int_{-\infty}^{\infty}x(t-\tau)g(\tau)d\tau \ または\ Y(f)=G(f)X(f)$$

ただし，t は時間，f は周波数を表す．

これらの関係式から，すなわち入出力を既知として，$g(t)$ あるいは $G(f)$ 求めることを，このシステムを同定するという．

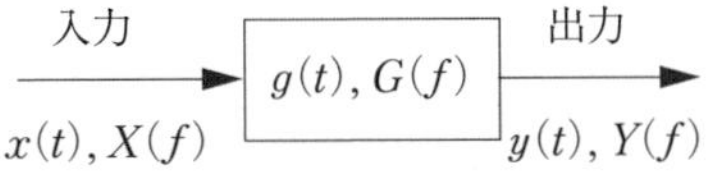

図1.4 入力関数の関係

なお，上図に於ける周波数領域の同定はフーリエ変換された周波数領域で行う．コンピュータ数値解析法の充実で，想像より容易に求められる[33]．

しかし，これらの手法で全てが解決するほど生物現象は単純ではない．どのような環境要因の変動に対して，生理生態がどのような影響を受けるかに関して，基礎的なモデル実験で大胆に近似的な重み関数を求め「経験的測定」，その重み関数で色々な環境要因に影響される生理生態の動的特性を数理的に推定「ヴァーチャル測定」することを，太陽光植物工場の拠点研究機関の任意の栽培プラントで実施・蓄積しておき，コンピュータをフル活用する栽培プロセスのシステム制御の基本として再認識することが重要である．先端的デバイスを装備しても，システム科学に依拠しない施設園芸との差は明確である．

(5) 線形フィルタリングと第3世代のファイトトロニクス

前節では，環境要因に対する栽培植物の生理生態要因への影響の度合い，重み関数等，システム理論のほんの入り口である数学的な表現を敢えて紹介した．実際は，複雑な非線形物理学に基づく栽培プロセスが簡単な線形数学のみで解決できないことは，永い学術の歴史が示している．しかし，人智を超えるシステム科学に依拠する太陽光植物工場に於いては，基本の基本であるアルゴリズムとモデル実験との織り成すヴァーチャルな生理生態のダイナミクスと平行して進展するであろう実時間の栽培プロセスの最適制御が，結果として高品質・多収穫を実現すると解釈したい．

その際，栽培プロセスをシステム科学の方法論に載せるには，単純化した重み関数で（入力としての）環境要因に対する（出力としての）植物の生理・生態を近似的な数式で得られたとしても，それらの数式を振り回すだけでは植物の本質には到達しないであろう．すでに沈滞化したが植物の生理生態の動態を計測により解明した第2世代のファイトトロニクスを掘り起こしてみよう．

(1) 光合成・蒸散プロセス
(2) 根の物質吸収（イオン・アップテーク）プロセス
(3) 転流プロセス

(4) 成長（肥大・伸長，形態形成）プロセス
(5) ストレス適応プロセス，等々．

多くの研究は以上のような単純化プロセスを厳密な計測により同定していた．このような第2世代のファイトトロニクスの同定結果と数式による線形フィルタリングの同定結果を詳細に検討することにより現在の新たなる計測・情報機器を用いた第3世代のファイトトロニクスを振興すべき理由が浮上する．

第1世代のSPAが第2世代のファイトトロニクスで誘発された様に，第2世代のSPAが，ここで提起する第3世代のファイトトロニクスで大きく進展し，太陽光植物工場がシステム科学にサポートされ，細胞生理学時代の植物科学に相応しい栽培科学の扉を開くことを切に希望する．

学術の流れは個々の要因により，時代の背景により，その興亡は意外に大きく，そのうねりも激しいが，それらを乗り越えて，ある意味で「温故知新」を繰り返し，再度の隆盛につなげたい．太陽光植物工場が北欧を抜き，世界の食料生産システムへ羽ばたくトリガを学術会議のWGが果たしたと考えたい．

(6) 人工知能（事例ベース）を活用する環境制御への道[34]

最適栽培を実現する上で必要な生物学とシステム科学の複合化の例は，重み関数で，数式に基づくヴァーチャル・カルティヴェーション（仮想栽培）に立ち返る（考え方としての）必要性に言及した．

しかし，永らく栽培に携わってきた篤農の経験は，ファイトトロニクスでは見えない栽培の姿を捉えており，尊びたい．篤農の頭脳に在るエキスパートシステムと云って良いであろう．このエキスパートの経験をコンピュータに組み込み，栽培プロセスの環境制御を行うコンピュータ・システムに統合し，システム科学に基づき最適栽培プロセスの管理・運営を行うことが大切であろう．

オランダにおけるトマト栽培に例をとっても，オランダとわが国の太陽光植物工場で生産される農産物の高品質・多収穫における大きな格差は，環境条件と作物との相互作用を繰り込み，過去の経験を踏まえた本質的な環境制

御に起因していると云われる．もともとオランダのワーゲニンゲン大学ではシステム科学の専門家の発言力が強く，IFAC活動をリードし，システム理論の一般論に花が咲いた頃もあった[29]．その後，栽培に関するシステム理論の一般化が困難，言い換えれば栽培作物により，栽培ステージにより，知識化が無理であり，事例毎に対応が異なるいわゆる事例ベースの活用が妥当であるとの共通認識に至っている．それら各論はソフトウェアに係わる企業秘密のヴェールで覆われ，わが国には漏れて来ない．このような事例ベースに係わるノウハウを我が国の個々の拠点大学で，栽培作物，栽培ステージ毎に開発する必要がある．すなわち，何回か繰り返すが，生物学とシステム科学の両面に深く関わる基本的な学術を徹底的に洗い直し，基本的な課題を集中的に解明し，ノウハウのベースを構築することである．単純な栽培に限られてしまった人工光植物工場では必要がないとしても，今後期待されるわが国の太陽光植物工場では，システム科学に基盤を置き，一連の情報技術を取り込み大きな飛躍を期待したい．

(7) グリーンハウス・オートメーション (G-A)[10]

太陽光植物工場は，グリーンハウスの一棟の平面積が1 haにも及ぶ広い栽培規模であり，作業に係わる自動化が避けて通れない．作業機器の自動化やロボット化が栽培プロセスの環境制御と，喩えて見れば，車の両輪であろう．ここが人工光植物工場や小規模な施設園芸と全く異なる特徴と云える．圃場に於ける作業の機械化が，大規模な太陽光植物工場には，容易に導入される訳である．農業機械の技術が，それほどの飛躍が無く適用される．プロセス制御である栽培環境制御に，サーボメカニズムである作業の自動化機器やロボットが加わると，グリーンハウスが工業生産に於けるオートメーションに匹敵するシステムと捕らえることが出来る．これをG-A (Greenhouse Automation) と称する．従来学会のWGで種々調べられており，新しい概念ではない．

(8) 太陽光植物工場のCIM[35]，CIHへの展開

大企業の工業プロセスに於いて，生産のオートメーションに加えるに経営的要素の作戦立案・運用に係わるマネージメントを組み込んだ経営をコン

ピュータ・システムで行うことを CIM（Computer Integrated Management）と称する．

　栽培プロセスに於けるサブシステムとして各種プロセス制御も係わるが，CPC（ケミカル・プロセスコントロール）で用いられる制御機器の PID コントローラをはじめ多くがデバイス的に活用されるが，生物系のシステム科学に較べれば，完成された単なる工学テクノロジーであり，割愛したい．

　なお，規模は小さいがオランダのグローワ（グリーンハウス・ホーティカルチャーの経営者）が，栽培に必要な資材の購入，栽培プロセスの制御，養液の制御・供給，収穫，出荷までをコンピュータで管理している．まぎれもなく CIM の農業生産版である．より相応しい名称，CIH（Computer Integrated Horticulture）と呼び，今後の課題として提起しておきたい．

7. まとめ[36]

　太陽光植物工場の技術開発を進める上で「システム科学的なアプローチ」の重要性が日本学術会議対外報告書で認識された機会を捉え，植物工場序論のシステム・アプローチを試みた．わが国では，例のないことであるが，学術会議 WG 各位のご支援に拠るところ大であり，最大の謝意と敬意を示したい．

　オランダ人の学友と志した 30 年前のシステム的な取り扱い「方法論」は，当該国際学会 IFAC で西欧を中心に理解され，関連の国際技術委員会が 1990 年に創設され，着実に進展してきた．即効性を強いられたわが国の人工光植物工場関係者には思い切って着手出来ない話であり，施設園芸関係の工学者には当然，蚊帳の外の存在と映ったことであろう．

　システム科学の世界の元締めである IFAC は学術会議が古くから参加してきた最高峰の工学系国際学術団体であり，しかも，物造り大国であるわが国がリーディング・カントリーとして主導的役割を果たしてきたが，農学分野への登場は，遅きに失した感がある．太陽光植物工場には，今後いくつかの学術的なアプローチが行われようが，ここで取り上げた「システム・アプローチ」は，農学分野の工学に関しては嘗て例を見ない本邦初の試みである．

どの専門分野でも，その時点では，過去の経緯等があり，複雑で無意味な諸々を背負っている．あの物理学でも，ニュートンが出現し，科学革命を行い，無意味な枝葉末節的な論争を「プリンキピア；principia」の出版でけりを付け，認識科学に於ける学術の王道のスターティング・ポイントを築いたわけである．

関連分野の若手研究者・技術者の新たな目標として，チャレンジ精神に灯を点すトリガーとなれば幸いである．関連する生物学（園芸学）に携わる研究者・技術者にも「システム科学」の重要性に関心を持たれ，農業工学者を側面から支えて頂くことをお願いしたい．なお，現状認識，思考方法，観察方法等，過去の経緯を含め，他の執筆者とあえて「摺り合わせ」は行っていない．

8. システム・アプローチの背景 ―IFAC―とその流れ[37,38)]

システム・アプローチに関し，わが国（日本学術会議）とIFACの関係について以下に簡単に記す（www.ifac-control.org/）．
1) わが国におけるIFACの参加国組織（日本学術会議IFAC分科会）
2) 組織運営分担金（日本学術会議が国庫から10,000ユーロ／年を支出）
3) 日本からの理事一覧（通常関連分野の学術会議会員が就任）
兼重寛九郎（1960-1966：東大・機械），中田　孝（1966-1969：東工大），
野本　明（1969-1972：中央大），楠木義一（1972-1984：京大・数理），
明石　一（1984-1990：京大・工），市川惇信（1990-1993：国立環境研）
古田勝久（1994-1999：東工大・制御），荒木光彦（1999-2002：京大・電気），
橋本　康（2002-2005：愛媛大・農工），木村英紀（2005-2011：東大・計数）
4) 技術分野：以下の69分野の国際技術委員会（TC）で活動
1. Systems and Signals : 5-TCs
   Modelling Identification and Signal Processing ほか
2. Design Methods : 5-TCs
   Control Design ほか
3. Computerd, Cognition and Communication : 3-TCs

Computers for Control ほか
4. Mechatronics, Roboticsd and Components : 5-TCs
Components and Technologies for Control ほか
5. Manufacturing Systems : 4-TCs
Manufacturing Plant Control ほか
6. Industrial Systems : 4-TCs
Chemical Process Control ほか
7. Transportation and Vehicles Systems : 5-TCs
Automotive Control ほか
8. Bio and Ecological Systems : 4-TCs
Control in Agriculture ほか
上記，農業工学に関する TC 委員長：野口（2008-現在）
日本からの歴代当該委員長：村瀬（1996-2002），橋本（1990-1996），
9. Social Systems : 5-TCs
Economic and Business Systems ほか

参考文献

1) 日本学術会議 19 期農業環境工学研究連絡委員会（橋本　康委員長）：気候変動条件下及び人工環境条件下における食料生産の向上と安全性，「日本学術会議第 19 期対外報告」，掲載誌「生物環境調節」43（3）（2005）．
2) 日本学術会議第 21 期農学委員会・食料科学委員会合同・農業情報システム学分科会（野口　伸委員長）：知能的太陽光植物工場の新展開「日本学術会議第 21 期対外報告」，（2011-6）．
3) 橋本：植物環境制御入門，オーム社（1987）．
4) 橋本：バイオシステムにおける計測・情報科学，養賢堂（1990）．
5) 日本生物環境調節学会編：新版生物環境調節ハンドブック，養賢堂（1995）．
6) 高辻：完全制御型植物工場，オーム社（2007）．
7) Hashimoto. Y., P.J. Kramer, H. Nonami and B.R. Strain (eds.) : Measurement Techniques in Plant Science : Academic Press, San Diego, USA (1990).
8) 日本農学会編：日本農学 80 年史（第 40 章），養賢堂（2009）．
9) Hashimoto.Y and W. Day (eds.) : Mathematical and Control Applications in Agriculture and Horticulture, Pergamon Press, Oxford, UK (1991).

10) 橋本編著：グリーンハウス・オートメーション，養賢堂（1992）．
11) 橋本・高辻・野並・高山・古在・北宅・星：植物種苗工場，川島書店（1993）．
12) 山崎・橋本・鳥居編著：インテリジェント農業，工業調査会（1996）．
13) 野口・橋本：知能的太陽光植物工場の新展開（1），農業および園芸 85（1），養賢堂（2010）．
14) 池田：同（2）わが国における太陽光植物工場の現状と期待，農園 85（2）．
15) 仁科・田中・石川・松岡：同（3）拠点の先行例と技術形成・教育，農園 85（3）．
16) 今井・川満・上野・近藤：同（4）亜熱帯拠点の課題，農園 85（4）．
17) 高山・野並：同（5）生理生態の計測と新展開，農園 85（5）．
18) 有馬：同（6）植物工場のロボット活用例，農園 85（6）．
19) 羽藤・森本：同（7）知能的システム制御，農園 85（7）．
20) 村瀬：同（8）国家事業としての植物工場普及策と未来の予見，農園 85（8）．
21) 田中・位田・吉田・奥田：同（9）園芸技術の形成と植物工場，農園 85（9）．
22) 野口：同（10）情報化・インテリジェント化の視点，農園 85（10）．
23) 大政：同（11）アグリバイオイメージングの新たな展開，農園 85（11）．
24) 清水・鳥居：同（12）全自動植物工場へのアプローチ，農園 85（12）．
25) 古在：同（13）省資源・環境保全と高収量・高品質を両立させるサステイナブル植物工場，農園 86（1）（2011）．
26) 後藤・丸尾：同（14）千葉大学における太陽光利用型植物工場の技術開発と実証事業，農園 86（2）．
27) 橋本：「環境調節をどう考えるか」太陽光植物工場の今後を考える，植物環境工学，21（2）（2009）．
28) 橋本・村瀬・大下・森本・鳥居著：農業におけるシステム制御，コロナ社，2002．
29) Hashimoto,Y., G. P. A. Bot, W. Day, H.-J. Tantau and H. Nonami : The Computerized Greenhouse, Academic Press, San Diego, USA（1993）．
30) Kitano. M, and H. Eguchi : Dynamic analysis of stomatal responses by an improved method of leaf heat balance, *Environmental and Experimental Botany*, 29 : 175-185（1989）．
31) Yoshida. S., and H. Eguchi : Environmental analysis of aerial O_2 transport through leaves for root respiration in relation to water uptake in cucumber plants（*Cucumis sativus* L.）in O2-deficient nutrient solution., *Journal of Experimental Botany*, 45 : 187-192（1994）．
32) Eguchi, T : A new method for on-line measurement of diurnal change in potato tuber growth under controlled environments. *Journal of Experimental Botany*, 51 : 961-964（2000）．
33) Hashimoto, Y., B.R.Strain, and T.Ino : Dynamic behaviour of CO_2 uptake as affected by

light. *Oecologia* 63 : 159-165 (1985).
34) Hashimoto, Y., H. Murase, T., Morimoto and T. Torii : Intelligent Systems for Agriculture in Japan. *IEEE Control Systems Magazine* 21 (5)(2001).
35) Hashimoto, Y., H. Murase, I. Farkas, E. Carson. and A. Sano Proc. IFAC 15th Control Approaches to Bio-ecological Systems=Milestone Report- IFACWorld Congress, (2002).
36) 橋本・野口・村瀬：知能的太陽光植物工場の新展開（15）提言に向けての課題の整理，農園 86（3）(2011).
37) 日本学術会議国際協力常置委員会：国際学術団体及び国際学術協力事業—2004年度報告書（2005-現在：刊行休止）.
38) IFAC in Japan =1956-2011=pp. 84 : IFAC-NMO-Japan ed by H.Murase in 2006//revised by A.Sano in 2011.

第2章　植物生体情報の計測及びシステム制御への応用

橋本　康，高山弘太郎，野並　浩

1. 植物生体情報の計測とは

　最近の植物生体情報は，細胞生理情報に至るまで，驚異的な進展が見られる．植物工場に利用される植物生体情報は，従って，時代と共に変貌が見られて当然であろう．まずは，その黎明期に遡って，計測の流れを辿ってみたい．

　その際，植物生体情報とは植物体（whole plant）の生理生態に関する情報に注目し，主として非破壊で連続（動的な特性を把握できる程度のサンプリングによる非連続を含む）的に得られる情報に的を絞った．一般に，植物は根から水や養分となるイオンを吸収し，葉面に分布する気孔を開閉し，外気に含まれる CO_2 ガスを吸収し，光量子の作用で光合成産物を生産する．これらのプロセスに介在する，例えば気孔開閉に関する要因としては，気孔抵抗，CO_2 uptake，水ポテンシャル等の物理量が挙げられ，また化学内生物質（ABA，サイトカイニン etc）も関与する．これらを計測すれば，時系列における短時間の生理生態の動向が推定できる．即ち，上記のような計測を行えば，植物の生育状態が診断できることになる．生育状態の診断が出来れば，各種アルゴリズムで情報処理を行い，生育に最適な環境調節，すなわち栽培プロセスの最適制御が実現する，と考えた．このような，環境調節に必要な生体情報を取得するための計測を意味していたと云っても良い[1,2]．

2. 最適制御を示唆した高度な植物生体計測の若干の例

（1）　二次元画像計測による葉面温度の画像認識

　東大宇宙研計測部丹羽研究室の画像計測プロジェクトに愛媛大が参加し，赤外画像の認識・処理装置を導入したのが，1970年中葉であった[3]．当時，工学関係では珍しくなかった画像計測は，しかし植物生理の分野では米国でも新規性があり，小生が生体計測で先端を走る当時の Duke 大学に客員教授

として滞在した際，その道の米国最高の指導者であった Kramer 教授の関心を惹き，生理学的な指導を受け，水ストレスにより葉面の気孔開閉分布が蒸散による熱交換に起因する葉面温度分布として画像認識されることを共著論文として発表し，世界最高レベルの植物生理学の専門誌でプライオリティーを得た[4]．このハイテク画像計測は，米国の植物生理学者の関心を惹き，日米セミナー「植物生理生態に於ける計測」の開催に連なった．

(2) 植物用の MRI による二次元断層画像による水分の計測

前節の経緯で 1985 年に JSPS（日本学術振興会）と NFS（米国科学財団）との支援による日米セミナー「植物生体計測」を東京で開催した．

招待講演で尾上守夫東大教授（電気工学：当時東大生産技研所長）が X-CT による樹木の年輪の 2 次元断層画像を発表した．Kramer 教授は，益々画像工学に関心を持たれ，帰国後 Duke 大学に NSF から巨額の予算を獲り，植物用の MRI を GE に試作させた．他方，当時の環境庁環境研究所はこの関係の研究を鋭意推進していたが，大政謙次室長が前述の尾上教授と推進した研究[5]，と Duke 大学の研究[6] が競って植物体の二次元断層画像の取得に成功し，体内の水分分布がはじめて明らかにされ，世界を驚かせた．今では，どの病院でも容易に検査できる MRI の原理である．なお，この植物生体計測に関する「日米セミナー」は，当時世界初の企画で，その成果刊行の学術書[2] は野並の努力で出版に漕ぎ着け，生理学のみならず，栽培環境の最適制御でも広く世界に貢献した．

(3) 光合成産物の動特性の解明と最適栽培への期待

簡易な計測から複雑な計測まで多くのものが，最適制御の基礎として必要とされるが，高度な計測の例をもう一つ紹介する．光合成に関わる入力として CO_2 ガスを，また出力として光合成産物を対応させるシステム同定，すなわち光合成の動特性が Duke 大学で解明された．半減期の短い C^{11} を植物体を収容したグロース・チャンバーに短時間で供給するため，隣接の物理学科に小型サイクロトロンを設置し，放射線化学の専門家と共同でラベリングされた C を葉面から吸収させ，生成された光合成物質に含まれた C^{11} を植物体の異なる部位に設定された数台のガイガーカウンターで追跡し，動特性を

明らかにした[2]．この研究は数大学を巻き込む大プロジェクトで実現した．

さて，上記のような高度な計測は，第1章3．(3)で述べた第二世代のファイトトロニクスの上級版であり，植物生理・生態の本質へ迫るものである．

前章で述べたように，最近理解される最適な環境調節の実体は「第二世代のファイトトロニクスに基づく環境要因に応答する単純化された生理・生態プロセスの同定を，システム科学に結びつけ，その手続きを経て，合理的な環境調節を実現することである」が，その関連の流れが見えてこなかった当時は，高級な計測は認識論の発展の役に立っても，設計論即ち植物工場の最適環境調節には役に立たず，生産には直結しない高級な学術の戯れ，と評されても有効な反論が見出せなかった[7]．今回の学術会議の審議で，太陽光植物工場の最適栽培がより明確になって来た今日では，第二世代のファイトトロニクスと最適環境調節は表裏一体と容易に理解され，その重要性は説明を要しないであろう．

3. 生体情報を活用する環境調節（SPA）

初等的な計測による診断を環境調節に役立てたいとする動きはSPAとして1970年末頃，オランダのワーゲニンゲンで打ち出された[8]．第二世代のファイトトロニクスと環境調節との関係が良く理解されてなかった約四半世紀前に於ける流れである．やや詳しく解説したい．

植物の生理生態には日変化がある．太陽光植物工場は人工光植物工場に比べ，環境制御が難しいが，農の論理に沿う形での植物本来の可能性に沿う運用ができるので，その本質的な発展の可能性は大きい．葉面に分布する気孔を例にとると，朝は夜露を引用するまでも無く，葉面には充分な水分が保持され気孔は水欠乏の状態ではない．太陽光の日差しが強くなると，光合成が活発化し，蒸散と引き換えに，外気からCO_2を取り込むため，気孔の孔辺細胞が水分欠乏になり，気孔は閉じることとなる．「晴れの日には昼前に作物の光合成は昼寝する」とは栽培の専門家から良く耳にするが，上記の生理生態の特性で容易に説明されよう．環境調節の見地からは，気孔が閉じる時間帯には給水し，再度光合成活動を活発化させる必要がある．この立場では，

温度よりも湿度の調節が重要であり，厳密に全てを一定値に制御する必要は無い．環境調節は植物の経時的な日変化や突発的に変動する外気からの影響等を観測し，その特性を診断することが重要である．この様に，植物生体情報を活用し，生育状態を診断し，その情報に基づき簡易な環境調節を行う概念を SPA（speaking plant approach to environment control）と称した[9]．

☕ SPA とは？

　最近になって日本国内で関心が持たれ出したので，やや詳しく述べておきたい．そもそもは，1970 年代末頃 CABO（オランダ国・植物生理学研究所）所長で光合成の古典的モデルで有名な Gaastra 博士の命名といわれ，ワーゲニンゲンで打ち出された[8]．同大の制御工学者，Udink ten Cate 博士が，ワーゲニンゲンで 1979 年に開催のコンピュータ利用の第 1 回の国際会議で発表した小生（橋本）の研究（初等的な画像診断を制御系に結び付けた発表）を取り上げ，これぞ SPA の史上初の具体例として PR し，IFAC 旗揚げのシンボルになった．1982 年のベルリンで開催の IMEKO（国際計測連盟）に出席の帰途，ワーゲニンゲンを再訪した．その前年，1981 年の IFAC 京都コングレスでの SPA を軸としたシステム・アプローチの旗揚げの記念レセプションが企画されていた．その席で Gaastra 博士とお会いし，SPA の実践者第一号としてお認め頂いた．1985 年 5 月にワーゲニンゲンで開催の ISHS 園芸工学シンポジウムで，小生を引用した SPA 関係の発表が急増したが，日本の関係者から「概念先行・時期尚早」との強いクレームがあり，無駄な摩擦を回避するため日本国内での発言は中止した．
　その後，ワーゲニンゲンと東ドイツ在住の当時の IFAC 副会長のお勧めで，ベルリンで開催の ISHS（国際園芸学会）シンポジウムの特別講演に招待され，意に反する形で北欧で知名度を広めることとなった[9]．世も人も変わり，現在は SPA に関するわが国だけのアレルギーは徐々に解消，小生（橋本）の日本農学賞の課題名にも顔を出すことになった．

SPAは，第二世代のファイトトロニクスで取り上げたような高度な計測機器を前提にするよりは，簡易な測定器を使用し，栽培作物の生理状態を診断し，栽培プロセスの環境調節に活用すべき，と云う趣旨であった．

当時の計測機器の水準では，高度な機器は研究室での活用の域を出ず，またその計測データの効果的な活用の方法も解ってなかった．即ち，第二世代のファイトトロニクスとシステム制御との関連が理解されていなかった．

それゆえ，現場の栽培プロセスに供用されたものは，期待に応えるにはややレベルが低く，第2世代のファイトトロニクスの低迷に歩調をあわせるように両者ともに話題から消えていった．

2005年の日本学術会議の対外報告書に触発され，愛媛大学が太陽光植物工場の拠点研究に着手し，オランダのワーゲニンゲン大学との共同研究を開始し，新進気鋭の高山・同大講師の目覚しい活躍で新たな機運が生じた．ここで，日（愛媛大）蘭（ワーゲニンゲン農大）の4半世紀前の国際学術交流のシンボルとして再びSPAが注目されることとなったと思われる．以下，計測機器も新たに進展し，対応も斬新になったSPAを第2世代のSPAとして，次節に詳しく紹介する[10,11]．最近の画像計測については本書第Ⅲ部の記事（大政）も参照されたい．

☕ 今日の（第二世代の）SPA，そしてSCAへの期待

我々が体調を崩し，医療機関を訪ねたとしよう．昔は名医は体温計や聴診器のデータ等を自己の知識ベースに参照し病状を診断した．時代の移り変わりと共に，X線，サーモ，そして最近は，MR-I，X-CT，と計測機器の水準は飛躍的に高度化したが，それだけではなく，現在は血液採取による細胞生理学的な多種の情報が診断に大きな役割を果たしている．糖尿検査一つにしても，空腹時の血糖値検査やブドウ糖付加試験に加えるにヘモグロビン等々，細胞・血液情報をプラスし，精度の高い診断を可能にしている．

植物工場においても，このところ簡易で高性能な画像等の物理計測（第二世代のSPA）が可能になり，診断内容が飛躍したことは喜ばしい（次節：2-4）．さら

に，細胞情報に関する最近の計測の進歩にも注目したい（次々節：2-5）．新しい計測機器による革命的な生体情報は，直ちにシステム制御のラインに直結することは困難であろう．前章で述べた，第二世代のファイトトロニクスと複雑なシステム制御からピックアップした単純化プロセスのシステム同定との比較検討等による環境制御系の解明・設計を参考に，新たな手掛かりを獲得するところに大きな価値があるのではないか？　これをSCA（Speaking Cell Approach）と表現すると，設計科学に基づく栽培，すなわち植物工場を革命する情報と期待したい．

4. 最近の植物診断「第二世代のSPA」とその成果　（高山）

SPAにおける植物生体情報計測技術として最も有望なものが画像計測技術である．画像計測技術を用いれば，非破壊かつ非接触にて対象物の情報を得られるだけでなく，ある1点の平均値のみを取得するスポット計測とは対照的に，広い領域の同時計測が可能となる．また，画像を構成している1画素単位での詳細な解析も可能であり，対象物との距離やレンズ系を変えることで，細胞から群落までのあらゆるレベルでの生体情報計測が可能である．

太陽光利用型植物工場において利用が期待される画像計測技術としては，デジタルカラー画像計測，熱赤外画像計測，クロロフィル蛍光画像計測などがあげられる．これらに用いられる画像計測デバイスの性能と価格はすでに栽培現場に導入可能なレベルに達していると考えられる．

(1)　投影面積測定システムによる水ストレス診断

1)　デジタルカラー画像を用いたトマト個体の"しおれ"の数値評価

市販のデジタルカメラ（数千円～）を用いることで，安価であっても100万画素以上の十分な空間分解能を持つ画像計測システムの構築が可能である．デジタルカラー画像計測を利用した生体情報計測例として，直上部から撮影したトマト個体のデジタルカラー画像を用いて"しおれ（水ストレス）"を数値評価する技術[12,13]があげられる．

デジタルカメラを用いて撮影したトマト個体のデジタルカラー画像の色相のヒストグラムに判別分析法を適用して植物体領域のみを抽出し，そのピク

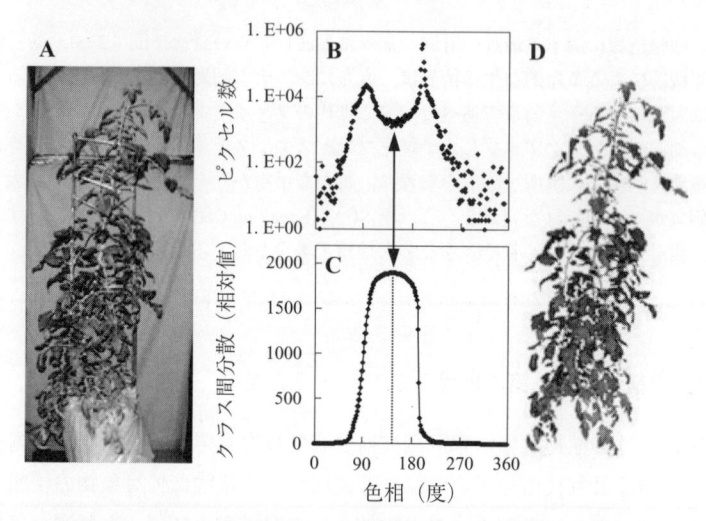

図 2.1 判別分析法による色相に基づいた閾値設定と植物体抽出の様子（A：カラー画像，B：カラー画像の色相のヒストグラム，C：クラス間分散［両矢印の色相が閾値となる］，D：抽出された植物体領域）

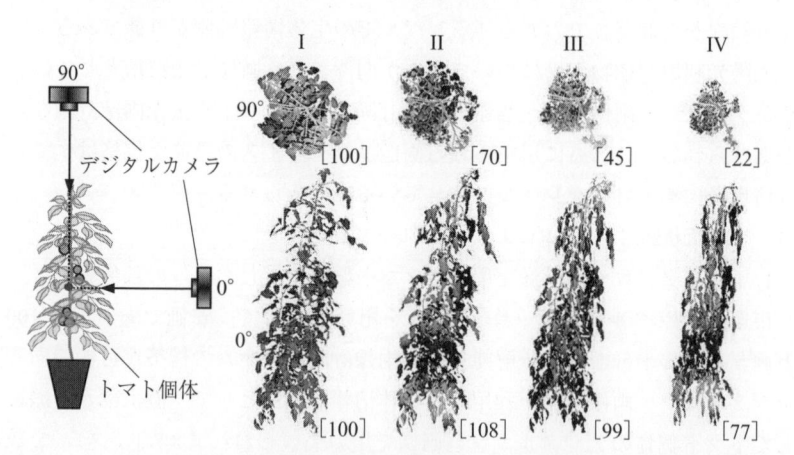

図 2.2 しおれによるトマト個体の投影面積変化（[数値]は，しおれ前の投影面積を 100 としたときの相対値）

セル数をカウントすることにより投影面積の算出が可能である（図2.1）[13]．

図2.2は，給液を停止した（水切処理）後，トマト個体がしおれてゆく様子を真横（撮影角度0°）からと直上部（撮影角度90°）から撮影したデジタルカラー画像である．なお，図中の"[数字]"は水切処理直前（Ⅰ）の投影面積を100%としたときの各時点の投影面積の割合［%］（以降，投影面積比）である．しおれが進行するとともに投影面積比が低下していることがわかる．撮影角度90°では，目視でわずかなしおれを確認できる程度である初期段階のしおれ（Ⅱ）を投影面積比の顕著な低下として検知できている[13]．

2) 高糖度トマト生産のための自動給液制御システム

高糖度トマトとは，糖度8 Brix%以上のトマトのことであり，今後もさらなる消費拡大が期待される高付加価値農産物のひとつである．一般に，篤農家の目視による低水分管理によって，植物体に適度な水ストレスをかけ，断続的にわずかなしおれを生じさせながら栽培することにより生産される．大規模な植物工場において，高糖度トマトを安定的かつ大量に生産するためには，篤農家の目に代わる水ストレス診断システムとそれに基づいて給液を管

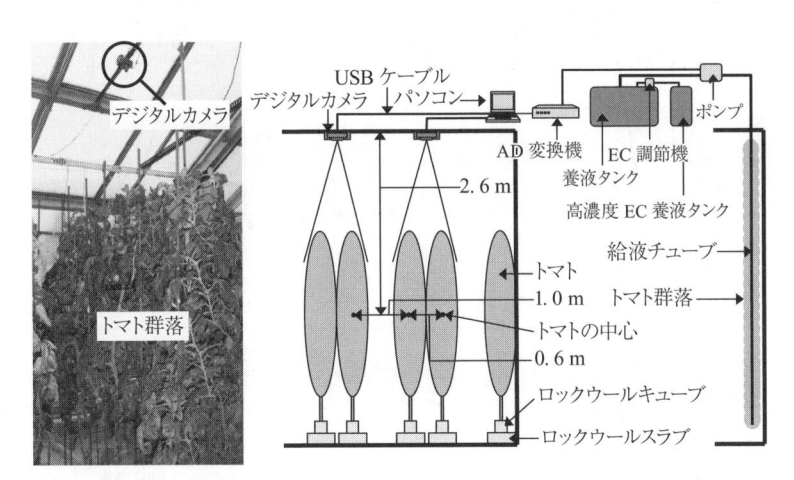

図2.3　高糖度トマト生産のための水ストレス付与機能付き自動給液システムの模式図（A：トマト生産温室内に設置したデジタルカメラ，B：自動給液システムの模式図）

理する自動給液システムが必要となる．デジタルカラー画像を用いたしおれの数値評価技術を用いることで，高糖度トマト生産のための自動給液制御が可能となる．図2.3は，実用化に向けた実証試験が進められている「高糖度トマト生産のための水ストレス付与機能付き自動給液システム」である．

　本システムでは，撮影したデジタルカラー画像からの植物体領域の抽出，投影面積および投影面積比の算出，給液タイミングの判定，給液制御のすべてが自動化されている．投影面積比の算出には，給液と連動した独自のアルゴリズムを採用し，"投影面積比＝直前の給液以降の投影面積の最大値を100％としたときの相対値"と定義した．このアルゴリズムにより，葉かき（老化した葉の除去）などの人為的な栽培管理作業によって投影面積比が一時的に低下した場合でも，一度の給液でその影響を除去することができる[14]．

　図2.4は，本システムを用いた約1週間の給液制御の様子であり，トマト群落の投影面積比の経時変化と特徴的な時点における画像（3個体を直上部から撮影）を示している．この処理区では，投影面積比が60％を下回ったと

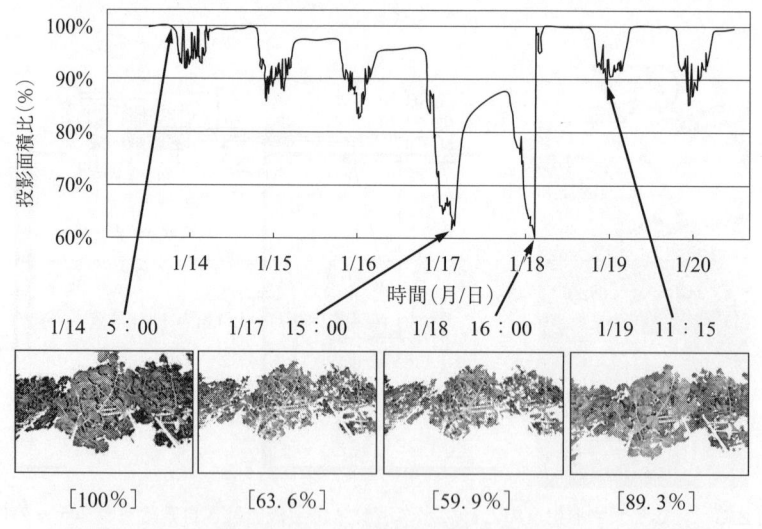

図2.4 トマト群落を対象とした投影面積比に基づいた自動給液制御
（投影面積比が60％を下回ったときに給液を行うように設定）

きに給液を行うように設定してある（60％区）．水ストレスの進行に伴って投影面積比が低下し，1/18の16：00に投影面積比が60％を下回ったため給液が行われ，その後，しおれが解消されている．このような自動給液制御を約2ヶ月間継続し，収穫されたトマト果実の糖度，重量，果皮の硬度を調べたところ，対照区（毎日2回十分な給液を行う区）と比較して，果実の小型化と果皮の硬化が認められたものの，糖度は有意に大となっていた．この結果は，デジタルカラー画像を用いたしおれの数値評価技術に基づいた自動給液制御システムにより，高糖度トマトの生産が可能であることを示している．

(2) 葉温測定システムによる蒸散機能診断

1) 葉温と蒸散の関係

光合成の材料となる二酸化炭素は，葉面に分布する気孔を開くことにより周辺大気から葉内に取り込まれるが，このとき，葉内から大気中へ水蒸気が放出される．この現象が蒸散である．葉面の温度（葉温）は，葉に入射するエネルギーと葉から外界へと放出されるエネルギーのバランスによって決まる．太陽光条件下では，葉に入射するエネルギーは主に太陽からの放射（日射）（主に短波放射：$\lambda<3\mu m$）であるが，太陽光利用型植物工場では施設資材からの長波放射（$\lambda>3\mu m$）も入射する．他方，葉から外界へと放出されるエネルギーは，葉温に対応した長波放射，周辺大気との間の顕熱伝達（葉温・気温・気流の関数），さらに，蒸散による潜熱伝達で説明される．したがって，環境条件が一定の場合，葉温は蒸散速度（単位時間・単位葉面積あたりの蒸散量 [$kg\ m^{-2}s^{-1}$]）によって大きく変化することになる．つまり，蒸散速度が大きいと，葉からの潜熱伝達量が大きくなるため葉温は低くなり，逆に，蒸散速度が小さいと葉温は高くなる．

2) サーモグラフィによる蒸散機能診断

サーモグラフィ（熱赤外画像計測装置）は，対象物の表面温度画像を非接触で計測できる装置である．そのため，同じ非接触温度測定法であっても，一定領域の平均温度を測定する放射温度計などを用いた温度測定では見落としてしまう様な局所的な温度変化の検知が可能である．

図2.5は，インゲンマメの葉面にアブシシン酸（ABA：気孔を閉じさせる働

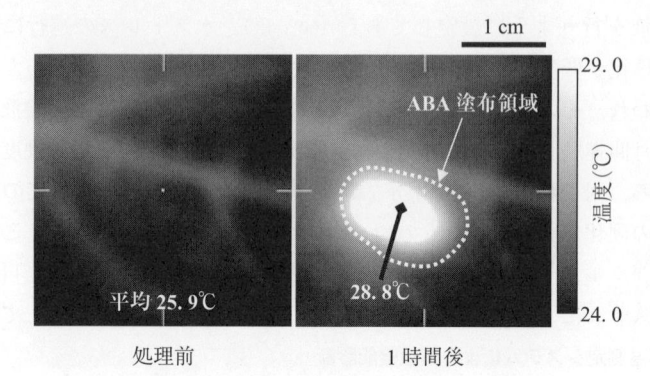

図2.5 ABA塗布処理による葉温変化

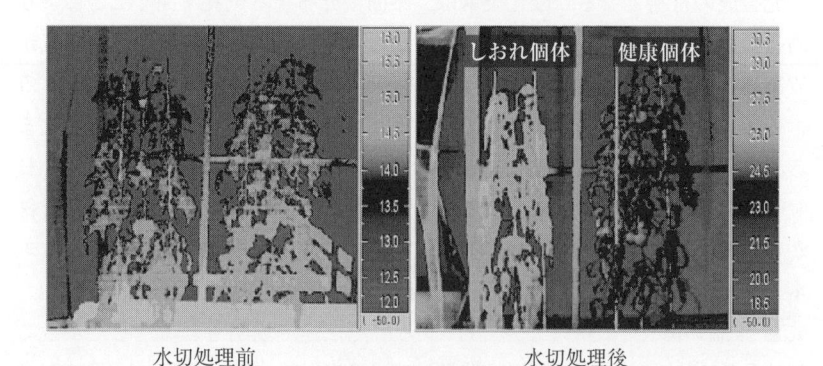

図2.6 水切処理によるトマト個体の葉温変化

きを持つ植物ホルモン）溶液を塗布したときの葉温の変化を表している．ABA塗布処理前の葉温はほぼ均一であり（葉脈には気孔が分布していないため温度が高い），葉面全体の平均温度は25.9℃であったが，ABA塗布処理後1時間経過時には，ABA塗布領域の中心部の葉温は28.8℃まで上昇していた．これは，ABA塗布処理により気孔が閉鎖し，蒸散が妨げられたことにより潜熱伝達量が減少したため葉温が上昇したと解釈できる．

図2.6は，熱赤外画像計測による温室内のトマト個体を対象とした蒸散

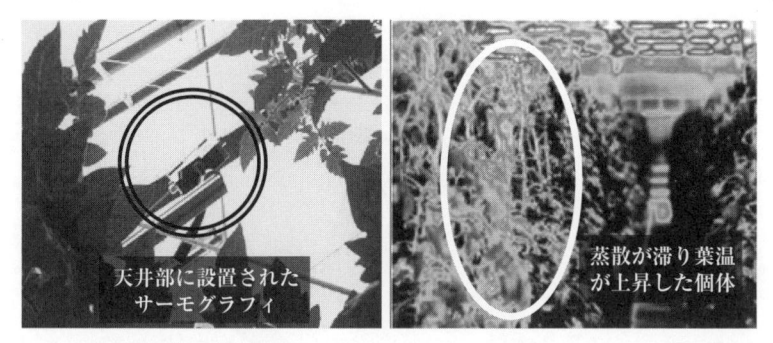

図2.7 太陽光利用型植物工場内に設置されたサーモグラフィ（左：オランダのトマト生産温室）とトマト群落を対象とした葉温画像による蒸散機能診断例（右：愛媛大学太陽光利用型知的植物工場）

機能診断の様子である．ここでは，水切処理前後のトマト個体の温度変化例を示している．測定日時によって環境条件が異なるため，十分に給液してあるトマト個体を同一画像内におき，これを対照区として比較することでストレス状態を評価する．水切処理前には2個体間に大きな違いはみられないが，水切処理後には水切区の葉温が著しく上昇していることがわかる．これは，水切処理により水ストレスが生じた水切区の個体では，気孔が閉鎖して蒸散機能が低下していることを示している．

最近では，最小検知温度差 0.2℃ 以下（at 30℃）といった高い温度分解能を持つサーモグラフィが50万円以下で市販されており，オランダでは太陽光利用型植物工場への導入事例も見受けられる（図2.7-左）．このような装置を用いてトマト群落の葉温画像を計測することにより，蒸散機能が低下した個体を検出することが可能となる（図2.7-右）．

(3) クロロフィル蛍光画像計測システムによる光合成機能診断

1) クロロフィル蛍光とその画像計測

植物はクロロフィルにより光エネルギーを吸収し，そのエネルギーを使って光合成を行う．ただし，クロロフィルが吸収した光エネルギーのすべてが光合成に利用されるわけではない．光合成に使われずに余ったエネルギーの一部は，赤色光として捨てられる（図2.8）．この赤色光がクロロフィル蛍光

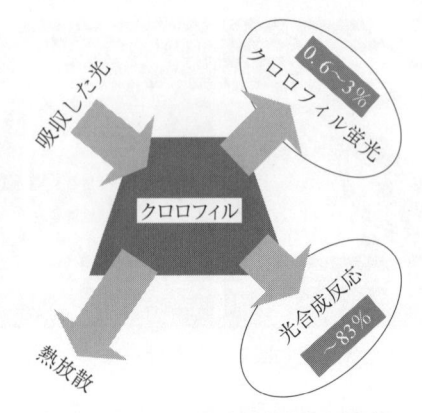

図2.8 クロロフィル蛍光発光の概念図

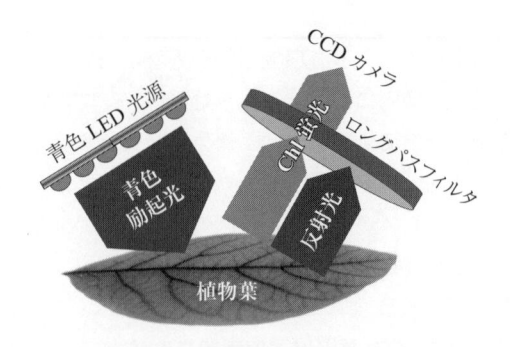

図2.9 蛍光画像計測の光学系

であり,光合成反応と熱放散の影響を受けてその強度が変化(吸収した光エネルギーの0.6～3%)する.そのため,クロロフィル蛍光を正確に計測することで,植物体に触れることなく光合成機能に関する生体情報を取得することができる.

クロロフィル蛍光の画像計測に必要となる光学系は極めてシンプルである(図2.9).青色LED等を用いて植物葉に青色光を照射(励起光)すると,植物葉は励起光の反射光と光照射により励起されたクロロフィル蛍光を発するが,CCDカメラの前部に赤色フィルタ(ロングパスフィルタ)等を配置して

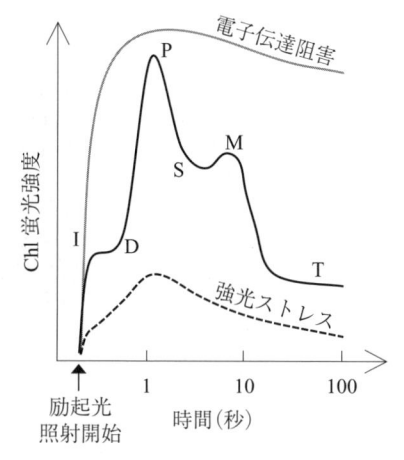

図 2.10　インダクションカーブの模式図

青色の反射光成分を除去することで，クロロフィル蛍光画像の撮像が可能となる[15]．

　2）インダクション法による光合成機能診断

　夜間などの暗条件におかれた植物葉に一定強度の励起光を照射すると，クロロフィル蛍光強度が経時的に変化する現象が確認される．この現象はインダクション現象とよばれ，このときの蛍光強度の変化を表す曲線をインダクションカーブとよぶ（図 2.10：黒色実線）．インダクションカーブの形状は，葉の光合成能力の高低や種々のストレスの影響を受けて変化（図 2.10：灰色実線と破線）するため，インダクションカーブの形状を解析することで光合成機能診断が可能となる．

　3）トマト群落の健康状態モニタリングのためのクロロフィル蛍光画像計測システム

　図 2.11 は，植物工場内で栽培されているトマト群落を対象とした光合成機能診断を行うために開発したクロロフィル蛍光画像計測システムの模式図（A および B）と植物工場内での計測の様子（C）である．本システムは，励起光照射用の 60 cm×60 cm の大型 LED パネル光源（$\lambda<650$ nm）とロングパ

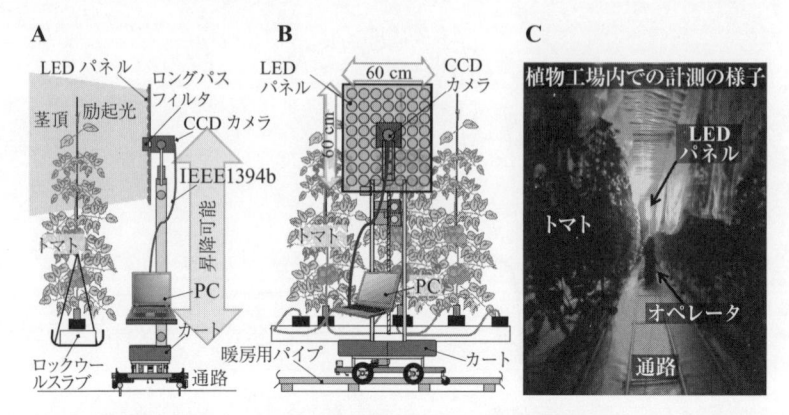

図2.11 植物工場内のトマト群落を対象としたChl蛍光画像計測システムの模式図（A：側面，B：正面）と植物工場内での画像計測の様子（C）

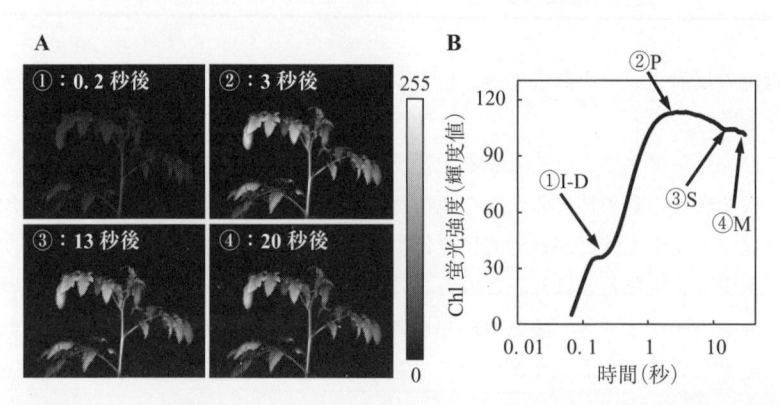

図2.12 トマト茎頂部を対象としたインダクション法によるChl蛍光画像計測例（A）と蛍光画像データを解析して出力されたインダクションカーブ（B）

スフィルタ（$\lambda>700\,\mathrm{nm}$）を装着したCCDカメラからなるクロロフィル蛍光画像計測部，トマト群落の高さに合わせて画像計測部を昇降させる駆動部，計測した蛍光画像を解析して植物診断を行う解析・診断部（PC），および，これらを搭載して植物工場内の通路を移動するための走行部（カート）で構成されている．

図 2.12 は，本システムを用いて，トマト植物体の茎頂部（床面からの高さ約 2 m）を対象としてインダクション法による計測を行った例である．計測は，日没後 1 時間以上経過した暗条件下にて行った．励起光照射開始後，徐々に蛍光強度が上昇し（図 2.12-A-①），約 3 秒後に最大蛍光強度（図 2.12-A-②）に達した後，徐々に蛍光強度が低下していく様子（図 2.12-A-③および④）が確認される．画像計測のフレームレートは 15 fps であるため，30 秒間の計測の間に約 450 枚の蛍光画像が撮影される．画像解析プログラムでは，撮影された全ての蛍光画像を対象として，植物体領域の抽出と各画像における平均蛍光強度の算出を自動的に行い，インダクションカーブ（図 2.12-B）を出力する．我々のグループにおいて様々な検討を行った結果，励起光の照射開始から 2.5〜3.5 秒後に確認される最大蛍光強度（P）と 13.5〜20.7 秒後に確認される蛍光強度（S〜M）の比が光合成機能指標として有効であることが分かってきた[16]．

4) 太陽光利用型植物工場における光合成機能診断例

(a) 夜間気温の違いが光合成機能に及ぼす影響の評価

図 2.13 は，2009 年 1 月に計測された愛媛大学太陽光利用型知的植物工場内の光合成機能指標マップである．このとき，20 m×20 m の栽培領域において約 1,000 株のトマトが栽培されていたが，等間隔となるように 66 株を選出して計測対象とした．この計測を行う前の約 1 ヶ月間，植物工場西側（図 2.13 のマップの左側）では夜間暖房を行っておらず，この間の夜間平均気温は 8〜10℃ であり，夜間暖房を行った東側（図 2.13 のマップの右側）よりも 2〜4℃ 低かった．図 2.13 における光合成機能指標の偏在（東側が高く，西側が低い）は，夜間気温の違いにより生じた光合成機能の差異を検知したものと考え

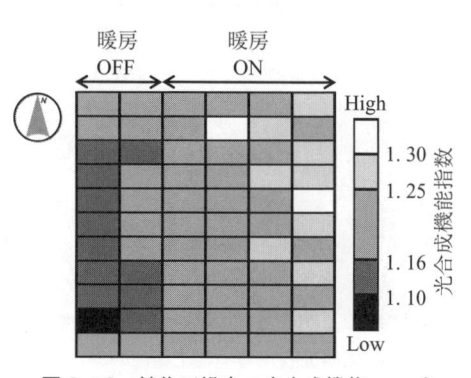

図 2.13 植物工場内の光合成機能マップ

られる．

(b) トマトサビダニ害の早期検知

トマトサビダニ（*Aculops lycopersici* Tryon）は，農薬の使用を抑えた施設栽培では1年中発生する害虫である．一部の株で発生した後，急速に拡大するが，農薬に対する感受性が高いため，発生初期にスポット的に少量の農薬を散布することで比較的容易に防除できる．図2.14は，健康葉と程度の異な

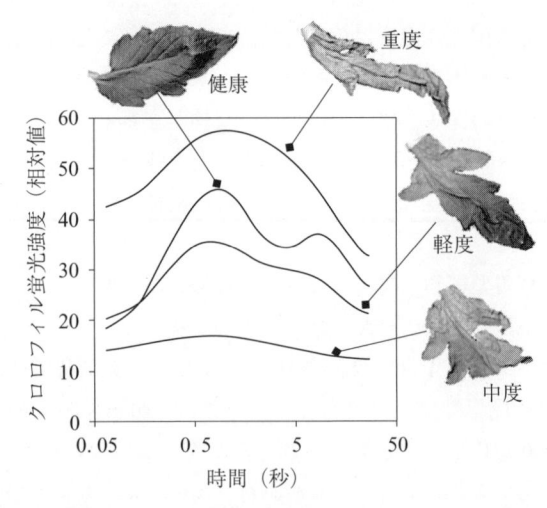

図2.14 サビダニ害葉のインダクションカーブ

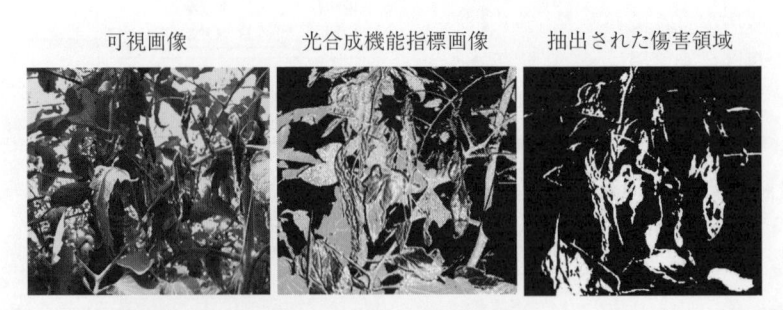

可視画像　　　光合成機能指標画像　　抽出された傷害領域

図2.15 太陽光利用型植物工場内のトマト群落を対象としたトマトサビダニ害の早期検知

るトマトサビダニ害葉のインダクションカーブである.トマトサビダニ害葉のインダクションカーブは健康葉と比較して平坦になっていることがわかる.図2.15は,クロロフィル蛍光画像計測システム（図2.11）を用いて,植物工場内で栽培されているトマト群落に生じたトマトサビダニ害を発生初期段階で検知した例である.このような病虫害の早期検知が可能になれば,早期の処置が可能となり,被害を最小限に抑えられるだけでなく,農薬使用量の低減にも寄与する.

(4) 匂い成分計測システムによる植物診断

植物は,様々な揮発性有機化合物（VOC : Volatile organic compound）を産生し,それらを空気中へ放出している.植物から放出されるVOCは人間が匂いとして感知できるものも多いため,VOCモニタリングによる植物診断技術は,植物の"匂いの変化"に基づいた植物診断技術であるといえる[17].

図2.16に,2日間給液を停止したことによるトマト個体の外観の変化を示す.このとき,葉の水ポテンシャルは−0.5 MPaから−1.0 MPaまで低下したが,再給液により元の値にまで回復した（図2.17−A）.この間,葉の水ポテンシャルが最も低下した給液停止から2日後に,細胞が破壊された際に放出されるVOCである(Z)-3-hexenol（細胞内にあった脂肪酸が酸化される

図2.16 水ストレスによる外観の変化

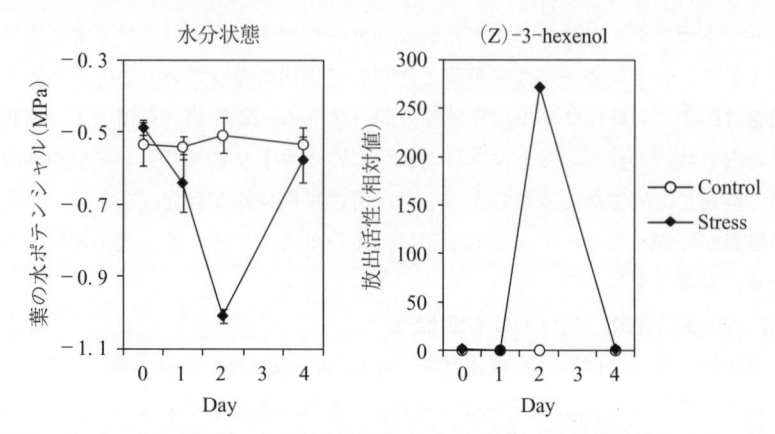

図2.17 水ストレス処理による水分状態（A）と（Z)-3-hexenol 放出活性（B）の変化

ことによって生じる）の放出が確認された（図2.17－B）[18].

この結果は，ストレス指標となる VOC をモニタリングすることにより植物診断が可能であることを示している．この技術を利用すれば，人間の目の届かないところで発生している病虫害等の早期検知が可能になるものと期待される．

(5) 欧州における生体情報利用の取り組み

オランダでは，2010年に複数の温室で計測された生体情報および環境情報をリアルタイムに共有するサービス（LetsGrow : http://www.letsgrow.com/）の運用が開始された（図2.18）．既に，500を超える温室の環境制御システムがオンラインで結ばれており，トマトやキュウリなど10種類の作物を対象として，温室内外の環境情報だけでなく，水，エネルギー，労働，収量，さらには植物情報の比較が可能とされている．また，植物生体情報のさらなる共有化に向けた生体情報計測ユニットの開発も進められている．

さらに，2011年4月には，オランダのワーゲニンゲン大学を中心として"Healthy greenhouse" プロジェクトが始動した．このプロジェクトは，オランダおよびドイツの両政府，さらには産業界からの支援を受け，今後4年間で，病虫害の早期検知による病虫害マネジメントシステムの構築を目指して

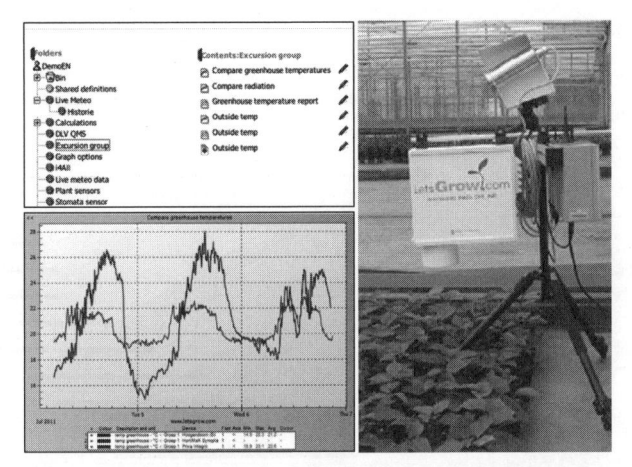

図2.18 オランダの太陽光利用型植物工場情報共有システム "LetsGrow"
左上：様々な情報の照会・比較が可能，左下：複数の温室の気温変化の比較，右：開発中の生体情報計測ユニット

いる．このプロジェクトにおいても，様々なセンサを用いた生体情報計測技術（クロロフィル蛍光画像計測技術や匂い成分計測技術など）による植物診断法の確立は大きなテーマのひとつとなっている．

5. SPA から SCA（細胞診断）への期待（野並）

(1) SCA とは

　細胞計測を植物工場の制御法として使用する場合，その制御法をスピーキング・セル・アプローチ（Speaking Cell Approach）とよぶ．植物工場でトマトを栽培する例では 10 ヶ月連続して栽培される．10 ヶ月栽培すると，トマトの草丈は 12〜15 m になる．10 ヶ月を 300 日とみなして，草丈を 300 で割り算すると，1 日あたり 4〜5 cm の伸長が起こっていることになる．1 分間に 28〜35 μm の伸長となり，1 分当たり 2〜3 層積み重なる割合で細胞分裂している状態が想定できる．細胞伸長のみでなく，花芽分化が起こっているので，トマトの生長阻害を誘導するような環境ストレスは好ましくない．特に，水ストレスにもっとも敏感に応答するのが細胞伸長である[19]．

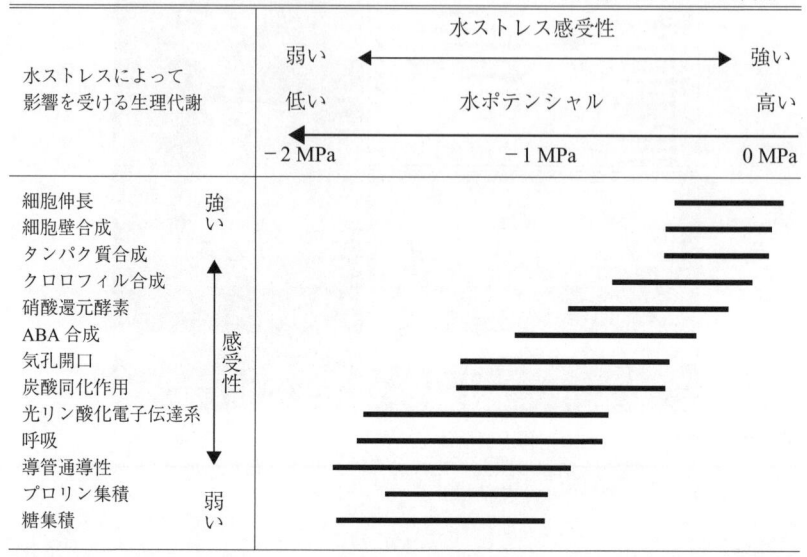

表2.1 水ポテンシャルを指標としての水ストレスによって影響を受ける生理代謝[19]

水ストレスによって影響を受ける生理代謝	水ストレス感受性 弱い ←―――――――――→ 強い 低い　　　水ポテンシャル　　　高い −2 MPa　　　−1 MPa　　　0 MPa
細胞伸長　　　　　　強	──────
細胞壁合成　　　　　い	──────
タンパク質合成　　　↑	──────
クロロフィル合成　　│	─────
硝酸還元酵素　　　　│	──────
ABA合成　　　　　感	──────
気孔開口　　　　　　受	───────
炭酸同化作用　　　　性	───────
光リン酸化電子伝達系　│	───────
呼吸　　　　　　　　│	───────
導管通導性　　　　　↓	────────
プロリン集積　　　　弱	────────
糖集積　　　　　　　い	────────

　表2.1に水ポテンシャルを指標とした生理代謝の応答を順次下方に向かって並べている．水ポテンシャルの低下に伴い，細胞伸長の阻害，次に，細胞壁合成の阻害，タンパク質合成の阻害，クロロフィル合成の阻害，硝酸還元酵素の阻害が起こり，続いて，植物ホルモンのアブシジン酸（ABA）合成の促進が起こる．ABAの合成が引き金となり，気孔の閉鎖が誘導され，炭酸同化作用の阻害が続く．水ポテンシャルがかなり低下して，糖集積が見られるようになる．

　しかし，水ポテンシャルの低下が充分ゆっくりのときは，浸透圧調節機能が働き，糖の集積が起こりながら，細胞体積が維持され，細胞伸長が回復する現象が見られる[19]．適切に浸透圧調節が起こっている場合は，細胞膨圧の維持が起こるため，目で見える萎れは起こらない．浸透圧調節機能が働くように環境調節できたとしたら，果実に糖の集積が見られながら，大きな果実が生産可能となり，農業にとっての生産性と高品質化が両立することになる．

　浸透圧調節機能が働いているか，どうかを判定するためには，細胞内に蓄

積する糖の濃度と種類を判定する必要がある．トマト栽培における植物工場内での作業で，芽掻きや下葉掻き，蔓下げを毎日行っている．摘み取られた芽は，生長点を含んでいるため，浸透圧調節機能が最も発現されやすい場所である[19]．分化の過程で，花芽への分化も決定される発現が起こる箇所であり，植物の生理情報が豊富な部位である．芽掻きに使用される部位を用いると，栽培にまったく支障を与えることなく，成長中の植物体細胞の分子情報を獲得することは可能である．

(2) プレッシャープローブとMALDIの組み合わせ

植物細胞の直接計測が質量分析計を用いて可能となってきている．近年，プレッシャープローブで細胞の膨圧を計測後，すぐに同じ細胞から細胞溶液をプレッシャープローブを用いて吸い出し，吸い出した細胞溶液の質量分析が可能となった[20]．さらに，同じ植物組織を切片にして，その切片上にカーボンナノチューブをマトリックスとして組織細胞に添加してレーザー照射をすることによって質量分析を行った．マトリックス支援レーザー脱離イオン化法（MALDI）による直接計測で同じ糖分子シグナルが得られたことから[21]，個々の細胞から抽出した細胞液を用いての糖分析が可能であることが確認されている．最近，カーボンナノチューブの代わりに，ダイヤモンド，酸化チタン，酸化チタン・シリコン，酸化チタン・バリウム・ストロンチウムナノ粒子を使用することにより，フルクタンのイオン化が促進され，フルクタンのイオン化したモル数に比例したシグナル強度が得られたことから，植物組織を用いての定量分析の可能性が見えてきた[22]．

プレッシャープローブは，細胞の位置，細胞体積，細胞の膨圧，浸透圧（浸透ポテンシャル），水ポテンシャル，細胞壁弾性率，細胞膜水透過率を計測することができる計測器である[19,23]．細胞の生理情報と組み合わせての質量分析は細胞分子情報を獲得できることから[20]，スピーキング・セル・アプローチとしての可能性を秘めている．

(3) 探針エレクトロスプレーイオン化

近年，イオン化法の中でもエレクトロスプレーイオン化法を改良した探針エレクトロスプレーイオン化法が考案された[24]．探針エレクトロスプレーイ

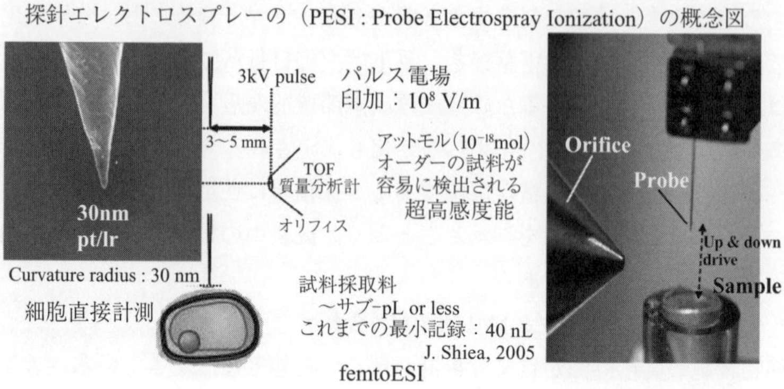

探針エレクトロスプレーの（PESI : Probe Electrospray Ionization）の概念図

図2.19 探針エレクトロスプレーイオン化の概念図と装置の写真[24]

オン化法は，先端が尖った金属の針をサンプルに刺し，針の先に付着した物質に数キロボルトの電圧を印加することにより，イオン化を誘導する方法である[24]。針の先端の大きさが 30 nm（$1\,\mathrm{nm}=10^{-9}\,\mathrm{m}$）のものが作成されている．石英ガラス管をレーザーピペットプラーで引くと，先端を 10 nm の大きさまで細くできる可能性が示唆されており，電導性のある分子もしくは金属原子でコーティングすると，数十 nm の大きさの先端の針が作成できる可能性がある（図2.19）．水分子1個の大きさは約 0.1 nm と考えられるので，先端に数百個の水分子に溶存する物質が探針によって吸着されると考えられる．

探針に電圧をかけることにより，効率良くイオン化がなされる．プレッシャープローブで採集した細胞での分析を，探針を用いることで，探針エレクトロスプレーイオン化で計測したところ，ほぼ同じ計測結果が得られた[24,25]．フルクタンの高分子が検出できたことから，ソフトなイオン化であることは明らかである．

(4) リアルタイム質量分析

Yu ら（2010）[26] の探針エレクトロスプレーイオン化質量分析の研究によると，1.5 mL のエッペンドルフチューブを横置きにした状態でミオグロビンタンパク質溶液を 50 μL 入れた状態にし，横壁に細い穴をあけて，探針で上部からピコリットルオーダーの溶液に触れることでサンプルを取り出す工夫

をして，可溶性タンパク質のミオグロビンを計測した．ミオグロビンタンパク質溶液の横に 30 μL の NaOH 溶液をおいて接触させ，pH を変化させた．探針エレクトロスプレーイオン化では，試料を精製することなく，そのままイオン化させることが可能であり，ミオグロビン溶液の pH がアルカリ側に変化することで，最も外側にある可溶化に貢献しているアミノ酸の電荷が変化する様子が，秒単位で計測することが可能であり，アポミオグロビンへの変化量を計測することに成功している[26]．アルカリに変化させる代わりに，重水にタンパク質のグラミシジンを入れると，グラミシジンの最も外側にあるアミノ酸の水素原子が重水素に置換され，重水素は水素よりも中性子が余分にあるだけ質量が 1 だけ重いため，質量分析計で容易に計測でき，探針エレクトロスプレーイオン化では試料を精製することなく秒単位で連続計測でき，質量がシフトし，最も外側にあるアミノ酸の水素が重水素に置き換わっていく様子がリアルタイムで計測が可能になった[26]．

　研究室で使用してきた質量分析計は飛行時間型の質量分析計であった．イオン化を誘導した後，電場でイオンを加速し，飛行時間を計測することにより，分子イオンの質量電荷比（質量数を電荷数で割った量）を求めていた．従来のマトリックス支援レーザー脱離イオン化飛行時間型質量分析計（MALDI TOF-MS）は毎秒 3 回のレーザーショットに対して低質量から高質量のスペクトルを取ることが可能である．現有の最新の MALDI TOF-MS は毎秒 1000 回のレーザーショットが可能となり，組織の分子イメージングを取ることが可能になっている．これにより，分析スピードが 100 倍以上速くなった．1 ミリ秒の間に検出器に飛行してくるイオンを捕らえ，質量数に換算して表示することが可能となった．上位機種の質量分析計は，最高技術の電子回路を用い信号伝達の高速化を図り，高真空を達成するための高性能分子ターボポンプを備えており，使用可能な最高性能を持つコンピュータを備えて，信号処理を行う工学分野の技術の結晶が集まっているといっても過言ではない．この質量分析計の出現で飛行時間型質量分析での限界まで達したと思われていた．

　飛行時間型質量分析計の特徴として，構造が簡単な上に，高質量まで計測

できることがあり，生体高分子計測に使用されてきた．使用するレーザーパルスはナノ（10^{-9}）秒であり，イオン飛行を最適化するためにナノ秒で電圧印加を遅延する処理がなされていたが，高速化も限界に達していたかのようであった．近年，これまでの飛行時間型の計測とまったく異なる発想による電場型フーリエ変換質量分析計（オービトラップ質量分析計）が考案された．発明者のMakarov博士[27,28]は2009年のアメリカ質量分析学会，2009年のブレーメンで開催された国際質量分析学会で学会賞を受賞した．イオン化された分子を紡錘状のチャンバー内に作られた電場で回転運動を起こさせ，回転運動の周期から質量電荷比を求める方法を考案した．質量数に上限がなく，飛行時間型質量分析計の解像度を100倍に向上させ，電場に捕捉したイオンを順次分解することで，分子の構造解析を可能にした[27,28]．さらに，質量分析計本体を小型化することが可能となり，維持管理も簡略化された．オービトラップ質量分析計は，電子の重さも勘案した精密質量を使用する．同位体の分布解析，混合物の解析も可能にするほど分解能が高い質量分析計である．質量分析分野におけるパラダイム・シフトということができる．

現在，愛媛大学ではプレッシャープローブおよび探針エレクトロスプレーイオン化を併用し，最新のオービトラップおよびMALDI TOF-TOF MSを用いた細胞分子情報の計測技術を研究している．ナノメートルの探針を用いて，100～400 nmの細胞壁の空間から細胞内へ移動する糖分子を計測できると，ほとんど植物体を破壊することなく，植物が行う浸透圧調節機能，細胞伸長制御を解明することが可能なはずである．芽掻き処理で採集されるサンプルを使う場合は，破壊することは可能であり，生理分子情報の獲得は不可能ではない．オービトラップ質量分析計の心臓部の紡錘状のイオントラップチャンバーは手のひらに乗るほど小さく，質量分析計の小型化が進むと同時に，分子計測に必要なイオン化法が改善されると，植物工場内に質量分析を持ち込むことが可能となり，スピーキング・セル・アプローチが現実味を帯びてくる．

秒単位のリアルタイムで質量分析が可能である事実を考慮すると，植物の周りを取り巻く環境が秒単位で変化するのでなければ，細胞の代謝を計測す

ることは可能であり，環境条件を秒単位で計測し，環境の変化を的確に把握することができるとしたら，グロース・チャンバーなどを用いた定常的な環境制御をしたうえで，植物生理を研究する必要性がなくなってくる．現在の最先端のメタボロミクスはそのような方向に動きつつあり，環境制御の意義を考え直さなければならない時代になりつつある．

(5) SCAの基礎となるメタボロミクス

スピーキング・セル・アプローチの基礎となる代謝物質の計測にかかわる植物メタボロミクスの方向性が世界で統一される方向に進んでいる[29]．メタボロミクスとは，環境と植物の相互作用によってもたらされる遺伝子発現を代謝物質の濃度の変化と結び付けて，植物生理を理解しようと考えられた研究分野である．Fiehn (2007)[29] の植物メタボロミクス研究の指針によると，植物が育てられる環境を克明に記載し，計測試料とされた植物がどのように育ってきたのか，第三者にもわかるように記載することを勧めている．これは，遺伝子が同じはずの種から育った植物の成長が異なっていたり，成分が異なることが現実として認められることによる．このことから，環境の影響により，遺伝子発現が変更され，代謝が変化し，代謝物質の濃度や成長が影響を受けた，と考えることが重要であることを意味している．そのため，植物体にどのように灌水したのか，誰が灌水したのか，さらに，管理中に補光のためのランプの交換があったのか，ランプのメーカーも含めて記載するなど，詳細な管理データを残すことを提案している[29]．ランプのメーカーの違いによる波長の差，ランプ製造の日付，交換した人物の特定，なども記載するように提案されている．

探針エレクトロスプレーイオン化による質量分析は，秒単位のリアルタイムで行うことが可能である．環境条件の秒単位の計測を行っていなければ，代謝物質の秒単位の解析は意味を持たないのは当然のことである．環境制御といっても，この場合は環境として，働く人間も含んでおり，人間の作業・移動も植物にとって外乱としてとらえることが可能になりつつあり，操作・栽培にかかわったどの人間が，分析した植物にどのように影響を与えたかも，解析可能になりつつある．また，肥料として加えた溶液がどの会社で作られ

て,養分として植物に吸収されたのかも,同位体分布の検査で明らかにされつつあり,産地偽装の問題の解決法としても質量分析が使われ始めている.水の同位体分布は,どこでどのように作られた水なのか,決定することが可能であり,Dawson (1998)[30] の研究では,北米の 100 m 近くまで成長しているセコイアの吸収する水は,必ずしも根から吸収された水ではなく,場合によっては 30% 以上が霧のからの水の吸収であることを明らかにしている.もっと驚くことに,川の水際に生える木が,水を川から吸収しておらず,根を伸ばして,川底の下の土壌から吸収することを明らかにしている[31].落ち着いて論理的に考えれば,当たり前のことである.水の吸収は蒸散流として葉から出されるが,それと同時に養分を葉に送っている.養分を吸収するためには能動輸送によるエネルギーが必要であり,呼吸が必要である.根が完全に水につかっていると酸素呼吸ができないため,ATP の合成の効率が非常に悪い.ATP の合成ができないと能動的に養分の吸収もできず,水の吸収もできなくなる.このように,質量分析は,同位体の分析も含め,細胞レベルで,秒単位のリアルタイムでの分析を可能としている.

(6) ストレス感受の閾値

植物にとってのストレス状況とはどのようなものであろうか.2007 年 7 月 14 日-7 月 15 日に鹿児島県,宮崎県に台風が上陸したが,秒速 25 m の風が数時間吹いたのみで被害はあまり見られなかった.ところが,実りの秋に稲を収穫してみると,胚乳に白い環状のリングのような模様がついた乳白米が異常に多く,大被害となってしまった.台風が過ぎた後,稲の成長は順調であり,栽培農家も,農協の技術員,普及所の指導員,農業試験場の研究員を含む,すべての農業関係者がコメの成長が正常であると思っていたため,被害が出てしまった.収穫する前に異常であることがわかれば,異常であることを申請すると,保険がおり,農家への経済的打撃は回避できる社会保障システムがある.2007 年 7 月に起こった台風によるフェーン現象[32] では,見た目ではプロでも被害が予測できなかった背景がある.環境ストレスと生理的要因を明らかにするため[32],グロースチャンバーおよび圃場で 3 年間強風,高温条件で 2007 年 7 月の台風の状況を再現したところ,稲の胚乳細胞

で浸透圧調節が起こっていることが解明され，デンプン代謝に異常をきたしたことが明らかとなった[32]．$^{13}CO_2$ のフィーディングを稲の止め葉に行い，稲の胚乳の転流される ^{13}C ショ糖の動態を計測すると，強風を吹かせた時も転流が減速せずに起こっており，浸透圧調節に貢献していることが明らかとなった[32]．このことは，植物が受けるストレスの閾値の概念を考えなければならない結果を示唆している．光合成を効率よくおこなわせるためには，秒速1mの風が最適であるといわれている．2007年7月の台風の結果から[32]，かなり高速の風であっても数時間以内であれば細胞伸張に影響が出ないことが明らかであり，一見大きなストレスとなりうる環境要因であったとしても，植物がストレスと感じる閾値を設定することが重要であることがわかる．

　植物工場を考えた場合，はたして環境制御は充分であるのか，という疑問に対する回答は，環境要因の詳細な計測と連動した植物細胞代謝物質の計測であるといえる．Fiehn（2007）[29] の植物メタボロミクス研究の指針によると，環境要因の中には作業する人間とその人の能力・作業日誌，使われている肥料の産地，栽培環境資材も含めて詳細に考慮する必要を述べている．そのような細かい環境管理・制御を日本の植物工場で行っているのか，今後検討する必要があり，欧米の植物学研究では詳細な環境管理が常識になってきていることも認知すべきであろう．この背景には，秒単位での正確な細胞代謝物計測が可能であることが，普及し始めていることにあることを認識すべきである．

(7) SCAの新展開

　もっとも繊細なプレッシャープローブの操作を行った例では，一度計測した細胞を，再度プレッシャープローブで計測することで，細胞膨圧が自然に回復して，連続して同じ細胞で計測できることを示している[33]．この計測法[33]では，一度プレッシャープローブで計測することでの，傷の効果が大きく出ているのか，以前のままの細胞の状態がある程度維持されているのか，判定できない問題点がある．現在，質量分析のイオン化の技術を開発しており，プレッシャープローブのマイクロピペットに直接，高電圧を印加することでのイオン化に成功しており（野並：未発表），プレッシャープローブで採

集した細胞溶液の質量分析が可能になりつつある．探針エレクトロスプレーイオン化との併用で同じ細胞での連続計測の可能性，操作による同じ細胞での代謝変化などの細かい計測の可能性が見えてきた．細胞内の細胞小器官の直接計測も夢ではなくなりつつある．

　発想の転換として，植物自身が植物工場内で適切な環境と思われるところに高速で移動できる手段があったとしたら，植物工場内の高度な環境制御の必要性はかなりなくなることが，2007 年 7 月の台風の例[32]は示唆している．太陽光利用型の植物工場で栽培される植物は，強光を好む作物を育てているが，常に強光環境が植物にとって最適であるとはいえず，転流を促進する場合，蒸散・光合成を促進する場合，細胞伸張を促進する場合，適温は植物の部位によって異なっており，広い植物工場内を想定すると，梁の位置により陰になりやすい場所を一時的に避けたり，光が当たりやすい場所，高湿度の場所など，植物の代謝を考えるとストレスとならない場所と代謝条件に見合う場所は植物工場内で見つかる可能性はある．もし，既存のオランダ型栽培にこだわって研究を進め，植物の生理条件を考慮しないものであれば，新しい創造性の高い発想を伴う栽培法の開発にはつながらないかもしれない．

　現在，日本は穀物を年間 3100 万 t 輸入している．光合成を行うことで作物の乾物生産を行うが，最適な水分状態で気孔が大きく開いて光合成が起なわれるとき，1000 個の水分子が失われるあいだに，1 個の炭酸ガス分子が固定される．固定された炭素がすべて食料として利用できるわけではないので，生産物の穀物を輸入する日本は多くの水を間接的に輸入している，といっても間違いではない．現実問題として，畜産，工業用使用のための穀物を必要量生産するだけの耕地面積と水は国内には十分ではない．これらの問題を解決する一つの手段として，植物工場は，耕地面積の確保，水，資源のリサイクル，工場化による労働力の確保のために提唱されている[34]．将来的には，水資源確保の観点から，植物工場内での穀物栽培についても考える必要性が出てきている．

6. 植物診断から環境制御への課題（野並，高山）

(1) 植物診断の実用化に向けた課題

4.で紹介した植物診断技術の実用化に向けた課題は，栽培現場において有用な「使える生体情報」を提供できるか否かである．なお，作物群落が複雑な立体構造をもつために測定対象部位毎に環境条件が大きく異なる可能性があるが，このような測定対象の不安定性を考慮しながら，有意な生体情報を安定して取得可能なシンプルな計測・解析方法の確立は不可欠である．さらに，一連の計測と解析の結果として得られる生体情報の精度，空間分解能および時間分解能が現場ニーズと適合するように最適化する必要がある．

スピーキング・セル・アプローチ（SCA）で紹介した細胞分子情報計測の技術は，実験室レベルの話であり，今後植物工場内への実用化ができるのか，未知の要素が大きい．使用している質量分析計は最先端技術を取り入れた最新のものであり，非常に高額であって，操作するにも特別な専門知識が必要である．実験室レベルでは，遺伝子の発現による代謝産物の同定・定量計測の解析能力が秒単位となってきていることから，環境の変化が秒単位で起こるとしても，植物における代謝変化を細胞レベルで解析することが可能になってきている意義は大きい．栽培植物におけるメタボロミクス研究では，空間分解能を細胞間の代謝変化まで解析することが可能になっているものの，実用化においてそこまでの解析能力を持たせた制御理論が作られていない課題がある．水ストレスが誘導されたとき，道管を取り囲む数個の柔細胞での膨圧低下が細胞膜の水透過率の低下と，水ポテンシャル勾配の逆転による細胞伸張阻害を引き起こし[19]，浸透圧調節機能を発現させると考えられている．この外から直接観測できない生理現象や，2007年7月の台風の例にみられる植物の感受性の閾値の問題[32]について，どのように植物工場の環境制御のための制御理論の中に組み込んでいくのか，制御における課題がみえはじめた．

(2) 生理的要素を取り入れた制御の考え方

植物工場での安定した高品質の果実の生産のための制御は，理想的には生

産量を一定に確保し，果実の糖度を 8 Brix％ に制御する制御法の開発が必要といえる．このような制御は，人の体温制御に例えることが可能かもしれない．運動をすると，体温が上がり，体温の上昇とともに，汗をかき，気化熱によって体温を下げる．運動をしていなくても，気温が上がると，汗をかき，体温を下げる．寒いときは，震えが起こり，筋肉が運動することで，体温を上げようとする．環境の変化が起こると，人は寒いときには，さらに服を重ね着し，暑いときは，服を脱ぐ．このような服の脱着が，一見すると適切な環境制御のように見えるが，本質的な体温の制御については必ずしも適切な表現ではないかもしれない．現状の植物工場の制御は，このような服の脱着に近い制御に固執しているような感さえある．

　人の生理に注目して体温調節を見てみると，体中に張り巡らされた血管中を流れる血液量に関連していて，血液の中には肺から取り込まれた酸素濃度，血液中に溶存するグルコース濃度，血液を送る心臓の鼓動数，鼓動を制御する神経系がある．神経系は，筋肉としての心臓のスピードを制御するのみでなく，筋肉の収縮の調整による運動機能，汗腺の制御による発汗作用の調節などを行う．呼吸は細胞内でのミトコンドリアでの ATP 合成と関連しており，解糖系，クレブス回路，電子伝達系などの反応と関連している．医療では，心電図をとるのみでなく，血液検査でコレステロール量，糖濃度，イオン濃度の計測で，血管の機能のチェックや，肝臓機能のチェックなど，人体内の生理機能と状態を把握し，体温調節について生理的に診断する方向で進んでいる．

　トマト栽培に目を向けると，トマトの果実が成長し，生産量を確保したうえで，果実内の糖度が 8 Brix％ 以上になることを望んでいるわけであり，トマトの生理状態に直結した成果であって，温室の温度，風速，光，炭酸ガス濃度にかかわる環境制御とは関連があるが，直接に果実の生理的要因とは，結び付けることができない問題点がある．温室の空気温度，風速，光強度，炭酸ガス濃度は，植物の光合成と蒸散にかかわる機能に関連しているものの，開花，結実，果実の肥大，果実の糖濃度と生理的に直結するとは言い切れない．光合成，蒸散にかかわる生理現象と果実の生産量，品質と結び付けるこ

とが難しいために，この関連性を篤農家の知識としてあいまいに表現しているのが現状であるが，ブラックボックスを取り入れた制御形態は，どこまで発展性があるのか，疑問である．

　細胞の拡大のためには，細胞内への水の流入が必要であり，生長に伴った水ポテンシャル勾配が存在する必要がある[19]．また，有効膨圧による細胞壁の拡大も同時に必要であり，両者が成り立つためには，適切な転流機能と細胞伸張，水の輸送が必要である[19]．水の輸送は，道管を通じて起こるが，水そのものだけでなく，道管内のイオンの適切な輸送が必要であり，トマト果実に関してはCaイオンの輸送が重要といわれている．道管と隣り合った師管内での転流では，道管の水ポテンシャルと師管の水ポテンシャルを平衡に保ちながら，糖濃度のみでなくKイオンの輸送も重要になる．無機イオンは，肥料として与えられており，この肥料の成分内における無機イオン濃度の適切な調節，pHの調節は，植物におけるイオン吸収生理と転流および道管内輸送のカギを握っている．

　制御を行うためには，目標制御量とは何にすべきなのか，明確にする必要がある．操作量を何にするかも決定する必要がある．環境要因は制御可能なものと，制御不可能なものがあり，制御不可能なものは外乱としてとらえる以外はないと思われる．フィードバック制御では，制御量の出力があり，操作量による影響が目標制御量とどれほどずれるのか，誤差を明確に把握する必要がある．植物の細胞伸張の結果としての，草丈を考えると，一度伸びたものは，縮むことがないので，草丈を目標制御量とした場合，どれだけフィードバック制御に意味があるのか，検討する必要がある．細胞伸張は，水ストレスに対してとても敏感であるため，水供給を止めることで，草丈の伸張を抑えることが可能である．草丈の伸張を抑えるような水ストレスは，葉の分化・展葉を阻害するため，長期的にみると，光合成能力の低下を促す．ところが，植物は水ストレスに順化を起こす性質があり，浸透圧調節により，同じ水ストレスでも徐々に水ストレスを与えると，順化を起こすことで細胞伸張が阻害されなくなることがある[19]．

　水ストレス下で浸透圧調節が起こったとき，細胞内の溶存物の濃度が上

がっており，浸透圧調節にもっとも使われやすい代謝物は，糖分子であるため，糖の集積がみられる．トマトの果実内のトマトの糖度を 8 Brix％ で制御しようとした場合は，Brix％ の糖の定義を明確にしておく必要がある．Brix％ は基準がショ糖の重量パーセントであり，ショ糖のみを対象としたときには，甘さは Brix％ の大きさに比例して増えるが，他の糖分子が入ってくると，Brix％ は甘さとは関連しなくなってくるので，注意が必要である[19]．たとえば，ショ糖で 8 Brix％ の溶液は，果糖の 4 Brix％ にあたる溶液と比べると，甘いとはいえない．ショ糖 8 Brix％ と果糖 4 Brix％ の溶液では，浸透圧に換算するとほぼ同じ値となり，100 mL あたりに溶存する分子の数は，両溶液でほぼ同じである[19]．果糖とショ糖を比べると，甘さは果糖のほうがショ糖よりも少し高いといわれているので，果糖 4 Brix％ の溶液を，ショ糖 8 Brix％ よりも甘いと感じる人が出てくる．ショ糖分子は，果糖分子とブドウ糖分子がグルコシド結合したものであるため，植物は水ストレスがかかり始めると，転流してきたショ糖を，細胞内で果糖とブドウ糖に加水分解することで，あまりエネルギーを消費せずに浸透圧調節を行うことが可能である[19]．

　果実の細胞内の浸透圧に貢献する溶存物濃度を目標制御量に設定した場合，水分状態を操作量と取ると，濃度を上下させることは理論的には可能である．この点からいえば，草丈よりも細胞内の溶存物濃度を制御対象にするほうが融通性がある．浸透圧に貢献する溶存物濃度を表す単位はオズモル（Osmole）になる．はたして，このような理学的な濃度の単位を植物工場内の制御に利用できるのか，今後検討が必要であろう．

　代謝物の濃度を計測することは，SCA の説明で可能であることを示したが，操作量として何を使用するのか，考える必要がある．フィードバック制御を行う場合，目標値からの誤差をフィードバックして，操作量を変化させることが可能であるものを取り扱う必要がある．操作する量として考えられるのが，養液量および灌水量であり，さらに細かく見ると，養液の中に含まれる無機塩濃度，pH であろう．培養液の吸収速度は，蒸散，根圏の温度に依存し，光合成産物の転流速度，茎や根の組織中での非構造炭水化物の貯蔵量に影響

される．養分の吸収には，根における能動輸送が関与するため，根の呼吸代謝と連動している．

水分生理学的な考え方は，物理化学的な物理量を使用し，熱力学を基本においている[19]．そのため，定義される物理量は生物学的な要素を含んでいない．制御理論に取り込み，操作量として使用するには便利な量ともいえる．Osmoleは，浸透圧に貢献する溶存物の濃度として定義されており，水の束一性（colligative property）の一つであるので，水の濃度を表しているといっても過言ではない．植物サンプルを使用してのBrix％計測値は，Osmoleとは分子種を特定しない限り関連が明確でないため，制御のための操作量として使用するには適切であるとは言えない．ただこれまでにOsmoleを使用して記述している農業関連研究は目にしたことがなく，実用性があるのか，今後の検討が待たれる．

個体の水吸収量が把握できれば，総葉面積から，蒸散量の推定，気孔開度の推定が可能となる．炭酸ガス濃度と日射のデータから，光合成速度の推定も可能となろう．葉での水ポテンシャルの計測が可能であれば，精度はさらに上昇することが見込まれる．果実細胞でのOsmoleの計測は，非破壊状態では困難である．果実と隣り合った葉の付け根から出ている脇芽があれば，その伸張細胞におけるOsmoleの計測が可能であると，果実細胞でのOsmoleの推測にも役立つと思われる．しかし，そのような計測を行っている農業作業者はいないため，今後の検討課題ともいえる．

(3) フィードバック制御と遺伝子発現の制御

生体内では制御が緻密に起こっている．遺伝子発現における制御で最も早くから解明され，バイテクでの遺伝子組み換えでもよく使われるラクトースオペロン（ラクオペロン）は有名である[35, 36]．これは大腸菌で最初に明らかにされたタンパク質合成の調節機構である．ラクトース（乳糖）はグルコースとガラクトースの2つの単糖からなる二糖類であるが，細菌の培養液にこれを加えると細胞内でβ-ガラクトシダーゼと呼ばれる酵素が合成される．この酵素はラクトースをグルコースとガラクトースに分解し，それらを細胞のエネルギー源として利用する．つまり，ラクトースを分解するβ-ガラクト

シダーゼは，培地にラクトースがある時にのみ合成されるわけで合目的である．この酵素の誘導的合成は以下に述べるような機構による[35,36]．β-ガラクトシダーゼの遺伝子はzと呼ばれ，他の2つの遺伝子y, aと染色体上で並んでいる．yはラクトースを大腸菌細胞内へ取り込むための酵素の遺伝子であり，aの酵素はトランスアセチラーゼである．z遺伝子の上流にiという遺伝子があり，これはリプレッサーとよばれる抑制タンパク質を作っている．このリプレッサーはラクトースがない時はプロモーター配列とz遺伝子の間のオペレーター配列と呼ばれる領域に結合し，RNAポリメラーゼがプロモーターに結合するのを阻害している．そのために3個の遺伝子のmRNAは合成されない．ラクトースが存在すると，ラクトースはインデューサーになり，レプレッサーと結合する．すると，このリプレッサーはもはやオペレーター配列と結合できなくなる．結果，オペレーター配列とプロモーター配列の領域が空になりRNAポリメラーゼが結合し，転写が可能になる．リプレッサーは常に細胞あたり10個ほど存在する．z, y, aの三つの遺伝子はこのように1個のオペレーター配列によって共通の調節を受けているため，あわせてラクトースオペロン（ラクオペロン）と呼ぶ．このオペロンの調節はラクトースのあるなしだけではなく，もう一つの機構が関係している．それはグルコースの存在である．β-ガラクトシダーゼはラクトースをグルコースとガラクトースに分解するが，ガラクトースも最終的にはグルコースに変えられて利用される．従って，培養液中にグルコースとラクトースの両方があれば，大腸菌細胞はグルコースの方を利用すればよく，ラクトースを使う必要はない．従って，ラクオペロンを発現させる必要はない．実際にグルコースがあると，ラクトースがあってもβ-ガラクトシダーゼは合成されない．それは以下の機構による．グルコースの代謝産物によってサイクリックAMPと呼ばれる物質の合成が調節されている．グルコースの濃度が高ければサイクリックAMPの量は少なくなり，また逆になればその量が多くなる．すなわち，グルコースの細胞内濃度の目印である．このサイクリックAMPは，サイクリックAMP受容体タンパク質（CRP）と結びついてラクオペロンのプロモーター部位の上流（サイクリックAMP・CRP作用点）に結合して，

RNAポリメラーゼがプロモーターに結合するのを促進する．つまり，グルコースがなくなり，サイクリックAMP濃度が上昇して受容体タンパク質がプロモーター上流に結合し，なおかつ，利用可能なラクトースがあってリプレッサーが不活性化されているときにのみ，β-ガラクトシダーゼが合成されることになる．

　グルコースがエネルギー源となるため，細胞内にグルコースがあるか，ないかの情報がフィードバックされ，さらに，培地にラクトースある場合，グルコースを作るためラクトースを分解するβ-ガラクトシダーゼが合成される制御機構が働いていて，染色体にある遺伝子からの転写，タンパク質を合成する翻訳がループ状になっているフィードバック制御にあたっていることが明らかである．

　トリプトファンオペロンでも[35,36]，トリプトファンの濃度を調節するように，転写，翻訳の調節機能が働いていることが解明されており，ラクオペロンよりもさらに複雑な制御機構が働いているが，最終制御出力としてのトリプトファンの濃度を調節している機構は，複雑なフィードバック制御といえる．

　メタボロミクス研究では，環境の変化によって起こる遺伝子発現に伴い，代謝物の濃度がどのように制御されているのか研究している．トマトのような高等植物では，細菌の遺伝子発現よりももっと複雑ではあるものの，基本的には共通するところが多くあり，同じ論理で制御機構を明らかにする方向でメタボロミクス研究は進んでいる．高等植物では，代謝物の濃度は細胞間でも異なっており，組織レベルではもっと分布が多様化する．そのような代謝物の分布，代謝物合成を支配する遺伝子発現の複雑さをブラックボックスとして制御をおこなわざるを得ない現状はあるものの，制御の機構を明らかにし，制御対象となる代謝物質の特定を行うことは，植物工場でのSCA研究の課題である．

参考文献

1) 橋本：バイオシステムにおける計測・情報科学，養賢堂，1990.

2) Y. Hashimoto, P.J. Kramer, H. Nonami and B.R. Strain (eds.) : Measurement Techniques in Plant Science : Academic Press, San Diego, USA, 1990.
3) 橋本・丹羽：植物葉面情報の画像処理，第9回画像工学コンファレンス論文集，1978.
4) Y. Hashimoto, P.J. Kramer et al. : Dynamic analysis of water stress of sunflower leaves by means of a thermal image processing. Plant Physiol 76, 1984.
5) K. Omasa, M. Onoue and H. Yamada : NMR imaging for measuring root system and soil water content. Environ. Control in Biol. 23(4), 1985.
6) P.J. Kramer and J.S. Boyer : Water Relations of Plants and Soils. Academic Press, 1995.
7) 日本生物環境調節学会編：新版生物環境調節ハンドブック，養賢堂，1995.
8) A.J. Udink ten Cate, G.P.A. Bot and J.J. van Dixhoorn : Computer Control of Greenhouse Climate. Acta Horticulturae 87, 1978.
9) Y. Hashimoto : Recent Strategies of Optimal Growth Regulation by Speaking Plant concept (invited presentation at Berlin). Acta Horticulturae 260, 1989.
10) 高山・野並：知能的太陽光植物工場の新展開 (5) 生理生態の計測と新展開，農業および園芸 85(5), 2010.
11) 仁科：太陽光利用型植物工場の知能化のための Speaking Plant Approach 技術，学術の動向 15(6), 2010.
12) K. Takayama and H. Nishina : Early detection of water stress in tomato plants based on projected plant area. Environ. Control in Biol. 45(4), 241-249. 2007.
13) 高山弘太郎・仁科弘重・山本展寛・羽藤堅治・有馬誠一：デジタルカメラを用いた投影面積モニタリングによるトマトの水ストレス早期診断．植物環境工学 21(2), 59-64. 2009.
14) 仁科弘重・高山弘太郎・羽藤堅治：給液制御装置．特願2006-138761 (特開2007-306846). 2006.
15) 高山弘太郎・仁科弘重：施設園芸における植物診断のためのクロロフィル蛍光画像計測．植物環境工学 20(3), 143-151, 2008.
16) 高山弘太郎・仁科弘重・水谷一裕・有馬誠一・羽藤堅治・三好　譲：光合成活性評価プログラムおよび光合成活性評価装置．特願2009-101126 (特開2010-246488). 2009.
17) R.M.C. Jansen, K. Takayama, J. Wildt, J.W. Hofstee, H.J. Bouwmeester, E.J. van Henten: Monitoring crop health status at greenhouse scale on the basis of volatiles emitted from the plants. Environ. Control in Biol. 47(2), 87-100. 2009.
18) 高山弘太郎・R. Jansen・仁科弘重・E.J. van Henten：植物工場における揮発性有機化合物モニタリングによるトマトのストレス診断．日本生物環境工学会2008年大会，松山，2008年9月，講演要旨，306-307, 2008.
19) 野並　浩：植物水分生理学．養賢堂，pp. 263, 2001.

20) Gholipour, Y., Nonami, H., Erra-Balsells, R. : Application of Pressure Probe and UV-MALDI-TOF MS for Direct Analysis of Plant Underivatized Carbohydrates in Subpicoliter Single-Cell Cytoplasm Extract. J. Am. Soc. Mass Spectrom. 19 : 1841–1848. 2008.
21) Gholipour, Y., Nonami, H., Erra-Balsells, R. : In situ analysis of plant tissue underivatized carbohydrates and on-probe enzymatic degraded starch by matrix-assisted laser desorption/ionization time-of-flight mass spectrometry by using carbon nanotubes as matrix. Analytical Biochemistry 383 : 159–167. 2008.
22) Gholipour, Y., Giudicessi, S.L., Nonami, H. and Erra-Balsells, R. : Diamond, Titanium Dioxide, Titanium Silicon Oxide, and Barium Strontium Titanium Oxide Nanoparticles as Matrixes for Direct Matrix-Assisted Laser Desorption/Ionization Mass Spectrometry Analysis of Carbohydrates in Plant Tissues. Analytical Chemistry 82 : 5518–5526. 2010.
23) Malone, M., Tomos, A.D. : A simple pressure probe method for the dertermination of volume in higher plant cells. Planta 182, 199–203. 1990.
24) Chen, L.C., Yu, Z., Nonami, H., Hashimoto, Y. and Hiraoka, K. : Application of Probe Electrospray Ionization for Biological Sample Measurements. Environ. Control Biol. 47 (2) 73–86. 2009.
25) Yu, Z., Chen, L.C., Suzuki, H., Ariyada, O., Erra-Balsells, R., Nonami, H., Hiraoka, K. : Direct Profiling of Phytochemicals in Tulip Tissues and In Vivo Monitoring of the Change of Carbohydrate Content in Tulip Bulbs by Probe Electrospray Ionization Mass Spectrometry. J Am Soc Mass Spectrom 20 : 2304–2311. 2009.
26) Yu, Z., Chen, L.C., Erra-Balsells, R., Nonami, H., Hiraoka, K : Real-time reaction monitoring by probe electrospray ionization mass spectrometry. Rapid Communications in Mass Spectrometry 24 (11) : 1507–1513. 2010.
27) Makarov, A., Denisov, E. : Dynamics of Ions of Intact Proteins in the Orbitrap Mass Analyzer. J Am Soc Mass Spectrom 20 : 1486–1495. 2009.
28) Makarov, A., Denisov, E., Lange, O. : Performance Evaluation of a High-field Orbitrap Mass Analyzer. J Am Soc Mass Spectrom 20 : 1391–1396. 2009.
29) Fiehn, O. : Validated High Quality Automated Metabolome Analysis of Arabidopsis Thaliana Leaf Disks : Quality Control Charts and Standard Operating Procedures. In "Concepts in Plant Metabolomics" edited by BASIL J. NIKOLAU and EVE SYRKIN WURTELE (2007). Springer. pp. 1–18. 2007.
30) Dawson, T.E. : Fog in the California redwood forest : ecosystem inputs and use by plants. Oecologia 117 : 476–485. 1998.
31) Dawson, T.E. and Ehleringer, J.R. : Streamside trees that do not use stream water. Nature 350 : 335–337. 1991.
32) Wada H., Nonami H., Yabuoshi Y., Maruyama A., Tanaka A., Wakamatsu K., Sumi T., Wakiyama Y., Ohuchida M., and Morita S. : Increased Ring-Shaped Chalkiness and Os-

motic Adjustment when Growing Rice Grains under Foehn-Induced Dry Wind Condition. Crop Science 51 : 1703-1715. 2011.
33) Shackel, K.A., Polito, V.S. and Ahmadi, H. : Maintenance of turgor by rapid sealing of puncture wounds in leaf epidermal cells. Plant Physiol. 97 : 907-912. 1991.
34) 野並　浩：植物工場．特集　植物を活かす　—植物を利用したグリーンイノベーションに向けて— 学術の動向．日本学術協力財団．2010 年 12 月号：80-81. 2010.
35) Hames, B.D. and Hooper, N.M. : Instant Notes in Biochemistry. 2 nd edition, BIOS Scientific Publishers Limited. pp. 422, 2000.
36) Alberts, B., Johnson, A., Lewis, J. Raff, M., Roberts, K., Walter, P. : Molecular Biology of the Cell. 5 th edition, Garland Science, pp. 1268, 2008.

第3章 植物工場のシステム制御

岡山　毅，福田弘和，村瀬治比古

1. システム制御の概要

(1) システムとしてみた植物工場

　システム（system）とは，複数の要素がある目標に従って組み合わされたものである．農業システムは非常に多くの要素を抱えており，様々な視点から捉えることができるが，生産システムを中心とすると図3.1のように捉えると理解しやすい．工業システムと農業システムとの決定的な違いは，人間の意図を容易に反映しがたい生物資源が含まれていることと制御不能な自然が巨大な要素であるということである．ここで農業システムの最適化について考えると，エネルギの消費と農薬資材などの投入量を最小限にして環境負荷を低減し，自然の変動による外乱の影響を極力抑えて，消費者に有利な方向へシステムを遷移させることである．最適化された生産システムの最上位に位置するのが植物工場である．

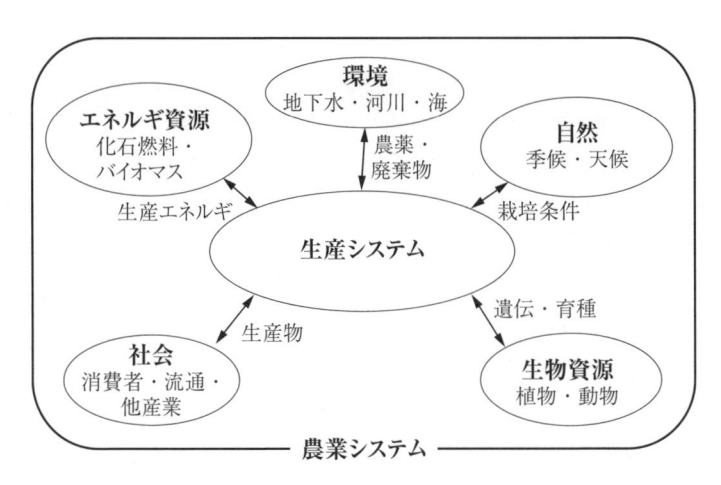

図3.1　農業システム

植物工場は「栽培環境」と「植物体」という2つのサブシステムから成る．植物工場におけるシステム制御は，これら2つのサブシステムを包括的に最適化することを目的としている．しかしながら，両者はそれぞれ別種のシステムであり，それぞれが非常に複雑なシステムである．つまり，植物体の表面を流れる気流の最適制御すら現在もなお難題として残る環境システムと，凄まじい勢いで解明が進められているが常に未知な部分を含む植物システムを，初めから統一して最適化を施すことは非常に困難である．このため研究開発においては，栽培環境と植物体を一旦分離し，それぞれのサブシステムにおける制御工学を十分確立してから統合を図るという戦略が必要である．

(2) システムの数理モデル化

数式を用いてモデル化された客観的な知識は「形式知」[1)]の最たるものである．数式化が強大な力をもつことは物理学を見ればわかる．植物工場のサブシステムである栽培環境システムは，熱力学や流体力学，材料力学など，物理学の範疇であり，数式を用いた取扱いが可能である．植物の群集を通り抜ける気流などは，今や高性能な気流解析ソフトを用いることで，様々な境界条件下においてコンピュータ・シミュレーションができる．本章2節で紹介する気流の解析と制御は，コンピュータ・シミュレーションによるヴァーチャル実験の一例である．

もう一つのサブシステムである植物システムについては，思い切った単純化によって数理モデルの作成を可能とし，またその単純化された数理モデルが実際に有効であることは古くから知られている．現象論的に単純化された数理モデルは，現在においても有効であり，その一例として，「高付加価値物質生産に向けた有用物質蓄積モデル」を本章3節に紹介する．

しかしながら，究極的に求めるべき数理モデルは，遺伝子発現や様々な代謝反応をも記述した詳細な数理モデルであろう．ただし，植物システムは，遺伝子数が数万個もあり細胞の数も膨大であるため，パラメータや自由度が極めて大きく，また生体内反応の非線形性が強いため，数理モデル化は容易ではない．もちろん，細胞内の様々は反応を全て数式などに置き換え，丸ごとコンピュータ・シミュレーションするという研究もあるが，単細胞の代謝

ダイナミクスを扱うだけでも膨大な要素研究が必要であることが知られており，植物工場という高い階層性を持つシステムにおいてはそのままこの方法論を取ることは難しい．そこで，戦略的に幾つかの環境要因と生理代謝の応答特性を選び，「重み付け」によってシステムを単純化し，単純な数理モデルから詳細な数理モデルへ深めていくという方法論が植物システムの制御においては有効であると思われる．つまり，「戦略的に幾つかの環境要因と生理代謝の応答特性を選び，モデル実験をし，環境制御へ貢献する程度を重み付けする．各種の重み関数は，インパルス応答をはじめとした基礎実験で同定する．そして，数式を用いたモデル（数理モデル）でシステムを記述し，重み関数を利用して制御特性を把握し，コンピュータ・シミュレーションによるヴァーチャル・カルチヴェーションを駆使して合理的な環境調節を実現する（本書序論より）」ことが有効であると考えられる．

本章4節では，植物工場における遺伝子発現の診断について概説するが，遺伝子発現レベルにおいては概日リズム，すなわち体内時計の活動が一つのキーワードになっていることを示す．本章5節では，体内時計の数理モデルと制御について紹介し，体内時計の研究が遺伝子発現を如何に最適化するかという課題に対する一つの突破口となっていること，そして今後植物工場の基礎として重要な学問と成り得ることを示す．

2. 細密農業における気流の精密制御

(1) 細密農業

気流を精密に制御するというコンセプトは精密農業（Precision Agriculture）を深化させた細密農業（Mirco-Precision Agriculture）に基づく．まず"精密"農業とは，圃場における様々な情報（土壌状態，生育状態，収量，作物の品質等）を時空間的に収集することによって，圃場の状態を把握し，その情報に基づいて最適な施肥・防除等を行い収量・収入の維持向上と環境負荷低減の両立を目指す生産システムである．植物工場では外界からの外乱の影響をできるだけ排除することによって高い環境制御が可能であることから，精密農業をより高いレベルの細密農業として実施可能である[2]．細密農業では，時空間

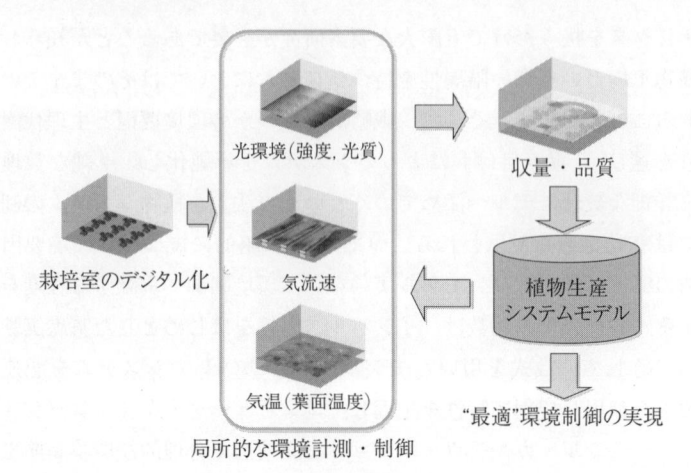

図3.2.1 細密農業のイメージ

的な栽培環境，植物状態の情報を収集し最適な栽培環境制御を行うことを目的としている．具体的には，最初に栽培空間の局所的な環境要因や植物体の生育状態を詳細に計測し，その情報をデジタル化することによってヴァーチャルな栽培空間をコンピュータ上で再現する．そして栽培後に作物の収量・品質を結果として記録する．そして収量・品質という結果と，原因としての環境要因のモデル化（植物生産システムモデル）を行う．そしてモデルを用いてシミュレーションを行うことにより計算上の最適栽培環境を求め，それに基づき再び現実空間で栽培を行い，その結果と先ほど求めたシミュレーション結果との誤差をもとにモデルを修正し，新たな最適栽培環境をシミュレーションによって提案する．このようなサイクルをくり返しながら最適環境制御を実現していく（図3.2.1）．以下に，この細密農業のコンセプトに基づく，気流制御について説明する．

(2) 気流制御の重要性

風と光合成の研究の歴史については矢吹[3]に詳しく記述されている．その概略を述べると，作物の光合成速度は光—光合成曲線によって説明されてきた．光—光合成曲線とは光強度を順次変え，それに対する光合成速度を求め，

両者の関係をグラフに描いたものである.しかし,光合成速度に影響を与える要因は光強度だけでなく,二酸化炭素濃度,温度,湿度等の多数の要因によるものである.それらの要因と並んで気流も光合成にとって重要な要因である.それを裏付ける,気流制御によって光合成速度を促進させたという研究報告が数多くある.気流"速度"の制御例としては,気流速度が $0.6\,\mathrm{ms^{-1}}$ で栽培されるトマト苗は,気流速度が $0.1\,\mathrm{ms^{-1}}$ の場合と比較して1.9倍の純光合成速度になる報告[4]や同じようにサツマイモでも気流速度を0.01から $0.2\,\mathrm{ms^{-1}}$ に上昇させることによって,著しく純光合成速度を向上したという報告[5],またダイズを用いた実験では,気流速度が $0.4\,\mathrm{ms^{-1}}$ で栽培した場合よりも, $0.8\,\mathrm{ms^{-1}}$ で栽培した方が個体の地上部乾物重が14%大きくなったという報告[6]などがある.また,気流速度だけでなく気流の"向き"によってその効果が大きく変わることが指摘されている.Shibuyaら[7]の実験ではトマト苗に対する気流の流れの向きを水平方向と垂直方向と比較した場合,垂直方向で栽培されたトマト苗の乾物重が水平方向で栽培されたものよりも1.2〜1.3倍に増加した.気流を制御することのメリットは光合成の促進だけではない.植物工場で栽培されるリーフレタスの生育促進を追求していくと,チップバーンと呼ばれるカルシウム欠乏による障害が発生することがあるが,この障害を防ぐためには植物の内側の葉に気流を送り込むことによって,カルシウムの吸収を促進することが有効である[8,9].以上の例は主に閉鎖度の高い完全人工光植物工場を対象とした実験であるが,太陽光型植物工場においても近年の大型化に伴って栽培環境のばらつきが問題化し,気流制御の重要性がより強く指摘されている[10].つまり適切な気流制御によって,時空間的な気温,二酸化炭素濃度,湿度のバラツキを軽減し,生産物の品質を均一化し,さらに植物の生育を促進することは非常に重要である.そこで,それらの実現に向けた精密気流制御について研究を紹介する.

(3) CFDシミュレータを用いた気流制御と光合成

1) ヴァーチャル栽培空間

栽培室において精密な気流制御を行うためには気流速度の分布を知る必要がある.しかし,気流速度の分布を三次元的に同時にリアルタイムに計測す

ることは困難である．そこで，数値流体解析（Computational Fluid Dynamics：CFD）シミュレータが役に立つ．農業施設分野でもCFDシミュレータの利用が進んでおり，例えば温室における自然換気のシミュレーションにCFDシミュレータが用いられていられている[11, 12]．今回は栽培空間をコンピュータ上で再現し，複数のファンの配置と気流速度を変化させたときの，植物の光合成速度についての推定を行う例[13]を説明する．

気流速分布を明らかにするために，3次元流体解析ソフト（QuickStream ver. 3.0,（株）横河技術情報）を用いた．本ソフトでは空気を非圧縮性粘性流体として取り扱う3次元層流モデルを用いて，運動方程式を差分法で計算を行う．

栽培空間のサイズは縦1.0×横1.0×高さ0.5 mとし，栽培作物はリーフレタスを想定した．この栽培空間を3次元でパソコン上にて表現した場合，ソフトウェアの制限により最小のセル（シミュレーションでの最小計算単位）のサイズは10×10×10 mmとなる．したがって詳細なレタス形状の再現は困難であることから今回はレタスをブロック状の塊とみなした．またレタスの形状には個体差があることを考慮し今回は2パターンの形状を用意した（図3.2.2，図3.2.3）．レタスの直径は90 mmであり，定植後15日程度に相当する．レタス12株を3列に12個を配置し，ファン6個の配置，風速を変化させて，各レタスの葉面上の気流速度を計算する．送風風方法として，従来から行われている片側から送風する場合，両側から送風する場合を用意し（図3.2.4），それぞれの場合において，ファンの送風速度を0.5，1.0および

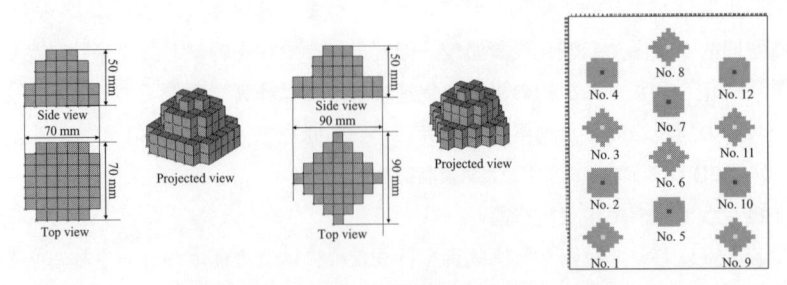

図3.2.2　パターンの仮想レタスとその配置

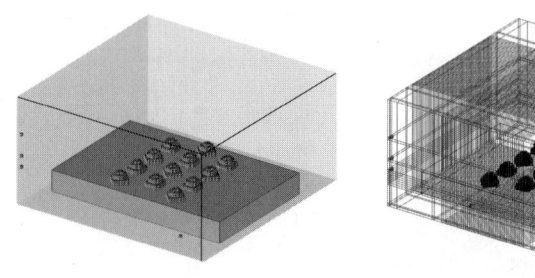

図 3.2.3　三次元で表現された栽培空間
　　　　　ポリゴンによる表現（右），セル分割による表現（左）

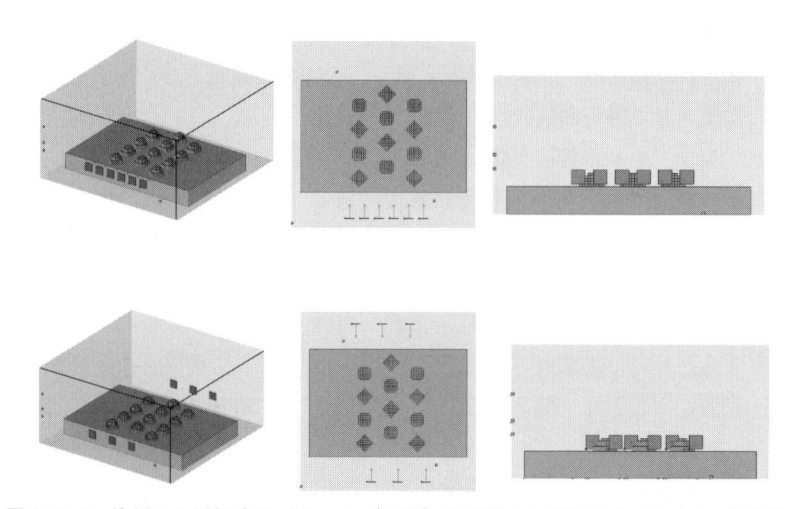

図 3.2.4　片側から送風するパターン（上段）と両側から送風するパターン（下段）

$1.5\,\mathrm{ms}^{-1}$ に変化させ，シミュレーションを行った．

2）　実際の栽培空間

　この CFD モデルの有効性を評価するために，アクリル製の栽培室（$1.0\times1.0\times0.5\,\mathrm{m}$）内に，疑似レタスを配置し，DC ファン（E232190，DC12V-0.2A，シコー株式会社製）を可変電流調整器（木下電機製）接続して配置し，同様の

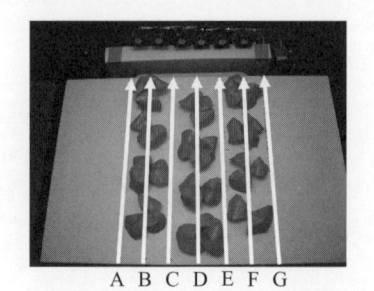

図3.2.5 チャンバ（左）と気流速度計測ライン（A, B, C, D, E, F と G）とファン配置.

状況を準備した．そして図3.2.5のA, B, C, D, E, FとG点の高さ30 mm地点の気流速度を熱式風速計（V-01-AND2N，アイ電子技研株式会社）にて計測した．また，実際にリーフレタスを定植し，片側から送風させた場合と，両側から送風させた場合の純光合成速度を計測した．

3） ヴァーチャル栽培空間における純光合成速度の計算方法

気流速度は葉面上の気流速度が重要である．そこでレタスに接するセル（図3.2.6）における気流速度を光合成に影響を与える要因として評価に用いた．気流速が光合成に与える影響を検討するために，サツマイモを用いた気流速度と純光合成速度の関係を計測した結果[14]を参考にした．計算を単純にするために，光強度等の環境要因は各セルで同じと仮定した．将来的には，光源からの距離，他葉との位置関係を元にした直接光，反射光，透過光，散乱光，また壁面，栽培パネル面からの反射光などを総合してモデル化することも可能になると思われる．そして，シミュレーションで用いたレタス1個体の葉面積を 20,000 mm^2 とし（栽培実験による実測値から決定），それを考慮する表面に接するセル数（100）で割ると，1セルあたりの葉面積 200 mm^2 となり，下記の関係式により1セルあたりの純光合成速度（$P_{cell i,j,k}$：nmol cell^{-1} s^{-1}）とした．

図3.2.6 レタスに接するセル（半透明）の気流速を評価

$$P_{cell_{i,j,k}} = 4.6(1-e^{-28.0 \cdot S_{i,j,k}}) + 1.72 \qquad (3.2.1)$$

ここで，$S_{i,j,k}$ は $cell_{i,j,k}$ における気流速である．各セルにおける純光合成速度の合計を，レタスの純光合成速度（$P_{lettuce}$：nmol plant^{-1} s^{-1}）とした．

$$P_{lettuce} = \sum_{i,j,k} P_{cell_{i,j,k}} \qquad (3.2.2)$$

4）シミュレーションによる計算値と実測値

図3.2.7に気流速度の実測値と計測値を示す．おおよそ実測値と計測値が一致していることがわかる．ところどころ，実測値と計測値が合致しない原因として，レタス形状が，CFDモデル上ではかなり単純であるのに対して，実物モデルでは複雑であることが考えられる．

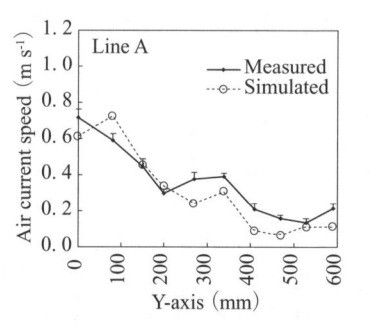

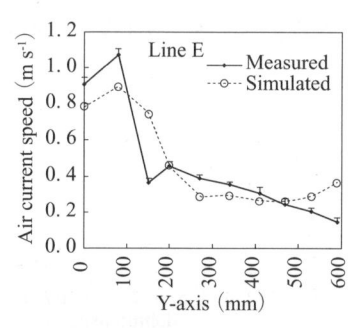

図3.2.7 気流速度の実測値と計算値

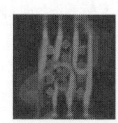

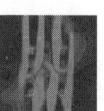

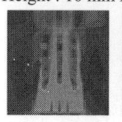

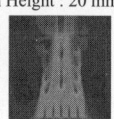

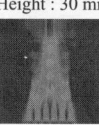

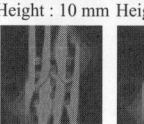

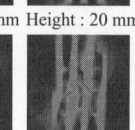

図3.2.8 高さ毎の気流速度分布
　　　　片側（左）と両側（右）から送風するパターン

図3.2.8にファンの風速を1.5 m s^{-1}に設定した場合のシミュレーション結果を示す．片側からの送風では，先頭のレタスまでは気流が勢いよく到達するが，先頭のレタスで気流は分断され，反対側のレタスまで十分には行き届いていないようにみえる．両側からの送風では，気流速は分断されることなくレタスの株間を通り，内側のレタスまで気流が行き届いている．

次に各パターンにおける，各レタスの隣接セルの気流速度分布を箱ひげ図を用いて図3.2.9に示す．片側からの送風では，ファンに近い個体（レタス番号1, 5, 9）で気流速度が大きくファンから遠ざかるに従い気流速度が小さくなった．両側からの送風では片側からの送風と比較して中央値の変動は少なくより均一に気流が行き渡っていることがわかる．

次に，純光合成速度の計算値と実測値を図3.2.10に示す．値が大きく異なる原因としては，気流速度と純光合成速度の関係モデルをサツマイモのモ

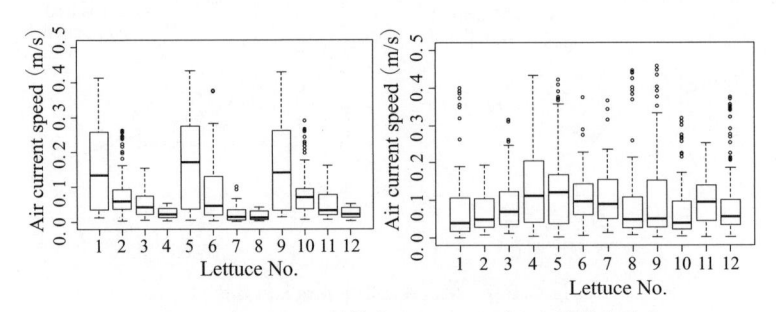

図3.2.9　各レタスの隣接するセルにおける気流速度分布
片側（左）と両側（右）から送風するパターン

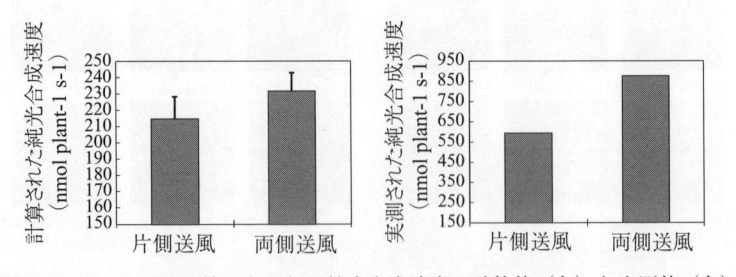

図3.2.10　レタス1株のあたりの純光合成速度の計算値（左）と実測値（右）

図3.2.11 栽培環境シミュレータ室（大阪府立大学植物工場研究センター）

デルを用いたこと，光・温度・湿度条件を設定してないかったこと，現実の植物体はモデル化したものよりも複雑なため，気流の流れを正確に予測出来なかったことなどが挙げられる．しかし，両側送風で純光合成速度が上昇するという傾向を捉えることができている．今後の課題としては，光・温度・湿度条件を気流速度と同様に時空間的に把握し，ヴァーチャルな栽培空間に情報として追加することによって，統合的な植物生産システムモデルの構築が可能であると考えられる．

(4) 栽培環境シミュレータ

以上のように，分散制御型送風システムを用いることにより，植物にとって必要十分な気流速度を実現することで，ファンに利用するエネルギ節約の可能性が示唆された．大阪府立大学植物工場研究センターでは，このような知見を基に分散制御型送風システムの栽培環境シミュレータ室を設置し，送風口の位置，風向，風速が気流や温度，湿度，CO_2濃度の分布といった室内環境に与える影響などの環境制御法について研究を進めている（図3.2.11）．

3. 高付加価値物質生産に向けた有用物質蓄積モデル

(1) 栽培システムの階層性とモデルの必要性

植物工場では，露地栽培と比較して初期投資，ランニングコスト等の経費が余分に必要となるため，生産物の高付加価値化が求められている．その取り組みの一つとして，植物工場の高度環境制御技術を最大限に活用した薬用

植物，あるいは遺伝子組換え植物を用いた高付加価値有用物質の大量安定生産が挙げられる．

　植物工場という栽培システムにおいて，遺伝子組換え植物を用いて有用物質の生産を行う場合，図3.3.1のような階層構造に分割して考えることができる．すべての設計図となる塩基配列，塩基配列をもとにして産生される有用物質，有用物質の産生・蓄積・分解が行われる細胞，細胞から構成される組織，組織から構成される個体，個体が集合した群落，そして栽培システムである．薬用植物を用いた有用物質生産の場合も，塩基配列を操作しないという点を除いて同様の考え方が可能であると思われる．栽培システムという下流における有用物質の生産効率を最大化するためには，各階層での局所的な最適化をおこなうだけでは不十分であり，システム全体としての大局的な最適化が必要である．簡単な例として最適な栽培気温制御について考える．細胞内に安定して有用物質を蓄積させるためには15℃が好ましいが，植物生育には25℃が好ましいとする．では栽培システムの気温は何℃に設定すれば良いのか？　このようなジレンマに対する処方としては栽培気温を植物

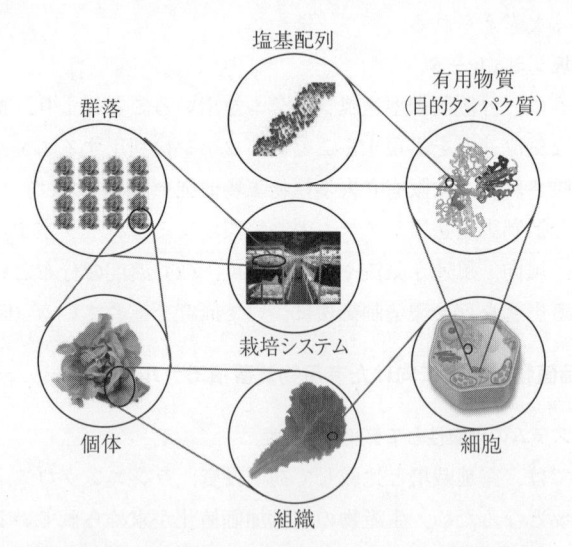

図3.3.1　塩基配列から栽培室システムまでの階層構造

の生育とともに柔軟に変化させていく制御や，蓄積部位のみを低温に制御するといった局所環境制御が重要になるかもしれない．さらにその効果は，光環境・湿度環境・根圏環境の影響などを受けると考えられる．つまりそのような絡み合った要因で構成される栽培システムの最適化を行うためには，それぞれの階層における要素を有機的に結びつけた統合的なモデルが必要である．そのような最適化に役立つツールとしてのモデル構築を目指し，ここでは個体，組織（葉），細胞（細胞数），有用物質蓄積を対象としたプロトタイプモデルとして遺伝子組換えレタスを用いた有用物質蓄積モデル[15]を説明する．

(2) 有用物質蓄積モデルの概要

今回のモデルは経済産業省主導の「植物機能を活用した高度モノ作り基盤技術開発／植物利用高付加価値物質製造基盤技術開発技術研究開発」プロジェクトの一課題の中で実施した．本課題では動物用ワクチンを遺伝子組換えリーフレタスの葉に蓄積させ，その葉をブタの餌に混ぜて直接経口投与するという食べるワクチンの生産が目的である[16]．リーフレタスを用いた理由として植物工場での栽培事例が豊富にあり，通常の栽培技術としてはほぼ確

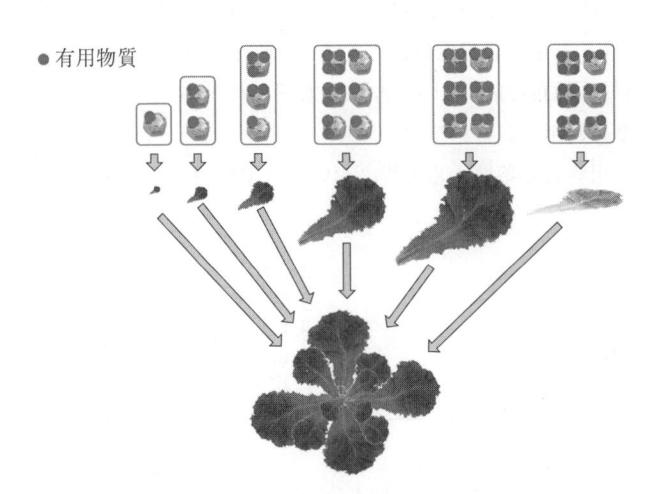

図 3.3.2　有用物質蓄積モデル概念図

立していることが挙げられる．有用物質は地上部生体重の9割を占める葉に蓄積させる．この葉に蓄積させる手法は種子や果実に蓄積させる手法と比較して栽培期間が短くて済み，葉は常に環境に暴露されているので環境制御によって蓄積の制御が容易であるというメリットがある．一見すると葉に有用物質を蓄積させるのであれば，葉の重量を最大にする栽培方法が有用物質の蓄積量を最大化するために最良の方法であるよう思える．しかしながら，Stevensら[17]の遺伝子組換えタバコに有用物質を蓄積させる実験では，単位生体重あたりの有用物質量は若い葉で高く，古い葉で低いという結果となった．ということは有用物質の蓄積部位である葉は逐次的に出現，生育，老化の過程をたどり，それに伴い葉中の有用物質の含有濃度も時々刻々と変化していくことから，個体全体の蓄積量の把握は容易ではない．つまり有用物質生産には葉の生育，有用物質の産生・分解，そしてそれらに影響を与える栽培環境を総合的に考慮する必要がある．そこで細胞内の有用物質の産生速度と分解速度，葉における細胞数の増加と死滅，葉の生長と老化に注目した有用物質蓄積モデル（図3.3.2）を構築した．その概要を以下に説明する．なお本モデルを構築する際に用いた遺伝子組換えレタスはマーカー遺伝子であるβ-グルクロニダーゼ（GUS）遺伝子を導入された個体であり，便宜的にこのGUS活性を有用物質量と同義とした．因みに今回は数式の記述を省いているので詳細はOkayamaらの報告[15]を参照されたい．

1) 各葉の有用物質蓄積量について

各葉で有用物質が蓄積する過程において有用物質の産生速度および分解速

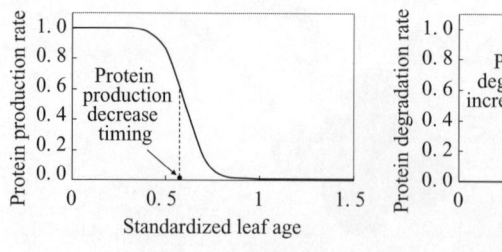

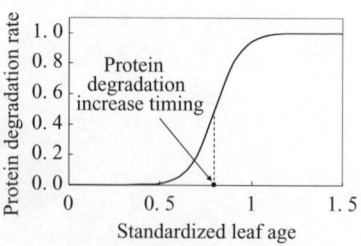

図3.3.3 有用物質の産生速度と分解速度の時間的

度は蓄積量に大きく影響を与えると考えられるが，それらパラメータに関する情報は残念ながら非常に少ない．そこで両パラメータを葉齢の関数と考え，若い葉は産生速度が速く，古くなるに従い低下すると仮定し，逆に分解速度は若い葉では低いが古くなるに従い上昇すると仮定する．その関係を図3.3.3に示す．この産生速度，分解速度，および後述する細胞数から各葉の有用物質蓄積量が計算される．

2） 各葉の細胞数について

葉の細胞数については葉生体重と細胞数の関係について詳細に調査しているSunderlandの報告[18]を参考にした．生体重の増加は細胞数の増加に加え，細胞自体が吸水により肥大することに起因するため細胞数と生体重は単純な線形関係ではない．細胞分裂は生体重が最大値の約3/4に到達したときに終了し，その後の生体重増加は細胞の吸水活動に由来する[19]と仮定する（図3.3.4）．種は異なるが，本モデルではこのデータを用いて生体重から細胞数を推定する．細胞数は，葉で蓄積される有用物質量に影響を与える．

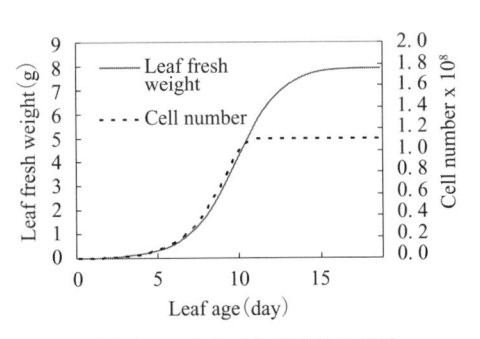

図3.3.4 生体重と細胞数の関係

3） 各葉の生体重について

葉生体重は，葉齢が若い間は指数関数的に増加し，成熟するに従い徐々に生育は鈍化し，ある時期を過ぎると急激に減少（老化）する（図3.3.5）．この過程をモデル化し葉生体重を計算するサブモデルとした．各葉の生育速度，最大葉生体重，老

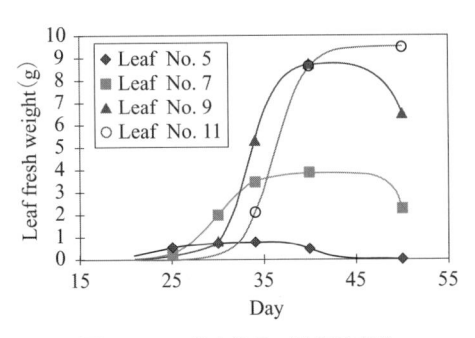

図3.3.5 葉生体重の時間的変化

化開始のタイミング等のパラメータは実測値から推定した．なお老化開始のタイミングは前述の有用物質産生速度および分解速度にも影響を与える．

4）モデルの全体像

全体の構造をシステムダイナミクスソフト STELLA（ver. 9.0.3, isee systems Inc., USA）を用いて図 3.3.6 に示す．四角で記述されている葉生体重，葉の細胞数，葉における有用物質（図中ではタンパク質）が各要因を介して関連づけられている．

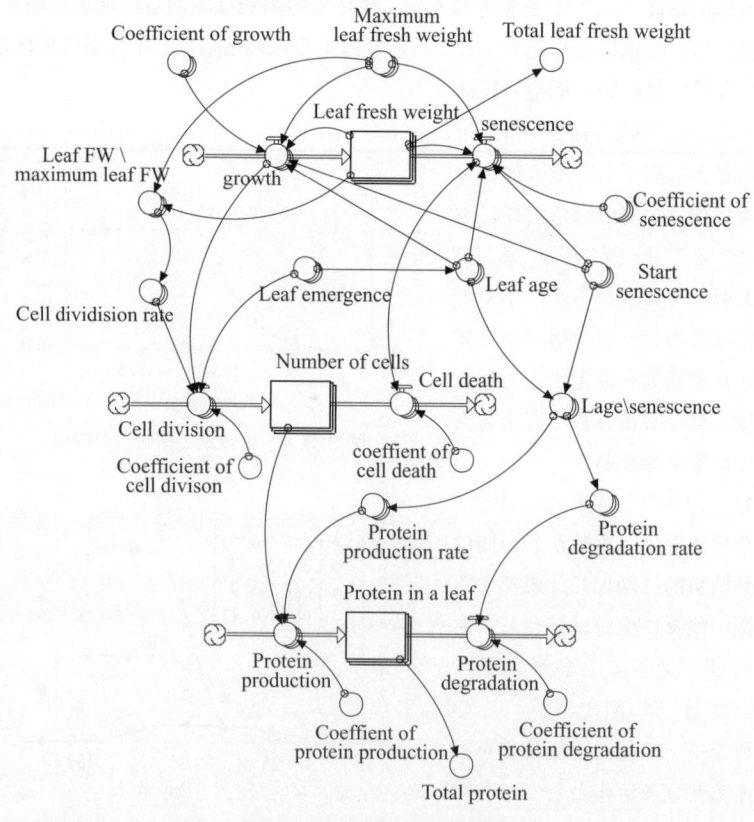

図 3.3.6　モデルの全体構造

(3) 計測が困難なパラメータの推定

葉生体重，個別の葉の有用物質蓄積量の時間的変化から，その産生速度と分解速度を推定した（図 3.3.7）．この例のようにモデルを構築することによって直接計測が困難なパラメータについて，他のパラメータから推定を行うことも可能である．

(4) 感度試験

構築したモデルを用いて，葉内における有用物質の分解速度を変化させたときに，播種 50 日後の個体全体に蓄積される有用物質量がどれだけ変化するのかを確かめるために感度試験を行った．その結果，有用物質を効率的に蓄積させるためには，有用物質を葉内で分解させずに安定的に蓄積させておくことの重要性が明らかとなった（図 3.3.8）．

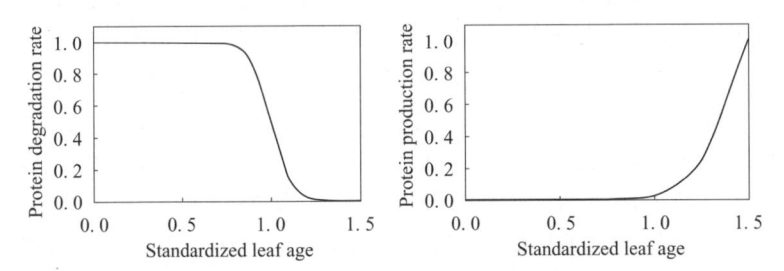

図 3.3.7 実測値から推定された目的タンパク質分解速度（左）ならびに産生速度（右）と標準化された葉齢との関係

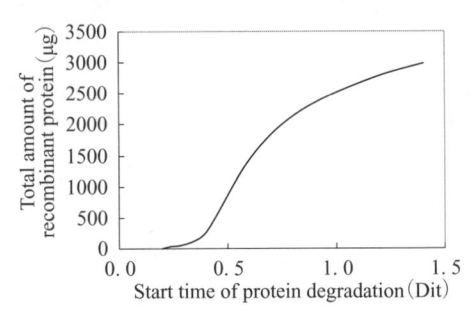

図 3.3.8 葉内での有用物質分解速度と播種 50 日後の有用物質の推定蓄積量との関係

(5) 今後の課題

本モデルは,各要素(階層)間の関連性を部分的ではあるが明示することができ,栽培システムを最適化するためのツールとして利用できると思われる.もちろん,本モデルはまだまだブラックボックス(中身が分からない)として扱っている要素が大部分であり,その部分のホワイトボックス化については各要素の専門家の助言が必要なのではいうまでもない.そういう点で異なる分野間の研究者の共通言語としても,このようなモデルは有効であると思われる.

4. 植物工場における遺伝子発現の診断と制御

(1) 遺伝子発現の診断制御

植物体内で生成されるタンパク質の量や植物の形態形成,成長速度は,どの遺伝子がどの程度発現するかによって大きく変わる.したがって,植物の遺伝子発現を人為的に制御できれば,特定のタンパク質の大量生産や促成栽培が期待できる.また,遺伝子発現を常時確認し,調節することができれば,植物の安全性を保証できる.このように遺伝子発現制御技術は,植物工場の高度化・精密化に非常に有効である.なお,ここで言う遺伝子発現の制御とは,光・温度・化学物質などの刺激によって生きた植物内の遺伝子の発現量を人為的に制御することである.したがって,自然界に存在しない新生物を作出する「遺伝子組換え技術」とは,全く異なる技術である[20].

ここで重要なのは,遺伝子発現などの分子情報を直接計測し,その情報に基づいて最適制御することである.これまでも植物工場においては,スピーキング・プラント・アプローチ(Speaking Plant Approach:SPA)と呼ばれる,植物の生体情報を取得しながら最適な環境制御を行なう手法が用いられてきた[21].例えば,葉の萎れ具合をカメラで撮像し,コンピュータによる画像解析結果に基づいて自動的に潅水を行なう一連の作業は,SPAの代表例である.近年では,クロロフィル蛍光測定や近赤外線分光法を使用した硝酸イオン濃度測定など,分子情報に基づいたSPAが注目されている.

分子情報に基づいたSPAは,医薬用の植物工場では特に重要である.医

薬用植物工場の場合，生産すべきターゲットは有用タンパク質などの分子である．そのため，植物体の見た目がきれいか，植物の個体のサイズが大きいかどうかなどのような，外観による主観的な情報は生産物を評価する上では重要ではない．有用分子を最大の効率で生産させるために，客観的な指標を用いて，有用分子の生成状況を直接計測できることが望ましい．

そこで筆者らは，発光レポーター遺伝子（ルシフェラーゼ遺伝子）を用いた遺伝子発現診断法の研究開発を進めている．この方法は，光合成や成長に関わる遺伝子，または有用タンパク質をコードする遺伝子のプロモーター領域にルシフェラーゼ遺伝子を組み込むことによって，微弱な発光シグナル（ルシフェラーゼ発光）を介して，目的の遺伝子の発現を診断できる方法である．図3.4.1は，実際にレタスの光合成遺伝子 *CAB* と，体内時計を司る時計遺伝子 *CCA 1* の発現の様子をルシフェラーゼ発光により計測した例である．明るさが一定の条件下であっても，2つの遺伝子の発現量は変動し，約24

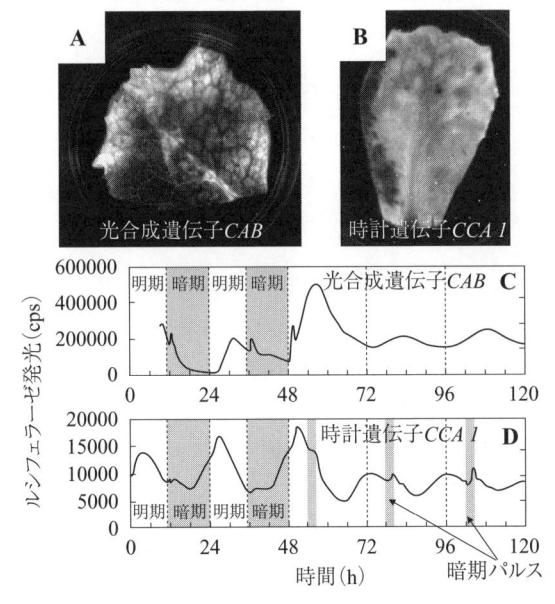

図3.4.1 ルシフェラーゼ発光を用いたレタスの遺伝子発現解析

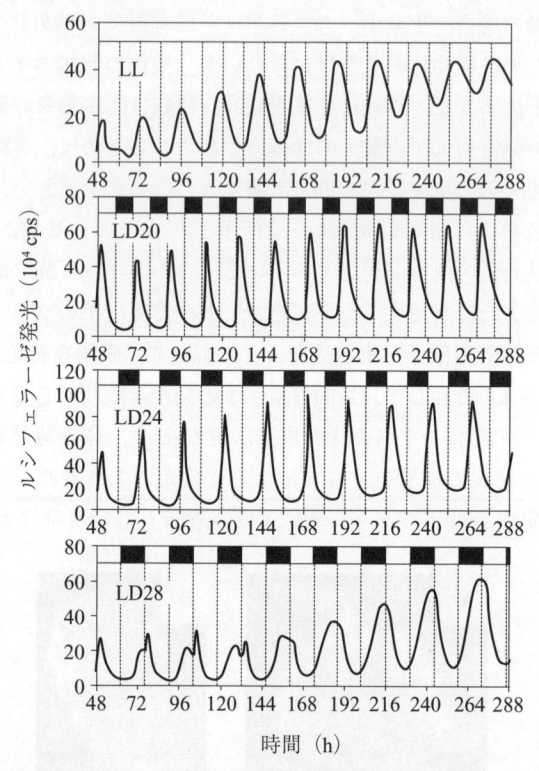

図3.4.2 明暗サイクルに同調する時計遺伝子の発現リズム[22]

時間周期のリズムを示すことがわかる．この内因性のリズムが概日リズムであり，体内時計の活動によって生じている．また，特に図3.4.1Dのグラフから，概日リズムは短時間の暗期（暗期パルス）に対しても影響を受けることがわかる．また，図3.4.2は様々な照明条件下における時計遺伝子 *CCA 1* の発現量を計測した例である．概日リズムが様々な周期の照明サイクルに同調することが分かる．このように体内時計は光合成を始めとする様々な遺伝子群の発現タイミングを調節し，また光刺激で制御できるという性質を持っている．図3.4.3は，ルシフェラーゼ発光計測法を利用した「分子診断型植物工場」の模式図である．この分子診断型植物工場では，育苗ス

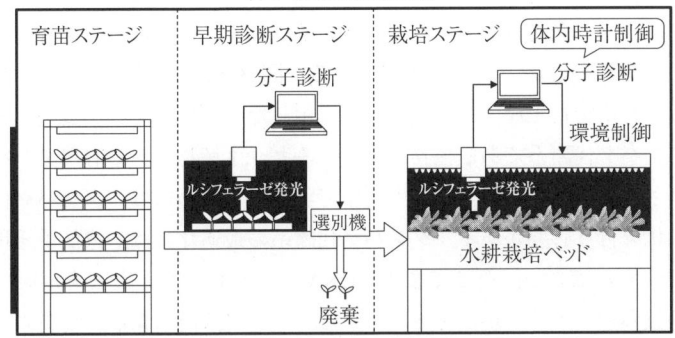

図 3.4.3　分子診断型植物工場

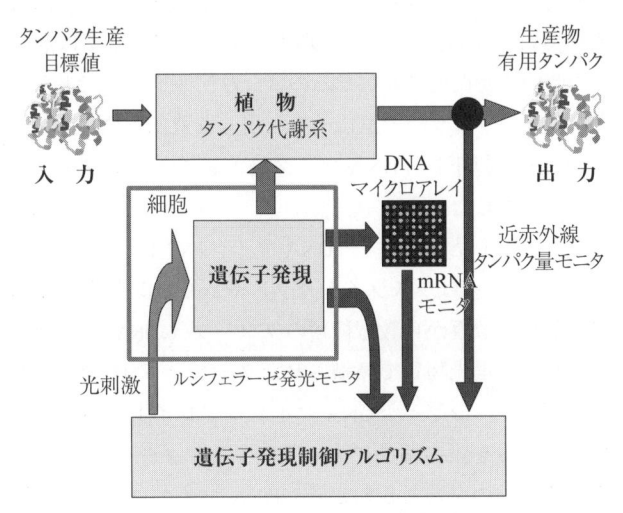

図 3.4.4　遺伝子発現の診断制御

テージにおいて，育った苗を早期診断ステージでルシフェラーゼ発光によって分子診断し[22]，優良苗のみを選別して栽培するというシステムになっている．また，栽培ステージにおいては遺伝子発現を常時診断することによって，最適な環境に調節をすることができる．

さらには，DNAマイクロアレイなどを用いた網羅的な遺伝子発現解析と，ルシフェラーゼ発光計測法を用いた非破壊リアルタイム解析を同時に利用する遺伝子発現の診断・制御も想定される．図3.4.4に遺伝子発現の診断制御による有用物質生産の最適化の概略を示した．有用タンパク質の生産目標値をタンパク代謝系である植物に入力すると，生産物である有用タンパク質が出力される．この目標値を最大効率で実現するためには，タンパク代謝系の最適化を行う必要がある．タンパク代謝系の最適化には，遺伝子発現をうまく調節すればよい．そこでまず，DNAマイクロアレイなどを用いて網羅的に多数の遺伝子の発現量をモニタする．そして診断情報から現在の遺伝子発現状況と目標値との誤差を解析し，光刺激などによって遺伝子発現を調節し，誤差を解消する．この一連のフードバック制御を常時行うことで，目標値を最大効率で実現する．ただし，DNAマイクロアレイでは診断情報を得るまでに数十時間の時間遅れが生じるので，リアルタイムで診断を行う必要がある場合にはルシフェラーゼ遺伝子を利用した遺伝子発現診断技術などを用いる必要がある．以下に，DNAマイクロアレイとルシフェラーゼ発光計測技術について概説した．

1) 網羅的な遺伝子発現診断 —DNAマイクロアレイ—

DNAマイクロアレイは，スライドガラスやシリコン基板上に高密度に整列され固定化された数百から数万種類のプローブ（cDNAまたはオリゴDNA）からなる．これに，蛍光物質で標識されたターゲット（DNAまたはRNA）をハイブリダイゼーションさせ，DNAマイクロアレイ上の各プローブに対応するターゲットの量を蛍光強度により測定する．ターゲットがmRNA由来であれば，各遺伝子の発現量がわかる．DNAマイクロアレイを用いれば，非常に多くの遺伝子の発現状態を一度にモニタすることができる[23]．

植物におけるDNAマイクロアレイを利用した網羅的な遺伝子発現解析は，モデル植物として有名なシロイヌナズナ（*Arabidopsis thaliana*）などを用いて盛んに行われている[24-26]．図3.4.5は，概日リズムを示す遺伝子群のマイクロアレイデータである．連続照明下で見られる滑らかな概日リズムが，明暗照明によって変化していることが分かる．マイクロアレイデータを用いて，

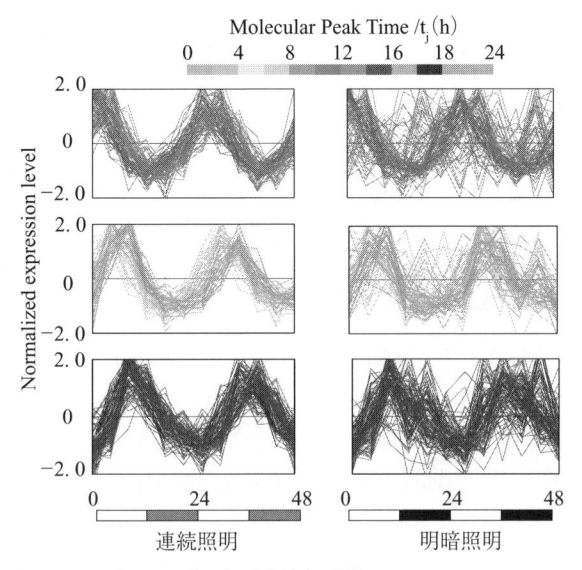

図 3.4.5 概日リズムを示す遺伝子群
シロイヌナズナの DNA マイクロアレイデータ[24]．

各々の遺伝子が示す光応答性を網羅的に解析することができる．

2) 非破壊リアルタイムな遺伝子発現診断 —ルシフェラーゼ発光計測—

ホタルの発光遺伝子（ルシフェラーゼ遺伝子）を利用したルシフェラーゼ発光計測技術は，生体に傷害を与えることなく生きたままリアルタイムに遺伝子発現量を計測することができる技術である．ルシフェラーゼ遺伝子を目的遺伝子のプロモーター部分に挿入し，ルシフェリンを投与すると，目的遺伝子が発現したときルシフェラーゼが生成される．すると，ルシフェラーゼールシフェリン反応が起き，ルシフェラーゼ発光（生物発光）が生じる．この生物発光は通常可視レベル以下なので，その測定は微弱光検出装置である光電子増倍管か高感度 CCD カメラを用いて行う．高感度 CCD カメラを用いると個体内発光分布などの時系列画像が得られる．この生物発光の強度から目的遺伝子の発現状態を知ることができる．ルシフェラーゼ発光計測技術はDNA マイクロアレイとは異なり一度に計測できる遺伝子は 1 個または数個

に限られるが，リアルタイムかつ非破壊非侵襲で遺伝子発現を計測できる点が，大きな利点となっている．

(2) 体内時計最適化植物工場

　分子診断情報を用いて最適な環境調節を行う植物工場を「分子診断型植物工場」と呼ぶ．また，分子診断型植物工場の中でも，体内時計制御に関する最適化技術を搭載したものを「体内時計最適化植物工場」と呼ぶ．体内時計最適化植物工場は，植物の種類に依存しないため普及が期待される植物工場である[27)]．

　イチゴやトマトなどの果菜類においては，生殖成長期における光周性花成誘導という形で体内時計制御が必要であることはよく知られている．最近では，栄養成長期においても，サーカディアン共鳴現象（circadian resonance）が確認されており，体内時計制御の有効性が報告されている[28)]．サーカディアン共鳴現象とは，植物がもつ固有のフリーラン周期に一致する周期の明暗サイクルの下で，最も成長速度が高くなり，さらに葉緑素濃度が高くなるという現象である．明暗サイクルの周期が植物の固有周期から外れると，成長速度や葉緑素濃度が低くなる．図 3.4.6 は，モデル植物のシロイヌナズナを用いて観察したサーカディアン共鳴現象の一例である[22)]．成長量（乾物重）と外来タンパク質の生産量（ルシフェラーゼ酵素）が，明暗サイクル照明の中では 24 時間の周期条件（LD 24）で最大になる傾向が見られる．また，照明の消費電力について費用対効果を考えると，連続照明条件（LL）よりも 24

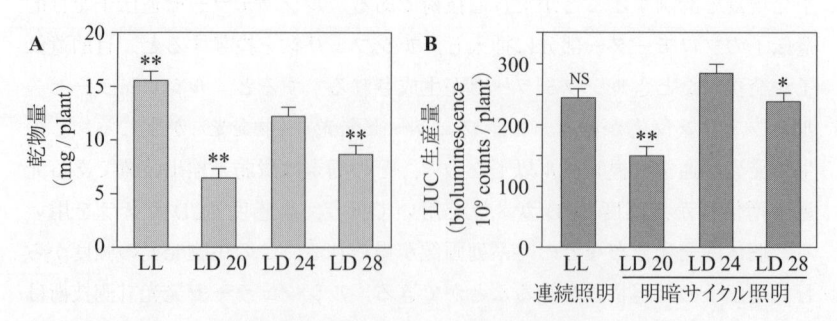

図 3.4.6　サーカディアン共鳴現象

時間周期条件（LD 24）で最大になる．このように，体内時計の状態制御により植物の生産性を制御することができる．

また，植物体内におけるビタミンCなどの栄養成分の濃度や[29]，さらには光合成速度が概日リズムを刻んでいることから[30]，体内時計の最適化による品質強化や生産性向上が期待できる．また，体内時計には，生物に優しい，安全というポジティブなイメージがあるので，商品としてのイメージに付加価値を与えることが期待できる．

この他にも体内時計には研究開発上利点がある．体内時計は，①植物種によらず普遍性が高い，②分子遺伝学的研究が進んでおり遺伝子発現ネットワークなどが解明されている，③多数の主要遺伝子の発現が体内時計に調節されている，④ルシフェラーゼ遺伝子を用いた概日リズムの測定系が確立している，⑤光や温度などの物理的刺激で容易に制御できる，⑥制御に必要な数理モデルが提案されているなど，基礎研究や高度な技術を開発する上で優位性が認められる．

さらに，体内時計最適化植物工場は，遺伝子組換えでない通常の食用植物にも広く利用できる植物工場となり得る．体内時計はその名のとおり規則性が高い生命機能であるため，数式を用いて活動の予測が十分可能である．すなわち，体内時計におけるリズム現象がある数理科学的に解明できれば，ルシフェラーゼ発光による分子診断も必要なくなる．実際，体内時計最適化技術は，遺伝子組換えでない通常の食用レタスに適応できる．この技術を用いて，体内時計最適化植物工場において遺伝子組換えでない食用植物を生産することが可能になる．

5. 体内時計の数理モデルと制御工学

遺伝子発現レベルの詳細な数理モデルから位相記述による細胞間相互作用を記述する粗視化モデルまで，既に体内時計の研究分野では階層ごとに数理モデルが構築されている．さらに，光や温度の刺激に対する応答特性についても多くの研究があり，システム制御としての研究が進んでいる．ここでは，体内時計に着目した植物システムのシステム同定，システム解析，そしてシ

ステム制御について述べる．
(1) 体内時計のシステム同定
  1) 体内時計の特徴
 バクテリアからヒトに至る全ての生物における概日リズムは，共通して次の3つの性質を持っている．①一定の環境下でも約24時間周期の自律的な振動（リミットサイクル振動）を示す．②光や温度変動などの同調因子を介して24時間周期の環境サイクルにきっかり同期する．③周囲温度（平均温度）によらず周期が一定という温度補償性を示す．ここで，①のリミットサイクル振動を示す性質と②の周期外力に同期する性質は，通常の非線形振動子が示す一般的な性質であり，電気回路系や化学振動反応系にも観測される[31]．③の温度補償性は通常の化学反応には見られない概日リズムの特別な性質であり，この性質によって季節や天候に左右されずに時計としての機能を発揮することができる．

 上述した概日リズムの3つの性質は，そもそも体内時計の性質である．体内時計は概念的には3つの基本要素から構成されている（図3.5.1）．体内時計は，約24時間周期のリミットサイクル振動を生み出す"振動体"，明暗サイクルなどの周囲の情報を振動体に伝える"入力系"，そして振動体で生み出されたリズム（時刻情報）を様々な生理活性リズムとして実現する"出力系"で構成される．腕時計で喩えると，振動体はクォーツ発振回路またはゼンマイ機械，入力系はリューズ，出力系は時計の針に相当する．当初，体内時計の三要素は"入力系→振動体→出力系"という一方向に流れるカスケード構造として理解されてきたが，近年の研究により振動体から入力系，

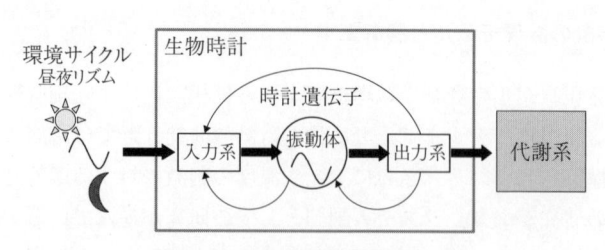

図3.5.1 分子診断型植物工場

出力系から振動体へといったフィードバックが存在し体内時計が複雑なネットワーク構造を成していることがわかってきている[32]．

分子遺伝学的な研究によって，体内時計の入力系・振動体・出力系におけるそれぞれの構成分子とそれらの三要素がどのように関連しているかが分子レベルで解明されつつある[32]．シロイヌナズナの場合，振動体に関与する因子として *LHY* や *CCA 1*, *TOC 1* など複数の遺伝子が「時計遺伝子」として知られている．入力系に関与する因子としては，光受容体のフィトクロムやクリプトクロムなどがある．また，光合成や呼吸，葉や葉緑体の運動，気孔の開閉，茎の伸長，開花などさまざまな高次機能が生物時計に支配されていることから，出力系には数多くの遺伝子が関与している．このことは，DNA マイクロアレイを用いた網羅的な発現解析によってシロイヌナズナの全ゲノム遺伝子の数十 % が mRNA 蓄積レベルにおいて明確なサーカディアンリズムを示したことからも明らかである[24,26]．また，2005 年には，*CCA 1/LHY-TOC 1* ループの数理モデルが提唱され，コンピュータ・シミュレーションによって時計遺伝子の発現について定量的な解析が可能となっている[33]．現在も，多数の遺伝子を含む，より詳細な数理モデルの開発が進められており[34]，将来コンピュータ・シミュレーションによって最適な環境条件が推定可能になると考えられる．

2) 分子機構の数理モデル

時計遺伝子がリズムを生み出すメカニズムは，ショウジョウバエやアカパンカビなどのモデル生物を用いた分子遺伝学的研究により明らかにされてきた．生物種を問わずサーカディアンリズムの形成は時計遺伝子と呼ばれるある特定の遺伝子群にプログラムされている．まず，時計遺伝子の転写を引き起こす転写因子が時計遺伝子のプロモーターに結合し，それによって時計遺伝子が mRNA として転写される．次にその mRNA が細胞内小器官のリボソームによって翻訳され時計タンパク質が合成される．時計タンパク質は次々と合成され，その数は時間とともに増加していく．ところが，この時計タンパク質は生化学反応によりリン酸化されるなど多少装飾を受けた後，転写因子の働きを抑制するようになる．このことにより，時計遺伝子の転写が

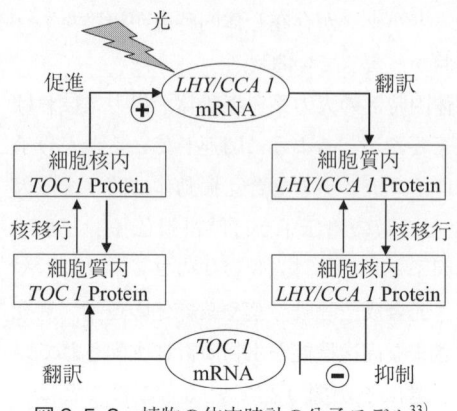

図 3.5.2 植物の体内時計の分子モデル[33]

抑制されてしまい，時計タンパク質の合成が停止する．しかし，しばらく時間が経つと時計タンパク質は分解され，転写因子の活性が回復し，時計遺伝子の転写・翻訳による時計タンパク質の合成が再開する．この時計遺伝子の発現フィードバック機構により，細胞内の時計タンパク質の濃度が約24時間で周期振動する．このように，時計遺伝子の発現はポジティブおよびネガティブな因子による制御を受ける発現制御ループを形成しており，これによって自律した振動であるサーカディアンリズムが生み出されている．この時計遺伝子の発現ネットワークが生物時計振動体の正体であり，様々な生理現象をサーカディアン振動させていると考えられている．

上述したように，シロイヌナズナでは *LHY*，*CCA 1* と *TOC 1* が時計遺伝子として知られている．図 3.5.2 は，シロイヌナズナにおける時計遺伝子の発現ネットワークの分子モデルである．*LHY/CCA 1* タンパク質は *TOC 1* の発現を抑制するネガティブ因子として働き，逆に *TOC 1* タンパク質は *LHY/CCA 1* の発現を促進するポジティブ因子として働いている．この分子モデルは次の微分方程式系で記述される[33]．

$$\frac{dc_L^{(m)}}{dt} = L(t) + \frac{n_1 c_T^{(n)a}}{g_1^a + c_T^{(n)a}} - \frac{m_1 c_L^{(m)}}{k_1 + c_L^{(m)}} \qquad (3.5.1)$$

$$\frac{dc_L^{(c)}}{dt} = p_1 c_L^{(m)} - r_1 c_L^{(c)} + r_2 c_L^{(n)} - \frac{m_2 c_L^{(c)}}{k_2 + c_L^{(c)}} \qquad (3.5.2)$$

$$\frac{dc_L^{(n)}}{dt} = r_1 c_L^{(c)} - r_2 c_L^{(n)} - \frac{m_3 c_L^{(n)}}{k_3 + c_L^{(n)}} \qquad (3.5.3)$$

$$\frac{dc_T^{(m)}}{dt} = \frac{n_2 g_2^b}{g_2^b + c_L^{(n)b}} - \frac{m_4 c_T^{(m)}}{k_4 + c_T^{(m)}} \qquad (3.5.4)$$

$$\frac{dc_T^{(c)}}{dt} = p_2 c_T^{(m)} - r_3 c_T^{(c)} + r_4 c_T^{(n)} - \frac{m_5 c_T^{(c)}}{k_5 + c_T^{(c)}} \qquad (3.5.5)$$

$$\frac{dc_T^{(n)}}{dt} = r_3 c_T^{(c)} - r_4 c_T^{(n)} - \frac{m_6 c_T^{(n)}}{k_6 + c_T^{(n)}} \qquad (3.5.6)$$

ここで，$c_L^{(m)}$, $c_L^{(c)}$, $c_L^{(n)}$, $c_T^{(m)}$, $c_T^{(c)}$, $c_T^{(n)}$ はそれぞれ LHY/CCA1 mRNA 濃度，細胞質内の LHY/CCA1 タンパク質濃度，細胞核内の LHY/CCA1 タンパク質濃度，TOC1 mRNA 濃度，細胞質内の TOC1 タンパク質濃度，細胞核内の TOC1 タンパク質濃度である．タンパク質の分解速度は Michaelis-Menten の式で表され，mRNA の転写速度は Hill 関数で表されている．(n_k, g_k) は mRNA への転写速度，(m_k, k_k) はタンパク質の分解速度，(p_k) はタンパク質への翻訳速度，(r_k) は核移行速度に関する係数である．a, b はヒル係数である．また，$L(t)$ は光反応の項である．光は LHY/CCA1 を鋭く一過的に活性化することが知られており，この光応答は LHY 遺伝子のプロモーターに作用する光感受性タンパク質 P を含んだ簡単な機構で次のようにモデル化される．

$$L(t) = q_1 c_p^{(n)} \Theta_{light} \qquad (3.5.7)$$

$$\frac{dc_P^{(n)}}{dt} = (1 - \Theta_{light}) p_3 - \frac{m_7 c_P^{(n)}}{k_7 + c_P^{(n)}} - q_2 \Theta_{light} c_p^{(n)} \qquad (3.5.8)$$

ここで，$c_P^{(n)}$ は細胞核内のタンパク質 P の濃度，Θ_{light} は光強度であり，$\Theta_{light}=1$ で明条件，$\Theta_{light}=0$ で暗条件となる．q_1, q_2 は係数である．式（3.5.8）はタンパク質 P が暗条件で生成され，明条件で強く減退することを記述している．式（3.5.1～3.5.8）中の係数は，実験結果と最も合致するように選ばれている．

3) 体内時計の階層構造

実は，植物を構成するほぼ全ての細胞が概日リズムを発振する振動素子（振動子）として振舞っている．つまり，植物体そのものが多くの振動子の集団，多振動子システムと見なせる．また，これらの振動子は互いに結合して

いると考えられている．細胞間結合には3つのタイプがあり，①原形質連絡と呼ばれる隣接した細胞間との局所結合，②アポプラスト系と呼ばれる細胞と細胞の僅かな隙間の物質拡散を介して生じる非局所結合，③維管束系と呼ばれる導管や師管を介した長距離結合がある．したがって，植物システムは，自律的な振動子が組織，器官，個体を形作った「階層性のある結合振動子システム」となっている．さらに，植物が成長している間は概日振動する細胞そのものが増え続けているので，植物システムは振動子の数が増え続ける「成長する振動子システム」でもある．

植物の体内時計が多振動子システムであるという認識は重要である．植物個体レベルでみると一つの概日リズムが観察されるが，器官レベルでみると器官ごとに異なる概日リズムが観察されることがある．例えば，地下部（根）は地上部と異なる振舞いを示す[35]．このことは，概日リズムは個体全体で統一されていると思われていたものが，実は統一されておらず，全体の平均量を計測していたにすぎないことを意味する．さらに，細胞レベルで詳しく調べてみると，一つの器官の中でも細胞ごとに概日リズムの位相（体内時刻）が異なっていることがある．また，個々の細胞で発生したリズムが隣

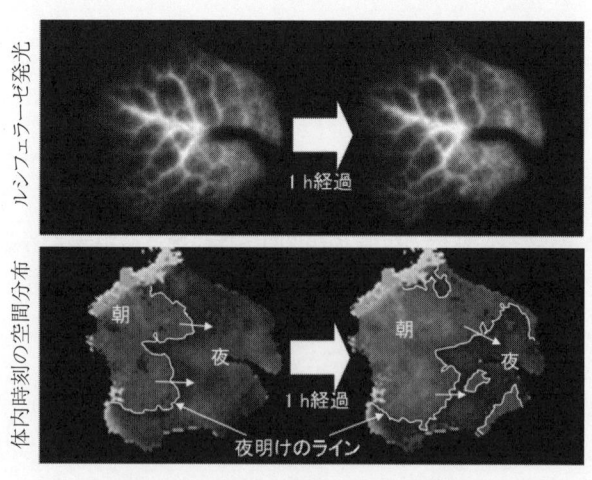

図3.5.3 レタスの葉における位相波

接した細胞のリズムと協調し，位相波と呼ばれる時空間構造を形成することがある（図3.5.3）[36]．位相波の形成は哺乳類の体内時計中枢（視交叉上核）でも観察されている[37]．このように，植物の体内時計の状態を正しく知るためには，個々の細胞のリズム情報を計測する必要がある．

4） 葉の数理モデル

葉の体内時計が示す時空間構造を詳しく調べると，葉脈が位相の遅れを引き起こしていることが分かる．このように，ダイナミクスを詳細に解析することにより，システムの特性を明らかにすることができる．筆者らは，このシステム特性を反映させた数理モデルの構築を行った[36]．2層からなる葉の数理モデルは，次の式で表される．

$$\frac{dW_k}{dt} = (\alpha + i\omega_k - |W_k|^2)W_k + K_p \sum_{\langle l \rangle}(W_l - W_k) + K_{pv}(Z_k - W_k)$$

$$\frac{dZ_k}{dt} = -\beta Z_k + K_v \sum_{\langle l \rangle}(Z_l - Z_k) + K_{pv}(W_k - Z_k) \quad (3.5.9)$$

ここで，$W_k = A_k^{(W)} \exp(i\phi_k^{(W)})$ は第1層における振動子 k の複素振幅，$Z_k = A_k^{(Z)} \exp(i\phi_k^{(Z)})$ は第2層における振動子 k の複素振幅を表す．したがって，式 (3.5.9) は第1層における振幅 $A_k^{(W)}$ と位相・$\phi_k^{(W)}$，第2層における振幅 $A_k^{(Z)}$ と位相 $\phi_k^{(Z)}$ に関する時間発展方程式となっている．表皮細胞や葉肉細胞はリズムを発振するアクティブな細胞であり第1層を形成するとする．一方，葉脈細胞は空洞となっており自らリズムを発振できない非アクティブな細胞であり第2層を形成するとする．$\alpha(>0)$ はホップ分岐のパラメータであり，ω_k はアクティブ細胞 k の自然振動数である．$\beta(>0)$ は Z_k の減衰の強さを表す．細胞間は物質拡散によって最近接のものとのみ結合しているとし，アクティブ細胞同士の結合係数を K_p，非アクティブ細胞同士の結合係数を K_v，アクティブ細胞と非アクティブ細胞の結合係数を K_{pv} で表した．

5） 根の数理モデル

最近，にわかに根におけるリズム現象が注目を集めている．2008年，根

の概日時計が地上部の概日時計の支配下にあることが Science 誌に報告された[35]．また 2010 年には，*DR 5 : Luciferase* を用いた実験により，根先端部におけるオーキシン誘導プロモーターの活性が約 6 時間周期のリズムを刻み，規則的な側根形成に大きな影響を与えていることが報告されている[38]．この他にも，根の伸長速度に概日リズムが観察されること，それが地上部からの炭素源の供給と関連付けて議論できることが報告されている[39]．このように，根におけるリズム現象やパターン現象について近年新たな知見が得られている．

葉における研究と同様に，根における時空間パターンの研究においてもルシフェラーゼ発光を用いた時計遺伝子の発現イメージングが有力なツールである．最近，福田・小山らは，連続明条件または連続暗条件の下でシロイヌナズナ *CCA 1* : : *LUC* の根にストライプ状の発光パターンが観察されることを発見した（図 3.5.4）．このストライプ状の発光パターンは，根の伸長速度と同じ速度で先端に向かって移動する「移動波」となっていた．発光強度は *CCA 1* の発現量を反映しているので，発光が極大となっている場所は細胞が主観的夜明けの状態となっていることを意味し，発光が極小となっている場所は細胞が主観的夕暮れの状態となっていることを意味する．したがって，図 3.5.4A の根は様々な体内時刻を同一時刻に内包していることを意味する．これを個体レベルでは位相が統一されていない，非同期状態と見ること

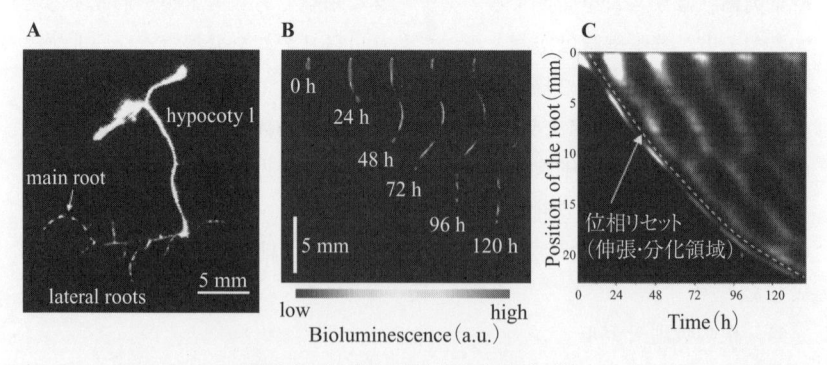

図 3.5.4 根におけるストライプ波

もできる．さらに，根の先端部を切り取り，その切片を培地上で伸長させた場合でも，ストライプ波は形成される（図3.5.4B）．

また，根の先端，特に伸長分化領域においては常に発光が弱く，つまり $CCA1$ の発現量が極小となっているという特徴が見られる（図3.5.4C）．根の伸長分化領域で $CCA1$ の発現量が極小となっているということは，その領域のリズムの位相が主観的夕暮れに位相リセットされていることを意味する．

筆者らは，根におけるストライプ波の形成メカニズムを解明するために，次の一般的な1次元の位相方程式を導入した．

$$\frac{d\phi_i}{dt} = \omega_i + \sum_{j \neq i} K_{ij} f(\phi_i, \phi_j) + S_i(\phi_i, \Theta) + E_i(\phi_i, t) \quad (3.5.10)$$

ここで，ϕ_i と ω_i は根の細胞 i の位相と自然振動数（$=2\pi/$概日周期），K_{ij} と $f(\phi_i, \phi_j)$ は細胞 i と細胞 j の結合の強さと結合関数を表す．$S_i(\phi_i, \Theta)$ は平均位相 Θ をもつ地上部からのシグナルを表し，$E_i(\phi_i, t)$ は直接根の細胞 i に届く温度や光などの環境シグナルを表す．

ストライプ波は，恒常条件で形成されるため，$E_i(\phi_i, t)$ は消去される．また，根の先端部切片もストライプ波を形成できるので，$S_i(\phi_i, \Theta)$ も消去できる．さらに，カミソリ等で根を数か所で切断しても，大きな位相の変化は生じずストライプ波は維持されるので，細胞間の相互作用 $\sum K_{ij} f(\phi_i, \phi_j)$ も無視できる．したがって，ストライプ波の形成に必要な方程式は

$$\frac{d\phi_i}{dt} = \omega_i \quad (3.5.11)$$

となる．式(3.5.11)は，細胞の自律振動性のみを記述している．式(3.5.11)に①根が先端部で伸長し，②先端部で位相リセットが生じる，という境界条件を与えると，シミュレーションでストライプ波を再現することができる．また，自然振動数 ω_i が全ての細胞で等しい場合，ストライプ波は崩壊せず維持される．一方，ω_i が細胞ごとに大きく異なると，ストライプ波は時間とともに急速に崩壊する．

(2) 体内時計のシステム解析

1) 遺伝子発現ダイナミクス

図3.5.5は，数理モデル（3.5.1式）〜（3.5.8式）を用いて明暗サイクルによる時計遺伝子の発現制御をシミュレーションしたものである．時計遺伝子 *LHY/CCA 1* と *TOC 1* の *mRNA* の濃度変動リズムは，明期12 h暗期12 h，明期10 h暗期10 h，明期14 h暗期14 hのどの明暗サイクルに対しても完全に同期している．このように，一般に，明暗サイクルの周期を変えることによって時計遺伝子の発現サイクルを速くしたり遅くしたりできる．

ただし，光サイクルによる時計遺伝子の発現サイクル速度の制御には限界もあると推測される．光サイクルに対する同期現象を数値シミュレーションで調べてみると，図3.5.6のようになる．図3.5.6の横軸は光サイクルの周期 T_L からサーカディアンリズムの固有周期 T_{CR} を差し引いた値 $T_L - T_{CR}$，縦軸は T_L から光サイクルにより変化を受けた後のサーカディアンリズムの周期 T_{CR}^* を差し引いた値 $T_L - T_{CR}^*$ である．水平な領域（$T_L - T_{CR}^* = 0$）は，サーカディアンリズムが光サイクルに完全に同期していることを示している．この完全に同期した領域を引き込み領域という．この引き込み領域の範囲内で，サーカディアンリズムを光サイクルに完全に同期させることができる．一般に，引き込み領域は周期外力の振幅が大きくなればなるほど広くなる．

このように，光サイクルによって時計遺伝子の発現サイクルを制御するこ

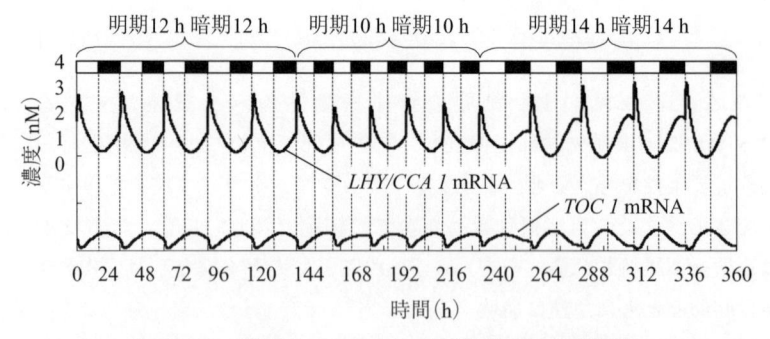

図3.5.5 明暗サイクルによる時計遺伝子の発現制御

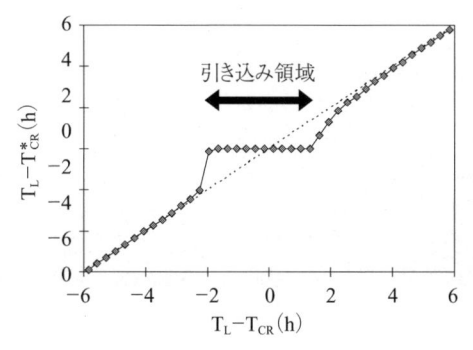

第 3 章　植物工場のシステム制御　(105)

図 3.5.6　光サイクルに対する引き込み曲線
　　　　光強度 $\Theta_{Light}(t)$ を $\Theta_{Light}(t) = 0.5 + 0.1 \sin(2\pi t / T_L)$ で周期的に変動させた．

とができると考えられる．光合成関連遺伝子群や生長関連遺伝子群，糖輸送遺伝子群が時計遺伝子と強くリンクしているならば，これらの遺伝子群の発現サイクルも同時に制御できることになる．

2) 細胞間ダイナミクス

自律振動する素子の集団が相互作用すると，しばしば周期的な空間構造が自己組織化される．またその空間構造は時間変動することもあり，パラメータや初期条件によっては複雑な時空間パターンが発生する．例えば，葉の一部の体内時刻を周囲と反転させると，スパイラル波と呼ばれる一点を中心に回転する位相波を発生させることができる．スパイラル波の中心の周りには全ての位相（体内時刻）が分布している．したがって，体内時計におけるスパイラル波は，ある一点の周りに全ての体内時刻が存在していることとなり，非常に特異的な生命状態と言える．また，スパイラル波は一度に複数生成させることもでき，その際時計回りと反時計回りのスパイラル波が"対"で発生する．スパイラル波同士は相互作用し，"対消滅"することもある．

図 3.5.7 は式（3.5.9）を用いておこなったシミュレーションの例である．図 3.5.7A と 3.5.7B はそれぞれアクティブ細胞の層と非アクティブ細胞の層を表す．図 3.5.7C は初期条件である．葉の一部の領域が，位相反転している．図 3.5.7D は約 4 日経過後の位相の様子である．図 3.5.7E は

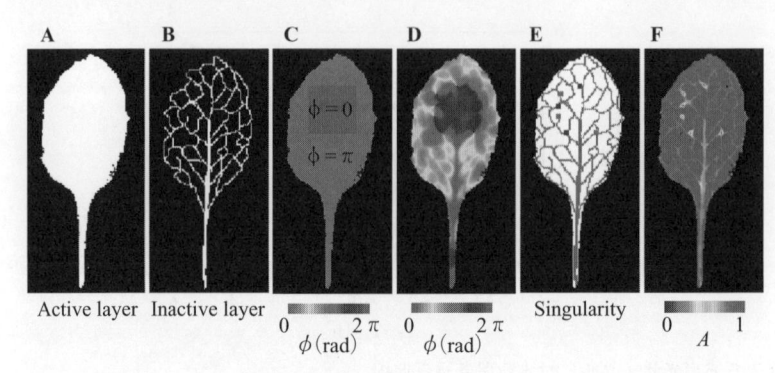

図3.5.7 葉におけるスパイラル波のコンピュータ・シミュレーション
A：アクティブ細胞の層．B：非アクティブ細胞の層．C：初期条件．D：約4日経過後における位相．E：Dにおけるスパイラルの中心（位相特異点）．6つの点はスパイラルの中心を表す．F：約4日経過後における振幅A．

スパイラルの中心（位相特異点：singularity）を算出したもので，スパイラル波が計6つ（時計回りと反時計回りのスパイラル波のペアが3対）が発生していることが分かる．また，図3.5.7Fは振幅を表し，スパイラルの中心部で振幅が小さくなっている様子が分かる．このようなスパイラル群は，実際の葉でも観察できている．スパイラル波の生成数や発生地点は，理論に基づく初期条件によって制御することができる．今後，このようなダイナミクスの解析を通じて，細胞同士の相互作用や葉全体のシステムをさらに詳しく同定することができると考えられる．

(3) 体内時計のシステム制御

体内時計は，数理モデルで記述でき，光パルスなどに対する応答関数も得やすく，制御の対象として取り扱いが比較的容易である．また，多数の主要遺伝子の発現が体内時計に調節されていることから，体内時計を介した様々な代謝の制御が期待できる．ここでは，体内時計のインパルス応答とそれを用いた細胞集団の同期制御について紹介する．

図3.5.8は，インパルスとして連続明条件における短時間（2h）の暗期刺激（ダークパルス）を用い，時計遺伝子*CCA1*の発現リズムの位相応答を調べた例である[40]．図3.5.9（左）はこのダークパルスに対する時計遺伝子

第 3 章　植物工場のシステム制御　(107)

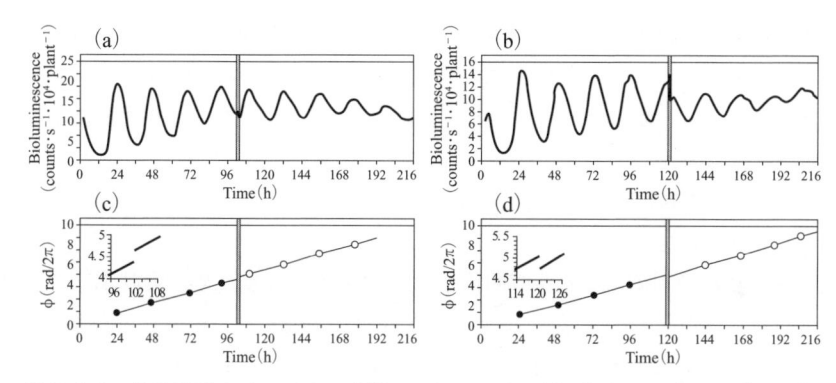

図 3.5.8　体内時計のインパルス応答　ルシフェラーゼによるシロイヌナズナの時計遺伝子 CCA 1 の発現リズム（a, b）と位相 ϕ の時間変化（c, d）．

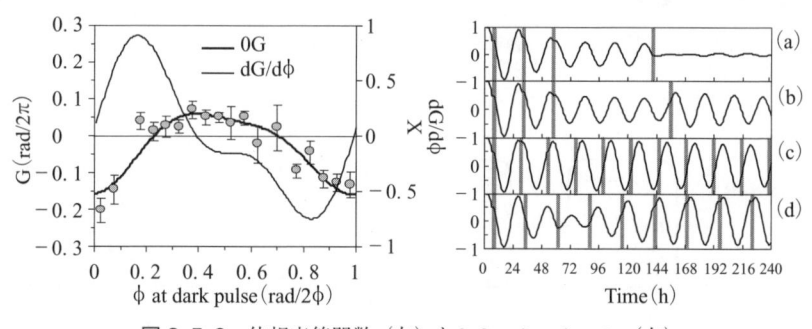

図 3.5.9　位相応答関数（左）とシミュレーション（右）

CCA 1 の発現リズムの位相応答関数である．図 3.5.9（右）は，ダークパルス列が個体全体のマクロなリズム X に与える影響を，Kuramoto モデル

$$d\phi_i/dt = \omega_i + (1-L(t))Z(\phi_i) + \frac{K}{N}\sum_{j=1}^{N}\sin(\phi_j - \phi_i) \quad (3.5.12)$$

を用いてシミュレーションした結果である．ϕ_i は細胞 i の位相，ω は固有振動数，$L(t)$ は光強度，$Z(\phi_i)$ は位相感受性関数，K は細胞間の結合強度，N は細胞の総数である．数値シミュレーションでは，完全な脱同期によるリズムの消失（シンギュラリティー現象）（図 3.5.9a）や，再同期によるリズム

振幅の回復（図 3.5.9b），短周期または長周期の周期的ダークパルス列への引き込みとリズムの増強（図 3.5.9c, d）などが見られた．実験でも，シンギュラリティー現象をはじめとする予測された全ての現象を観察することに成功している．

(4) 体内時計制御工学

1) 基本概念

体内時計の制御に関わる学問体系を，「体内時計制御工学」と呼ぶ．ここでは，体内時計制御工学を，「最適リズム設計理論」と「リズム制御理論」の2つの理論によって説明する（図 3.5.10）．基本的な制御の流れを，以下の①〜③に示した．

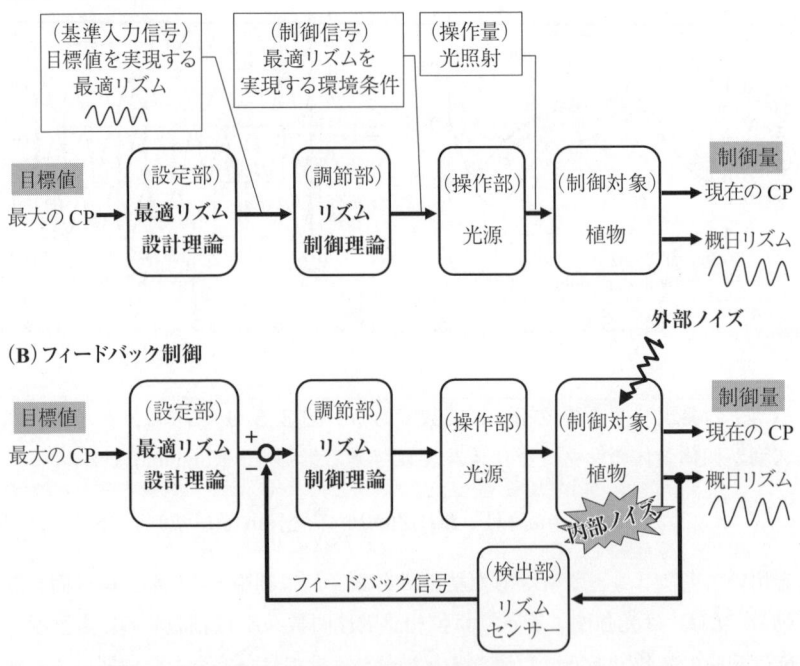

図 3.5.10　体内時計制御工学の基本概念
　　　　　(A) シーケンス制御，(B) フィードバック制御．

① 設定部は,「最適リズム設計理論」によって,目標値（例えばコストパフォーマンス（CP）最大）を実現する最適なリズムを算出し,基準入力信号を与える.
② 調節部は,基準入力信号を「リズム制御理論」によって,最適リズムを実現する栽培条件を算出し,制御信号を与える.
③ 操作部は,制御信号を操作量に変換し,制御対象である植物を操作する.

以上は,あらかじめ定められた順序または手続きに従って制御の各段階を逐次進めていく制御であり「シーケンス制御」と呼ばれる制御法である（図3.5.10A）.さらに高度な体内時計制御として,「フィードバック制御」がある（図3.5.10B）.フィードバック制御では,何らかのリズムセンサーを用いてリズムを検出し,「基準入力信号」と「フィードバック信号」の誤差を常時ゼロにする機構が追加される.フィードバック制御は,外部ノイズや植物内部で発生する内部ノイズなどが大きい場合に有効な制御である.

また,植物の機能や生理状態は成長とともに変化するので,目標値を実現する最適リズムも成長ステージに応じて変化すると考えられる.この場合,成長に応じて変化する最適解を,設定部において数理モデルを用いて算出しながら,フィードバック制御を施すという手法が有効である.数理モデルを利用したこの制御手法は「モデル追従型フィードバック制御」を呼ばれる.

2) 最適リズム設計理論

最適なリズムを設計するためには,植物の生理代謝の視点と,正確に24時間の周期で変動している社会のサイクルの視点からのアプローチが必要である.

植物生理代謝を重視した最適化には,①光周性花成誘導やサーカディアン共鳴など実際の栽培実験から得られた植物生理学的な知見,②時計遺伝子の変異と表現型を対応させた分子遺伝学的な知見,③数理モデルとコンピュータ・シミュレーションを利用した時計遺伝子の発現ダイナミクスに関する理論的な知見などが有効である.

一方,「24時間周期の社会サイクルとの調和機能」は実用段階においては

重要となる．植物生理学的には，最適な栽培サイクルの周期は24時間から外れていることがある．しかしながら，深夜電力や太陽光発電の状況などに依存した電気料金，労働者賃金，出荷のタイミングなどの社会的要因は，正確に24時間の周期で変動しているため，この周期で栽培環境を調節する方がコストの面から有利な場合がある．例えば，雇用が必要な栽培開始時点と，収穫・出荷時点が深夜にならないように調整する必要がある．また，体内時計の制御が特に重要でない段階においては，電力コストを優先した24時間栽培を行なうなどが考えられる．このように，コストをより縮減できる手段を算出できるように，植物代謝最適化を優先したアルゴリズムと社会的要因を優先したアルゴリズムを状況に応じて最適に統合する手段を装備するなどの解決策が有効である．

3) リズム制御理論

リズム制御理論は，最適なリズムを実現するための栽培条件を算出し，制御信号を与える理論である．体内時計の制御には，制御因子として光，温度，化学物質などがある．植物工場においては，光が最も利用しやすく，また照明コストと直結しているので重要である．光を用いた制御は，以下のように大別される．

A) 昼夜サイクル型：約24時間の基本周期を持つ明暗サイクルによって制御を行なう方法である．（利点）もともと昼夜サイクルで生活している植物は，昼夜サイクルの下で最適になるように設計されている．自然に近い条件であるため，本来の代謝サイクルに近い状態で栽培できるという利点がある．この制御方法により，サーカディアン共鳴現象を起こすことができる．（分類）①矩形波型，②三角関数型，③約24時間の周期成分をもつ任意の関数型などがある．

B) 連続照明型：連続的な照明に含ませた微弱な周期信号によって制御を行なう方法である．（利点）多くの場合，照度も温度も一定とした方が，照明機器や空調機器への負荷が小さくなる．また制御範囲も狭く設定できるので，機器の性能を一段階低く設定できる．照明機器や空調機器に関わる導入コストとランニングコストの観点からは，連続条件に

おける栽培は利点が多い．（分類）①パルス型（暗期パルス型，強光パルス型），②低振幅型，③光質変化型などがある．
C) 複雑照明型：複雑な波形の照明によって制御を行なう方法である．（利点）植物は複雑で不均一，さらに非線形なシステムであるため，物理学で有用性が認められている高度なリズム制御が有効であると期待される．（分類）①ノイズ型，②フィードバック制御型，③モデル追従型，④局所制御型などがある．

参考・引用文献

1) 知能的太陽光植物工場の新展開：日本学術会議農学委員会・食料科学委員会合同農業情報システム学分科会（2011）．
2) 村瀬．植物工場における細密農業の展開．J. SHITA 12(2)：99-104，2000．
3) 矢吹．風と光合成．農文協：1-210（1990）．
4) Shibuya, T., Kozai, T., Effects of air current speed on net photosynthetic and evapotranspiration rates of a tomato plug sheet under artificial light. Environment Control in Biology 36：131-136（1998）．
5) Kitaya, Y., Tsuruyama, J., Shibuya, T., Yoshida, M., Kiyota, M., Effects of air current speed on gas exchange in plant leaves and plant canopies. Advances in Space Research 31：177-182（2003）．
6) Korthals, R. L., Knight, S. L., Christianson, L. L., Art Spomer, L., Chambers for studying the effects of airflow velocity on plant growth. Biotronics 23：113-119（1994）．
7) Shibuya, T., Tsuruyama, J., Kitaya, Y., Kiyota, M., Enhancement of photosynthesis and growth of tomato seedlings by forced ventilation within the canopy. Scientia Horticulturae 109：218-222（2006）．
8) Goto, E., Takakura, T., Prevention of lettuce tipburn by supplying air to inner leaves. Transactions of the ASAE 35：641-645（1992）．
9) Goto, E., Takakura, T., Promotion of ca accumulation in inner leaves by air supply for prevention of lettuce tipburn. Transactions of the ASAE 35：647-650（1992）．
10) 佐瀬．自然換気温室の換気・気流特性．生物と気象 10：F-1（2010）．
11) Lee, I. B., Short, T. H., Verification of computational fluid dynamic temperature simulations in a full-scale naturally ventilated greenhouse. Transactions of the ASAE 44：119-127（2001）．
12) Campen, J. B., Bot, G. P. A., Determination of greenhouse-specific aspects of ventilation using three-dimensional computational fluid dynamics. Biosystems Engineering 84：69-

77 (2003).

13) Okayama, T., Okamura, K., Park, J.-E., Ushada, M., Murase, H., A simulation for precision airflow control using multi-fan in a plant factory. Environ. Control Biol. 46(3) : 183-194 (2008).

14) Kitaya, Y., Tsuruyama, J., Shibuya, T., Yoshida, M., Kiyota, M., Effects of air current speed on gas exchange in plant leaves and plant canopies. Advances in Space Research 31 : 177-182 (2003).

15) Okayama, T., Kanai, T., Ushada, M., Okamura, K., Murase, H., A dynamic model for simulating recombinant protein production in transgenic lettuce for optimal environmental control. Environ. Control Biol. 47(3) : 157-165 (2009).

16) Matsui, T., Asao, H., Ki, M., Sawada, K., Kato, K., Transgenic lettuce producing a candidate protein for vaccine against edema disease. Biosci. Biotechnol. Biochem. 73(7) : 1628-1634 (2009).

17) Stevens, L.H., Stoopen, G.M., Elbers, I.J.W., Molthoff, J.W., Bakker, H.A.C., Lommen, A., Bosch, D., Jordi, W., Effect of climate conditions and plant developmental stage on the stability of antibodies expressed in transgenic tobacco. Plant Physiology 124 : 173-182 (2000).

18) Sunderland, N., Cell division and expansion in the growth of the leaf. J. Exp. Bot. 11 : 68-80 (1960).

19) Mohr, H., Schopfer, P., Plant physiology. Springer-Verlag Berlin Heidelberg, New York : 99 (1995).

20) 福田弘和. 安全安心レタスから医薬用レタスまで—遺伝子発現制御植物工場の開発—, SHITA REPORT No. 24, 日本生物環境工学会 (2007).

21) 橋本 康他. 農業におけるシステム制御, コロナ社 (2002).

22) Fukuda, H. et al. : Early Diagnosis of Productivity Through a Clock Gene Promoter Activity Using a Bioluminescence Assay in Arabidopsis thaliana Environ. Control Biol. 49, 51-60(2011).

23) 野島 博. DNA チップとリアルタイム PCR, 講談社サイエンティフィク (2006).

24) Blasing, O.E. et al., Sugars and Circadian Regulation Make Major Contributions to the Global Regulation of Diurnal Gene Expression in Arabidopsis, Plant Cell 17, 3257 (2005).

25) 中道範人, 水野 猛. 植物の生物時計—時計関連遺伝子と計時機構研究の新展開—, 化学と生物 44, 295(2006).

26) Harmer, S. L. et al., Orchestrated Transcription of Key Pathways in Arabidopsis by the Circadian Clock, Science 290, 2110-2113 (2000).

27) 福田弘和：体内時計制御の植物工場への応用（第16章）, 体内時計の科学と産業応用（柴田重信監修）, シーエムシー出版 (2011).

28) Dodd, A.N. et al., Plant Circadian Clocks Increase Photosynthesis, Growth, Survival, and Competitive Advantage, Science 309, 630 (2005).
29) Kiyota, M.et al.,, Circadian rhythms of the L-ascorbic acid level in Euglena and spinach. Journal of Photochemistry and Photobiology B: Biology 84 197-203 (2006).
30) Hennessey, T. L., Field, C. B., Circadian Rhythms in Photosynthesis, Plant Physiol. 96, 831-836 (1991).
31) 福田弘和, 村瀬治比古. 植物のサーカディアンリズム形成, プラントミメティックス─植物に学ぶ─(第1編第1章第4節), NTS (2006).
32) McClung, C. R., Plant circadian rhythms. Plant Cell 18 : 792-803, (2006).
33) Locke, J.C.W., et al., Modeling geneti c networks with noisy and varied experimental data: the circadian clock in Arabidopsis thaliana, Journal of Theoretical Biology 234, 383 (2005).
34) Pokhilko, A. et al., Data assimilation constrains new connections and components in a complex, eukaryotic circadian clock model. Molecular Systems Biology 6 : 416, (2010).
35) James, A.B., Monreal, J.A., Nimmo, G.A., Kelly, CL., Herzyk, P., Jenkins, G.I., Nimmo, N.G.: The Circadian Clock in Arabidopsis Roots Is a Simplified Slave Version of the Clock in Shoots Science 322 : 1832 (2008).
36) Fukuda, H., Nakamichi, N., Hisatsune, M., Murase, H., Mizuno, T. : Synchronization of Plant Circadian Oscillators with a Phase Delay Effect of the Vein Network Phys. Rev. Lett. 99 : 098102 (2007).
37) Fukuda, H, Tokuda, I., Hashimoto, S., Hayasaka, N., Quantitative Analysis of Phase Wave of Gene Expression in the Mammalian Central Circadian Clock Network PLoS one 6 : e23568, (2011).
38) Moreno-Risueno, M.A. et al., Oscillating Gene Expression Determines Competence for Periodic Arabidopsis Root Branching Science 329 : 1306, (2010).
39) Yazdanbakhsh, N., Sulpice, R., Graf, A., Stitt, M., Fisahn, Circadian control of root elongation and C partitioning in Arabidopsis thalianapce J., Plant, Cell & Environment 34 : 877-894, (2011).
40) Fukuda, H., et al., Effect of a dark pulse under continuous red light on the Arabidopsis thaliana circadian rhythm. Environment Control in Biology 46, 123, (2008).

第4章　ロボットの活用

有馬誠一，野口　伸

1. わが国の農業の現状とIT・ロボットによるイノベーションの必要性

　現在，わが国の農業は弱体化への負の連鎖に陥っており，脱出は容易ではない．そもそも農業が魅力的な成長産業であれば，農地を宅地や商用地に転用されるはずもなく，放棄されるわけがない．所有する農地を農業以外で利用した方が何倍もの利益を生む状態になっていることが，本質的な問題である．この負の連鎖から脱出するためには，「儲かる農業」の実現と運営形態の多様化が最低限必要な対策であると考えられ，その具体的な対策の有力な一つが植物工場であり，栽培システムを効率化できるところに大きなメリットがある．しかし，規模が拡大するにつれて，作業の効率化が重要な課題となってくる．すなわち，システム全体の機械的効率化であり，各種作業の自動化・ロボット化である．これが植物工場の普及・拡大を支える形で機能することで，次世代の農業は正の連鎖へと転換できると思われる．また，農産物の国際的な競争力を確保していく必要もあり，今まで以上の品質の向上と生産コストの削減が求められる．その実現のためには，国内農業の構造改革とあわせて，革新的な新技術開発により，採算性に適合するようなロボット化を含めた超省力技術の開発が，わが国の農業を持続的に維持・発展させる上で必須と言える[1]．

　植物工場は植物に最適な栽培環境を与え，飛躍的に生産性を向上するシステムであるが，その最大のメリットを採算ベースに乗せるには，作業の自動化・ロボット化は重要な課題であり，スケールメリットを最大限に生かすためにも，まずは太陽光植物工場を対象とした研究開発が必要と思われる．この太陽光植物工場は，これまで北欧を中心に発展してきたため，別名グリーンハウスとも言われており，そのシステムの自動化は，製造工場の自動機器をファクトリー・オートメーション（FA）と言うのと同様に「グリーンハウス・オートメーション」と称された[2]．現在では，それぞれの自動機器を連

携させてシステムを構築し，作業の省力化と高度な情報処理技術を用いることにより，究極の効率化および生産性向上を目指す「全自動植物工場」と言う用語が生まれた[3]．

　食料に関わる諸問題は，国内にとどまらない．文化や経済構造の違いから，各国が抱える課題には格差があるものの，自国の食の安定供給を保証すべく，様々な施策を講じている．しかし，各国共通の課題として言えるのは，作業の効率化・自動化であり，先進諸国では，これに情報化が加わる．東アジアでは，かつてわが国がそうであったように，農村部から都市部への若年層の流出が進みつつあり，農業の近代化と機械化が急務となっているほか，自動化・ロボット化の研究も始まっている．欧米では，生産性向上のため IT を基礎とした精密農業が注目され，各種センシングおよびロボット技術を活用した研究も盛んに行われている[4]．わが国の研究機関では，画像処理による作物列の認識や GPS を使用した圃場内の自己位置認識[5]，土壌成分や収穫量のセンシングおよびマッピング[6]などの研究が進んでおり，その基礎技術は確立されつつある．さらに，ロボット導入による即効的効果が期待できる施設園芸関連の農業ロボットでは，わが国では 1980 年ごろから研究が始まり，世界をリードしてきた．現在では，産官学連携による実用化に向けた取組が始まっている．

　これらの研究的背景のもと，2005 年に日本学術会議 19 期農業環境工学研究連絡委員会（委員長：橋本　康）から提出された対外報告書[7]に沿った形で，太陽光植物工場の生産性向上に関する研究が活発化し，2009 年には経済産業省と農林水産省による植物工場の基盤技術開発と人材育成の拠点が形成された．さらに，2011 年の学術会議の第 21 期農業情報システム学分科会（委員長：野口　伸）から提出された報告書[8]では，太陽光植物工場の生産性を飛躍的に向上させるためには，スピーキング・プラント・アプローチ（SPA）をより効果的に推進すべく，システム科学的な再検討が必要としている．ここでポイントとなるのが，植物の生育状態や栽培環境に関する膨大な情報を如何に効果的に，効率的に収集できるかであり，ロボット技術がここにどう関わっていくのがカギとなる．

2. ロボットによる省力化と情報化

　施設園芸用ロボットの研究は，大きく第1から第3ステージに分類できる[9]．第1ステージ（概ね1980年代）では，対象物の物理的特性に基づいて，ハンドや視覚センサの開発を行うほか，アームなどについては，既製の産業ロボットの農業への応用について検討することが主な課題であった．第2ステージ（概ね1990年代）では，農産物は同一品種内においても色・形状共に多様であり，既製のロボットでは対応が困難であることから，園芸学的・工学的アプローチの融合を試みる研究が始められた．すなわち，作業のための栽培様式の検討，作物の形態に適したロボットの機構，ロボットを用いた自動化システムが提案されると共に，作業者と協調作業を行うロボットの研究も始められ，人間－作物－ロボットの関係の基礎が築かれ始めた[10-12]．

　この間に農業ロボットの研究は大きく進化し，実用化への基盤技術が確立された．しかしながら，接ぎ木作業のほか，果実の箱詰め，パレタイズ作業などシーケンシャルな動作を行うロボットを除き，高度なセンシング機能を伴うロボットが実用化された例はない．ロボットの作業速度や作業性能が実用化に耐え得る仕様になっていないことが，その主な理由と言えるが，ロボットの導入が直接農業収入の向上につながるシステム構成になっていないことが，最も大きな問題であると思われる．如何に収益性に貢献でき「成長産業（もうかる農業）」へと導くことができるかがポイントとなる．

　わが国の農業を成長産業へシフトしていくためには，4定（定時，定量，定品質，定価格）を確立する技術開発が必要であり，そのためには，作物の状態のみならず農業生産環境や作業記録など様々な情報を必要とし，その情報を基にしたきめ細やかな栽培管理をしなくてはならない．そこで，現在では，第3ステージのロボット研究，すなわち，農業ロボットの情報収集端末としての利用が検討され始めた．以下に愛媛大学農学部植物工場プロジェクトが現在行っている，ロボット技術を活用した太陽光植物工場の知能化[13]の例を中心に，農業ロボットの研究動向について紹介する．

3. ロボットを利用した情報化農業システム

　各種情報に基づいたきめ細やかな栽培管理を行うためには，まずは，圃場・作物などの三次元的なばらつきをマッピングする技術，ばらつきに対応した栽培・管理作業を実行する可変作業技術，そして複雑な課題や要求を解決するための意志決定支援技術が必要となる．これら3つの技術を確実に遂行させるためには，各種センシング，制御，データ管理技術が必要であり，既にこれらの要素を持つ農業ロボット技術が新しい農業生産システム実現のキーテクノロジーと言える[14]．この基本的な考え方は，第二次・第三次産業ではごく一般的な QC（Quality Control）活動の概念に基づくものである．

(1) 生育・品質の管理

　一般企業では，広く QC 活動が活発に行われている．これは不良品ゼロと品質の向上を目的として，1960年代頃から製造業の現場を中心に広まってきた活動である．現在では製造業，サービス業を問わず，管理部門でもこの手法を使った商品の品質改善・管理が行われており，この活動が国内に広がったことが，Made in Japan の質の向上に大きく貢献したと言われている．QC 活動とは，まず「テーマの選定」，「目標の設定」を行った後，「現状の把握」，「解析」，「対策の立案」，「対策の実施」，「効果の確認」，「歯止め」，「残された問題と今後の進め方」の項目で進められ，これらをできるだけ小さなテーマで1つずつ解決していくものである．ここで最も重要なのは，「現状の把握」であり，あいまいな言語表現ではなく数値データに基づいて，事実を正しく把握することである．ここがあやふやになると，「対策の立案・実施」で大きな間違いを引き起こし，取り返しのつかない事態になることもある．

　農業生産現場における QC 活動とは，スピーキング・プラント・アプローチ（SPA）によって常に植物の生育状態を把握し，生育不良や病害が取り返しのつかない段階まで進めないようにすることである．また，収益性向上のためには，施設の大規模化も重要となるが，大規模化させることによって，植物の生育および収穫量に平面的なムラが生じることになる．この平面的ム

ラを正確に把握するためには，生育状態の計測結果に植物工場内の位置情報を付加する必要がある．

　残念ながら現在の農業には，この考えがまだ浸透しておらず，質・量の改善は長年の経験から来る「ノウハウ」に依存しているのが現状である．このことからも第一次産業と第二次・第三次産業の融合の必要性を感じる．後述の植物生育診断装置（植物生育診断ロボット）は，植物工場内で起こっているあらゆる生育の変化を正しくつかもうとするものであり，自律走行ロボットに搭載することによって，三次元的な変化をも把握することが可能となる．これが「現状の把握」である．さらに，この診断結果は，環境制御および栽培管理を施した結果であり，生産物の量や品質の良否につながるものである．すなわち，栽培環境情報，生育診断情報，収穫物情報をいかに的確に把握できるかが，より効果的な対策を立案できるかの決め手となる．

(2)　植物生育診断ロボット

　図4.1に植物工場の現状把握を行うためのスピーキング・プラント・アプローチ（SPA）の概念を取り入れた植物生育診断ロボットを示す．従来の「環境を計測し，植物の生育状態を推定する」方法と比べると，植物の生育状態を正確に診断でき，より適切な環境制御を行うことができるため，収穫量増大，品質向上に繋がると期待されている．なお，植物の生体情報計測に

図4.1　植物生育診断ロボットの外観

あたっては，非接触，非破壊が望ましいとされており，具体的な植物生体情報としては，クロロフィル蛍光，葉温，萎れ，茎径，光合成速度，蒸散速度などが利用されている．

　太陽光植物工場では，光環境が時々刻々と変化するため，植物の生育状態に変動が生じることを避けることができない．この生育状態の変動に対応して収穫量増大，品質向上を実現するためには，SPA，すなわち，植物生体情報計測→植物生育診断→環境制御という一連のプロセスは必要不可欠な技術となる．植物生育診断結果に基づいてどのような環境制御を行うかについての判断を行うのに必要なものが，さまざまな知識，データ，ノウハウが蓄積されている「知識ベース」である．言い換えれば，SPAと知識ベースを組み合わせることによって，生育状態の変動に対応した収穫量増大，品質向上が可能となる．これらを実現するには，膨大な生育データを収集し，解析する必要がある．そこでロボットの登場である．

　植物生育診断ロボットの開発の目的は，①太陽光植物工場内において，各栽培ベッドの間に設置されたパイプレール（冬期には温水を通し温度制御に利用）上を走行すること，②栽培ベッド間を自動で移動すること，③自己位置を認識すること，④夜間に走行し，栽培環境・植物の生育状態に関するデータの収集を行うことである．すなわち，本ロボットは栽培環境情報と生育診断情報に植物工場内の位置情報を自動的に付加させる装置である．

(3)　生育診断情報

　植物生育診断ロボットは，光センサ，デジタルカメラ，放射温度センサ，クロロフィル蛍光計測器などの各種センサを搭載し，栽培環境情報（温度・湿度・光強度など）の収集を行うと共に，クロロフィル蛍光画像計測法による光合成機能診断，画像処理およびニューラルネットワークを用いた奇形花診断，葉温測定による蒸散機能診断など，植物の成長段階での重要な情報を収集・マッピングし，各情報の関連付けによって診断を行う．

　図4.2にマッピングの一例として，植物工場内の葉温のバラツキを示す．本データは，愛媛大学農学部の太陽光植物工場（栽培エリア約500 m^2）において，深夜1：00ごろに測定した結果であるが，最大で6℃程度の差が生じて

図 4.2 植物工場内の葉温マップ

パイプNo	12		11		10		9		8		7		6		5		4		3		2		1	
1m	1338		1421	1397	1406					1413		1598	1563		1594		1504				1534			
2m	1310		1387	1451				1410			1517	1548	1551	1510	1564	1514				1604		1522	1536	1386
3m	1321	1335	1410				1432	1500		1519	1542	1527	1543	1542	1528			1490	1610	1526	1551	1585	1559	1443
4m	1298	1357	1412			1412	1427		1504	1538	1518	1572		1536							1655		1514	1430
5m	1327	1375	1399				1405	1495	1508	1536	1535	1574	1570	1560	1537	1545						1519		
6m	1297	1350	1393	1380	1400		1418		1498	1539	1533			1562	1539					1558		1585		1439
7m	1267	1364	1394				1416	1468		1542	1547			1552		1533		1540	1579		1585			
8m	1274	1357	1397	1367			1387	1430	1504	1536	1534		1530	1562	1526		1525	1540					1569	1417
9m	1266	1339	1386		1401			1502	1538	1555	1542	1551	1547	1518		1602						1521	1364
10m	1272	1332	1394	1407			1411	1517	1496	1548	1515		1513	1552			1507	1590	1639		1602	1396
11m	1269	1333	1392		1402		1395	1477	1482	1531	1532	1591		1557	1527	1545	1471	1567		1809	1537	1380
12m	1259	1319	1389				1401		1470	1532	1530	1559	1547	1541		1537			1623		1571	1395
13m	1260	1323	1385	1388	1425		1431	1436	1484	1537	1542	1557	1550	1536	1535		1553				1606	1406
14m	1257	1302	1388				1425		1490	1541	1539			1525		1506	1596	1596	1607	1566	1549	1509
15m	1256	1340	1374		1374		1411		1506	1543	1544			1572		1557	1584	1538				
16m	1254	1366	1383				1417	1446	1507	1545	1531			1558	1549	1537	1594		1843	1853	1538	
17m	1257	1298	1385	1394	1415		1422	1436	1504	155			1575	1590	1556	1534	1580		1734			
18m	1277	1327	1390	1389	1396			1445	1509	1546	1565	1573	1601		1527	1576		1601	1507			
19m	1295	1326	1382	1381			1432		1507	1556	1565		1565	1560		1520	1549		1557		1541		
20m	1292		1397		1604	1404	1433	1428	1567	1558									1570	1463		1456	

いる．なお，その他診断情報に関する詳細の技術については，第2章4.最新の植物診断「第2世代のSPA」で示したとおりである．

　植物工場内において，本ロボットが定期的に巡回し，生育状態や環境情報を繰り返しモニタリングすることによって，生育の微妙な変化を経時的に捉えることができ，「解析」に有効な情報となる．これらの解析データを基盤として，培養液も含めた環境制御システムにフィードバックさせ，知的植物工場システムを構成することとなる．

(4) 収穫物情報収集装置

　樹勢の変化に伴って，生産物の量や品質の良否が変化する．すなわち，植物が栽培環境情報と生育診断情報の各プロセスをたどっていった結果，収穫物がどのように変化していったかは，「対策の立案」に対して極めて重要な情報を提供することとなる．そこで，以下に収穫物情報収集装置によって得られる果実品質のマッピング情報について説明する．

　図4.3にトマトを対象とした収穫物情報収集装置を示す．本装置は収穫台車に収穫物情報収集ボックス，糖・酸度測定装置，自己位置認識装置を搭載した構成である．収穫物情報収集ボックスは，光ファイバーセンサと糖・

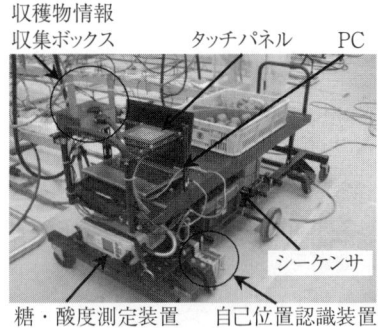

図4.3 収穫物情報収集装置（トマト）

図4.4 収穫物情報収集装置（ナス；岡山大学）

酸度測定部から構成される．光ファイバーセンサは糖・酸度測定部の中心から，35 mm，40 mm，44 mm，49 mm の位置に縦横各4組ずつ，計8組設置してあり，果実で光が遮断されるとセンサからトリガ出力される仕組みである．反応したセンサの数によって果実のサイズを8段階で判別する．さらに，この操作と同時に糖度および酸度の情報を収集する．すなわち，本装置は収穫物の各種情報に植物工場内の位置情報を付加する機能を有し，収穫作業を行うと同時に果実の各情報を収集することによって，収穫物の糖度分布，収穫量分布のほか，サイズ分布など収穫物情報のムラや勾配をマッピングデータとして蓄積することができる．

図4.4にナスを対象とした収穫物情報収集装置を示す[15]．本装置では株ごとの収穫物情報が収集可能である．収穫された果実がターンテーブルの上に置かれるとフォトセンサが反応し，新たに果実が収穫されたことを本装置が感知する．それと同時に，各株にあらかじめ取り付けられたICタグの情報をリーダ・ライタ，アンテナを介して読み込み，どの株から収穫されたかを特定する．次に果実は2自由度の直角座標アームの先端に取り付けられたハンドによってマシンビジョンの直下に設置されたロータリバケットまで搬送される．ロータリバケットの反転動作によって果実表裏の画像が取り込まれ，果実の長さや太さ，曲がり，疑似体積などが計算される．最終的に果実

は評価結果に基づいて2種類(たとえば,出荷用と規格外)のコンテナに振り分けられ,評価結果と収穫された株の情報が保存される.

4. 太陽光植物工場のための収穫物情報収集機能付き収穫ロボット

これまでにも様々な研究機関において,果実収穫ロボットの研究が行われてきた[16].しかし,作業対象が,工業製品と違い千差万別であること,環境も時々刻々と変化することから,高い作業効率を安定して行える収穫ロボットの実用化には,もう一歩のところで足踏みしている状態にある.高度な認識能力と柔軟な腕や手を持ち,様々な道具を器用に使いこなしながら作業する人間と比べ,農業ロボットは,正確さでは勝るものの,知能や柔軟性では現在のところ劣っており,確実に作業できない場合も多い.収穫ロボットに現在不足している,知能や柔軟性を与えることも不可能ではないが,良質なものをより安く提供し続けなければならない農業分野へ,極めて高価なロボットを導入することは考えにくい.収穫ロボットをいち早く導入させ,農作業に適した機構で効率よく作業させるためには,工業分野のように,対象作物や取り巻く環境を,ある程度ロボットに適した状態にすることが必要である.

それでは,農業ロボット,特に収穫ロボットにとって作業しやすい環境とはどのようなものか? たとえば,収穫対象の果実が茎葉によって隠されていなければ,果実認識アルゴリズムへの負担は大幅に軽減される.果実の認識は,色や形状,大きさなどの物理的な特徴量を基にして行われるのが一般的であるが,果実の一部でも隠されていれば,物理量が変化することとなり,障害となっている部位が葉なのか茎なのか,または他の果実なのかを認識することが必要となる.さらに,これらとの位置関係も把握しておかなければ,収穫アプローチの際に果実や茎葉を傷つけることになる.

また,ロボットが走行する路面の状態もロボット全体の機構や制御方法を左右する.施設園芸分野においては,路面は少なからず凹凸が生じており,ロボット本体は,ローリング・ピッチングすることになる.さらに,アームの伸縮時においても重心位置の変化により,ロボット本体の姿勢に変化が生

じることになる．これにより，果実とロボットとの位置関係は，収穫対象の果実ごとに違ってしまうため，これに対応するためのセンサや機構，果実認識アルゴリズムの追加が必要になる．

最終的には，効率的に作業ができ，コストパフォーマンスの優れたシステムを如何にして構築できるかがポイントである．そのためには，ロボット本体の性能向上も必要ではあるが，どこにコストを掛けた方がより効果的な結果が得られるのか，作業体系全体の効率を考慮しながら品目ごとに再検討する必要がある．具体的には，栽培様式や施設の構造，栽培品種を検討する必要があるが，太陽光植物工場の場合，一定以上のインフラ整備がなされており，少しの工夫でロボットの作業性は大きく向上する．これまでの農業ロボットと太陽光植物工場の研究成果を融合することで，早期の実用化ができそうである．

(1) トマト収穫ロボット[16]

一般的なトマトは複数の果実が集まって果房を形成している．人が収穫作業を行う時にはハサミで果柄を切断するか，指で離層を押して果実を分離したあとに，余分な果柄をハサミで切り取る．離層とは，ヘタから少し離れた場所にあるジョイントのようなもので，果実をひねるとその部分から比較的簡単にもぎ取ることができる．一方，ロボットがトマトを収穫する場合，ハサミで果柄を切断する方法は得策ではない．果実が密集しているような場合，切断箇所を視覚部で検出することは容易ではないし，検出できたとしても，収穫動作中に隣接する果実や茎葉をハサミで傷付ける可能性がある．

図4.5に示すトマト収穫ロボットは，果実を離層からもぎ取って収穫する．収穫ハンドは，

図4.5 トマト収穫ロボット（岡山大学）

フィンガ，モータで前後にスライドする吸着パッド（以後，パッド），圧力センサなどから構成されている．収穫の手順としては，まずパッドを最も前方に伸ばした状態で果実に接近する．パッドは真空ポンプと接続されており，内部の圧力が圧力センサで常に計測されている．パッドが果実に吸着したことを圧力センサが検出すると，ハンドを停止すると同時にパッドを後退させる．果房内の他の果実から引き離すことによって，フィンガでつかみやすくなる．また，視覚部による果実の位置検出に多少の誤差が生じても，一度吸着すれば果実はフィンガのほぼ中心に移動するのでつかみやすくなる．果柄が短い果実や株が支柱に固定されている場合は，果実の移動量が少なく，無理に引くと果実がパッドから外れてしまう．これを防ぐため，圧力センサでパッド内の圧力変化を常に監視している．果実の移動中に圧力が設定値に達すると，パッドの後退速度と同じ速度でハンドを前進させる．つまり，果実の位置を保ったまま，フィンガ内に果実を取り込むことになる．最終的には，フィンガで果実をつかみ，ハンド全体を回転させて果実を離層からもぎ取って収穫する．

(2) キュウリ収穫ロボット

　果菜類の出荷量は，1位がトマト（約66万t），2位がキュウリ（約54万t）であり，上位の2品目は3位以下（ナス：約28万t）を大きく引き離す大市場である．しかし，わが国の太陽光植物工場は殆どがトマトを対象としたものであり，キュウリなど他の品目用のシステムは普及していない．この最大の要因は作業時間，特に収穫作業時間が極めて長いことである．キュウリの果実は成長速度が速いため（30〜50 mm/day），最盛期には毎日朝晩収穫する必要がある．秀品の果実長は約200 mmであるが，収穫作業を怠ると次の日には230〜250 mmとなり，価格が半分以下となるばかりか，未熟果の成長速度を鈍化させるため，全体の収穫量も少なくなってしまう．このため，栽培期間中は休日が全く取れない状態となる．主に会社組織での運営となる植物工場では，人件費を考慮すると投資の対象とするには極めて困難な品目と言える．すなわち，キュウリなどの他の品目を対象とした太陽光植物工場の普及・拡大には，収穫作業省力化のための収穫ロボットの開発が必須である．

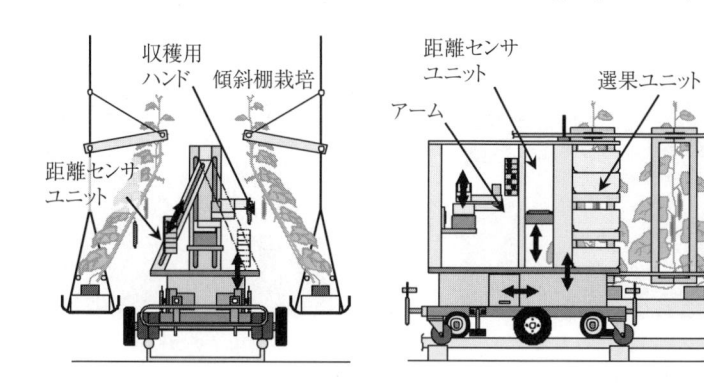

図 4.6 収穫物情報収集機能付きキュウリ収穫ロボット

さらに収益性を向上させるためには，収穫作業と同時に曲がりなどの果実の品質評価データ，および栽培ブロックごとの収穫量データの収集を行い，その各種情報に植物工場内の位置情報を付加させる収穫物情報収集機能付き収穫ロボットの開発が必要である（図4.6）．すなわち，収穫ロボットからの情報と植物生育診断ロボットからの情報をリンク・解析することによって，これを知識ベースとしながら樹勢の変化を早期に発見し，早期に治療することが可能となる．樹勢を常に良い状態に保つことができれば，さらなる収穫量の増大と曲がりの少ないキュウリの安定生産が実現できる．

(3) イチゴ収穫ロボット

近年，イチゴの栽培には，従来からの土耕栽培に代わり高設栽培（養液栽培）が導入され，その普及が進んでいる．これにより作業姿勢は改善され，労働負荷は減少した．しかし，総労働時間の改善には至っておらず，栽培できる期間も約6ヶ月と短いため利益率は低いままである．また最近では，ケーキやクレープの材料として，加工販売業者との直接取引をする事業体もあり，生産物の4定化が強く望まれるようになった．さらに，鮮度保持のために，できるだけ無菌に近い状態で栽培・流通させることを要求する業者も現れてきた．これらの要望に応え，イチゴの栽培を成長産業に転換させるには，トマト，キュウリと同様に年間を通じて安定生産でき，ランニングコス

図 4.7 イチゴ収穫ロボット
（生研センター）

図 4.8 高設栽培用イチゴ収穫ロボット

ト削減と雑菌の繁殖抑制のための省力化・ロボット化が必要となる．ただし，周年安定生産については，イチゴの夏栽培に関する研究，もしくは同じシステムを使用できる作物とその栽培方法の提案が必要である．

　これらの課題の内，ロボット化については，生研センターの農業機械等緊急開発事業推進プロジェクト（略称：緊プロ）において，「イチゴ収穫ロボット」がテーマとして挙げられ，参画企業との共同で研究開発が進められている（図 4.7）[17]．また，愛媛大学においても井関農機（株）との研究連携協定に基づいて，高設栽培用イチゴ収穫ロボットに関する研究を行っている[18]．

　図 4.8 に愛媛大学と井関農機（株）で共同研究中の高設栽培用イチゴ収穫ロボットを示す．これまでの果実収穫ロボットの視覚部は，CCD カメラを使用して果実認識アルゴリズムを構成してきた．しかし，コストや処理速度，対環境性など，クリアしなければならない課題が多く，実用化の障壁となっている．そこで，本収穫ロボットの研究では，簡易かつ安価なシステムで，センシングスピードが速く，高温多湿の環境にも強い小型カラーセンサと超音波距離センサを使用し，カメラを用いない収穫ロボットの可能性について検討している．

　イチゴの高設栽培は，栽培ベッドの両側面に果実が垂れ下がるように栽培されており，従来のイチゴ収穫ロボットの果実認識および収穫アプローチは，通路側から行われていた．しかし，これまでの研究で，栽培ベッド側から収

穫適期にある果実を見た場合，未熟果や花などに隠れることなく，果実認識や収穫動作が容易であることが解っている．そこで，小型のカラーセンサを栽培ベッドとそこから垂れ下がった果実との隙間（80 mm 程度）に挿入し，赤色の着色具合を指標として収穫適期を判断するアルゴリズムを検討している．

　現在，本ロボットは基礎実験を行っているところであり，早期の実用化を目指している．さらには，安定生産の一助となるべく，生育診断情報や収穫物情報なども収集可能なマルチオペレーションロボットも開発・検討中である[14]．

5. 太陽光知的植物工場システムの全自動化

　ヘクタール規模の太陽光植物工場では，従来の小規模施設では問題とならなかった環境要因のムラ（平面分布）とそれに起因する生育および収穫量のムラが発生する．このことは，植物工場が設置された場所によって大きく変化するものと思われる．元々平野だった所に設置されるケースは少なく，山や海，崖などに隣接していることの方が多いため，規模が大きくなればなるほど，日の当たる時間帯，風の強さや向きなどの自然環境条件，出入口の場所や向き，放熱主管や循環扇の配置などの設計条件が絡み合ってムラが発生する．さらに，隣接圃場の病害虫の発生状況などについても考慮する必要があるかもしれない．すなわち，一つ一つの植物工場に特有なムラが発生することとなり，それぞれに特有な対策の実施が必要となる．

　この状況下において，現在の経営状態を改善し，野菜生産を自立した産業（事業）に転換するためには，収穫量を安定的に増加させなければならない．そのためにまず，環境条件，生育状態に対しての収穫量の変化を決定付ける必要がある．すなわち，栽培環境情報－生育診断情報－品質・収穫量情報をリンクさせ，常にこれらの情報を更新していくことによって，より高度な知識ベースの充実が図れると共に，制御値をセルフチューニングできる環境制御システムが構築できる．これらを繰り返し行っていくことによって，今年より来年，来年より再来年と少しずつ収穫量・品質が改善され，また，これ

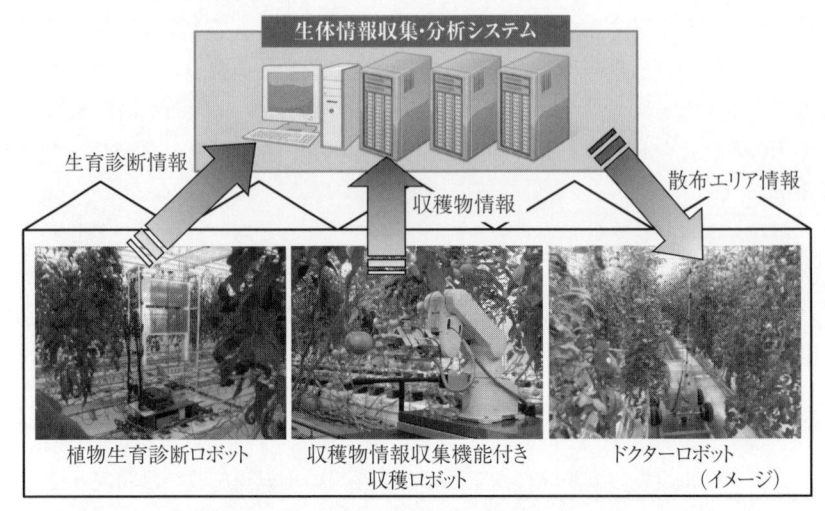

図4.9 太陽光知的植物工場の全自動システム

らの後退を防ぐ「歯止め」となる．さらには，植物生育診断ロボットからの各種情報に基づいて，植物工場内を自律走行しながら栽培ブロックごとに少量の薬剤，オゾン水，ホルモン剤などを散布し，治療を施すロボット（ドクターロボット）を開発することによって，自動化・ロボット化のメリットを拡張することが可能であろう（図4.9）．

言い換えれば，ITおよびロボットによるハイテク化された生産システムの構築により，植物へより好適な環境を提供し，収穫量の安定的増加と高品質化が見込まれる．その結果として，大規模植物工場の経営を大幅に改善し，植物工場による野菜生産を拡大することができる．

以上により，わが国の農業を，従来の小規模家族経営から大規模企業経営（第二次産業）に転換させると共に，「ノウハウ」，「勘」に代わる「知的情報」に基づいた食料生産が展開でき，このことが「成長産業（儲かる農業）」への第一歩になると考える．

参考文献

1) 日本学術会議第20期農学基礎委員会・農業情報システム学分科会（委員長：野口　伸）：提言／IT・ロボット技術による持続可能な食料生産システムのあり方「第20期日本学術会議対外報告書」(2008).
2) 橋本　康編著：グリーンハウス・オートメーション，養賢堂，(1992).
3) 村瀬治比古：植物工場の全自動化への展望―Green Finger to be Green Actuator―，日本学術会議公開シンポジウム「知能的太陽光植物工場」講演要旨集，52-59 (2009)
4) Noguchi, N. and H. Murase eds : Special issue on bio-robotics, Computers and electronics in agriculture 63(1) (2008).
5) 山崎弘郎・橋本　康・鳥居　徹編著：インテリジェント農業―自動化・知能化のすすめ―，工業調査会 (1996).
6) 橋本康・村瀬治比古・大下誠一・森本哲夫・鳥居　徹共著：農業におけるシステム制御，コロナ社 (2002).
7) 日本学術会議第19期農業環境工学研究連絡委員会（委員長：橋本　康）：気候変動条件下および人工環境条件下における食料生産の向上と安全性「日本学術会議第19期対外報告」(2005).
8) 日本学術会議第21期農学委員会・食料科学委員会合同・農業情報システム学分科会（委員長：野口　伸）：知能的太陽光植物工場の新展開「日本学術会議第21期報告」(2011).
9) 近藤　直・門田充司・野口　伸共著：農業ロボット（I）―基礎と理論―，コロナ社 (2004).
10) 近藤　直・門田充司・芝野保徳・毛利建太郎：トマトの栽培様式に基づくマニピュレータの基本機構の検討，生物環境調節，31(2), 75-80(1993).
11) 有馬誠一・近藤　直・芝野保徳・山下　淳・藤浦建史・秋吉広明：キュウリ収穫ロボットの研究（第1報）―キュウリの栽培様式およびマニピュレータの機構の検討―，農業機械学会誌，56(1), 55-64(1994).
12) 門田充司・近藤　直：農業用ロボットのマン・マシン協調システム（第1報）―マニピュレータを対象とした危険度の算出―，農業機械学会誌，61(2), 81-90(1999).
13) 有馬誠一：知能的太陽光植物工場の新展開（6）植物工場のロボット活用例，農業および園芸 85(6) (2010).
14) Arima, S., Kondo, N., Shibusawa, S., Yamashita J. : Traceability Based on Multi-Operation Robot ; Information from Spraying, Harvesting and Grading Operation Robot. Proceedings of the 2003 IEEE/ASME International Conference on Advanced Intelligent Machatronics, 1204-1209(2003).

15) 門田充司：農産物のトレーサビリティを構築するロボット技術，ロボット NO. 201, 日本ロボット工業会, 18-21 (2011).
16) 門田充司：大規模トマト生産施設における収穫ロボット，ロボット NO. 177, 日本ロボット工業会, 10-14 (2007).
17) 近藤　直・門田充司・野口　伸編著：農業ロボット（Ⅱ）—機構と事例—，コロナ社 (2006).
18) 山田大輔・有馬誠一・山下　淳・松岡　実・土居義典：高設栽培用イチゴ収穫ロボットの開発，農業機械学会関西支部報, 103, 80-83 (2008).

第5章 作物の知能的扱い

森本哲夫, 羽藤堅治, 野口 伸

1. はじめに

　植物工場では, 環境条件の積極的かつ効果的 (最適) な制御による作物の高品質化, 大量生産が強く望まれる. たとえば, 温度や二酸化炭素濃度などの栽培環境を好適なレベルに維持して, 光合成, 成長量, 栄養成分などを増大させるなどである. 通常はこのやり方 (無ストレス制御) が主体であるが, 逆に, ストレスをうまく与えることでも成長促進や高品質化が期待できる[1-4]. いずれにしても, 効果的な制御を行うには, 何らかの方法でそのときの植物の状態を把握し, それに見合うように環境を最適に制御することが重要と思われる. この概念を SPA (speaking plant approach) と称し, 現在急速に広まりつつある[5,6]. 具体的には, 作物の品質に関わる生理生態的応答 (光合成速度や成長速度などで, これが目的関数となる) をモニターしながら, これが最大 (もしくは最小) となるように環境を最適に制御する方法である.

　しかし, 植物を対象とする制御システムでは, 植物の生理システムが非常に複雑であり時間的に変動するので, 環境─植物システムの定式化 (または数式化) は困難となる. すなわち, 数式を基本とする従来の解析的, 決定論的な方法論では, 対応が困難となる.

　このような複雑システムに対しては, 知能的アプローチが注目されている[7,8]. これらは数式に頼らないで, エキスパート (熟練家, 篤農家) の優れたノウハウを言語的な処理で取り扱い, また複雑な挙動を生命機能のメカニズムを模倣して解析し, 問題解決する. 篤農家は自分の勘と経験で作物をうまく栽培できるし, また生物は進化の過程で多くの優れた機能 (脳の働き, 学習, 遺伝, 進化, 適応化, 免疫, 自己組織化など) を獲得してきた. 篤農家の技術および各種の生命機能をシステム科学的に把握して模倣すれば, 農業のような複雑システムを効果的に取り扱うことができると思われる. 知能的アプローチは, 正確さは劣るが, 必ずしも数式を必要としないので, 複雑な植物応答でも科

学的に取り扱うことが可能で，いろいろなシステムに柔軟に対応できる融通性と汎用性がある．

そこで本稿では，農業のような複雑システムを取り扱う知能的アプローチとしてエキスパートシステム，ファジイ制御，ニューラルネットワーク，遺伝的アルゴリズム，さらに関連する概念としてカオスやフラクタル次元についても取り上げ，複雑な環境—植物応答の解析，処理，モデル化，制御等への応用例を紹介する．

2. 知能的アプローチ

環境の適切な制御による植物の成育促進や高品質化を狙うには，環境と植物の関係を1つのシステムとして捉え，入力（環境要因）と出力（植物応答）の関係を定量的に捉え，科学的に解析し，その結果に基づいて環境を制御するのがよいと思われる．このためには，まず各種のセンサを用いて，環境変動に対する植物の生理生態的な応答（植物応答）を非破壊，連続的に計測することが重要である．しかし，植物の生理的挙動は非常に複雑なので，その定式化（または数式化）は困難と予想される．

(1) 複雑な植物応答

まず，トマト（強力旭光）を例とし，環境変動に対する植物応答を見てみよう．図5.1はグロースチャンバーを用い，環境条件一定（25 ± 0.1℃，$60\pm$

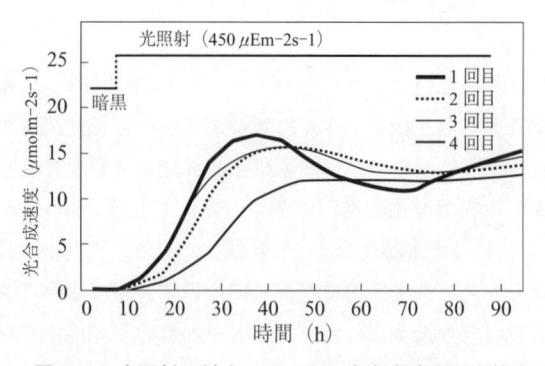

図5.1 光照射に対するトマトの光合成速度の応答

2% RH，8時間の暗黒後）で，光照射（450 μmol m^{-2} s^{-1}）に対するトマトの光合成速度の応答を4回計測したものである．すべて同じ葉，同じ環境条件での計測結果である．これらの応答は，大雑把に見れば同じように見えるが，詳細に見ると，それぞれ立ち上がり時間，変動の振幅，振動パターン等が異なっているのがわかる．これは，光—光合成速度の本質的な特性を表す内部特性（動特性）が変化しているからであり，この原因は光合成に関わる各要素（クロロフィル，電子伝達系，酵素など）が時間的に変化するからと考えられる．このように，植物応答は時間的に変動するので，たとえば植物応答をモデル化する場合は，その都度（適応的に）モデル化することが重要と思われる．

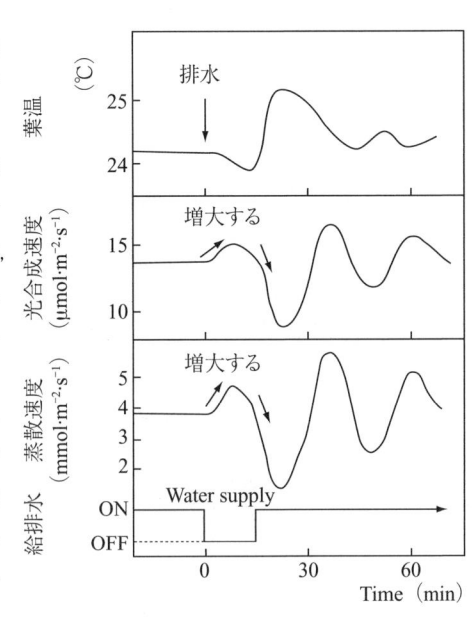

図5.2 培養液の排水・給水に対する植物応答（葉温，光合成速度，蒸散速度）の変動

図5.2は，トマト（強力旭光）の水耕（DFT：Deep Flow Technique）実験において，湛水状態から，養液を15分間排水し，その後給水した場合の葉温，光合成速度，蒸散速度の変動である．排水・給水により，いずれの応答も不規則で激しい振動しているのが分かる．詳しく見ると，排水すると，光合成速度および蒸散速度は，最初の5分間ほどはがやや増大するが，その後は低下し，これは水欠乏が生じたためと考えられるが，15分後に給水すると，さらに急激に低下し，その後は上昇，低下の激しい振動を示し，3時間ほどで落ち着いた．葉温は蒸散の変動に基づいて変動している．これは，排水による水欠乏とそれに対する植物の反応であり，葉からの蒸散と根の吸水によ

る葉への水供給のバランスで,気孔が開いたり閉じたりしている結果と思われる.それにしても複雑な挙動といえる.

このように,制御対象である植物の生理生態的な反応は非常に複雑かつ曖昧であり,時間的に変動する.これは,生体が細胞,組織,酵素,ホルモン,各種イオンなど非常に多くの要素から成り,それらは多種多様であり,時間的に変動するからと考えられる.

また,カオスの概念から,生理的な反応プロセスにおける各要素の入出力関係は強い非線形性を持つ場合が多いが,これら非線形どうしの反応が重なると,トータルとしての反応は不規則(予測不能)になる場合が多いからである[9].

さらに,生体は環境との適応性を保つため,もともと微妙に変動する「ゆらぎ」を持つことが示されており,このことも複雑性の要因となっている[10-11].すなわち,生体反応はある程度ゆらいでいる方が,もしくはゆらぎ(無秩序)と秩序の両方を兼ね備えている方が,自然により適応しやすいと考えられる.

これらのことから,作物の栽培システムは大規模,時変,非線形,ゆらぎ特性をもつ複雑システムといえる.さらに,太陽光を利用する植物工場では,光強度などの気象条件が不規則に変動するので,これを加味すると,温室の制御システムはさらに複雑さを増すことになる.

(2) システム科学的に捉える

植物応答は非常に複雑であり,時間的に変動するが,我々はこれをどのように取り扱えばよいだろうか.科学的に取り扱うためには,まず環境—植物の間の関係を定量化(または定式化)する必要があると思われる.この方法論の1つとして,システム科学的なアプローチがある[12].これは,**図5.3**に示すように,まず対象となる環境と植物の関係を1つのシステムとして捉え(系統的に捉え),入力(環境要因)と出力(植物応答)に関わる変数を特定し,その入出力関係を定式化(数式化,モデル化)し,コンピュータ等で定量

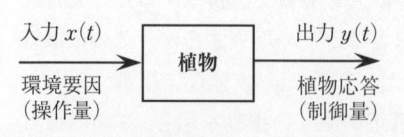

入力 $x(t)$　　　　　出力 $y(t)$
環境要因　　[植物]　　植物応答
(操作量)　　　　　　(制御量)

図5.3 環境—植物システムにおける入力(操作量)と出力(制御量)の関係

的に取り扱えるようにする．もし，入出力関係がモデル化できれば，任意（又は未知）の入力に対して，将来を予測することができ，次にもっと有効な一手を決める場合に役立つ．人間も，社会生活する上において，学習により精神的なモデルを構築し，そのモデルを使って将来（結果）を予測しながら，自分なりに適切な行動をしていると考えられる．

さて，環境―植物応答は非常に複雑であり時間的に変動するが，これをどのようにモデル化すればよいだろうか．1つの手法として，その時の入力（環境）と出力（植物応答）の計測データから入出力関係をモデル化するシステム同定が有効である．また，植物応答の時間的な変動（状態変化）に対しては，その都度計測しモデル化する適応的なシステム同定が有効である．これによりつくられるモデルは，そのときの植物の生理状態を反映していると思われる．また，簡易なシステムであれば，サンプリング毎にモデルを更新するオンライン同定法も有効と思われる．

さらに，最適制御などの有効な制御法を考えると，制御目標となる目的関数も定式化する必要がある．目的関数は最適（最大又は最小）にする変数（量）である．たとえば，入力として温度（T），光強度（LI），二酸化炭素濃度（CO_2）の3つ，出力として光合成速度を想定し，光合成速度を最大にさせる温度，光強度，二酸化炭素濃度を求めることを考えると，目的関数はF＝f(T, LI, CO_2)で表される（f：任意の関数）．この場合，関数fをどのような数式で与えるかが問題となる．これによりシステム科学的な取り扱いが可能となる．

(3) 知能的アプローチの導入

さて，強い非線形性，時変，ゆらぎなどをもつ複雑な環境―植物システムの取扱い（解析，処理，モデル化，制御等）を考えると，それらの数式化は困難なので，従来の数式を基本とする解析的・決定論的な方法論では，数学的に保証されるが，対応困難といえる[12]．

これに対して，栽培の達人（篤農家）は，作物をうまく取り扱っておいしい野菜をつくることができる．これは，篤農家が作物を毎日よく観察し，植物が今どのような状態にあるのかを推測し，自分の経験的な知識と勘を働か

せて（推論を行って），次の有効な一手を模索しているからと考えられる．この場合，意識は無いかも知れないが，やはり入力（何らかの操作）と出力（植物応答）の関係をシステム科学的に捉えていると思われる．また，常に作物の状態を診断しており，もし異常が少しでも感じられれば早めに対処している．これらは，まるで植物と対話するようなかたちで行われ，これによりうまく栽培できる．

エキスパートシステムやファジイ制御法は篤農家のノウハウを言語的な記述（ルール）に基づく知識処理と推論で模倣できる[13]．また，生命機能を模倣した知能的方法論も注目されている．生物は進化の過程で，過酷な自然環境に適応し対処し得る多くの優れた機能（脳の働き，学習，遺伝，進化，適応化，自律分散，免疫，自己組織化など）を獲得してきた．これらの機能をシステム科学的に模倣することは，複雑な問題を解く上で有効であり，特に農業のような複雑システムを扱う場合に重要と思われる[8,12]．たとえば，脳の神経回路網の働きを模倣して，複雑（とくに非線形）な入力（原因）—出力（結果）関係を学習してモデル化するニューラルネットワーク[14]，遺伝に基づく生物進化のメカニズムを模倣して複雑な最適化問題の最適値を素早く探索できる遺伝的アルゴリズムなどが代表的である[15,16]．

このように，知能的な方法論は，正確さは劣るが，数式を必要とせず，非決定論的であり，柔軟な手法なので，農業生産システムのような複雑システムの取り扱いに有効と思われる．ここでは，代表的な知能的アプローチとしてファジイ制御，エキスパートシステム，ニューラルネットワーク，遺伝的アルゴリズム，カオス，フラクタル次元等を紹介する．

3. ファジイ制御

ファジイとは，羽毛のようにふわふわした状態を表し，境界がはっきりしない「あいまいさ」を意味する[17]．ファジイ制御は，数式を使わずに，エキスパート（熟練家）のノウハウ（あいまいな情報）をメンバーシップ関数で定量化し，さらに言語的記述（もし〜ならば，…せよ）で制御する．

一例として，ファジイ制御を培養液のpH制御に応用してみよう[18]．培養

液のpHの適正値は通常5.5～6.5の弱酸性であるが，植物がそのときの状態によって特定の栄養イオンを選択的に多く吸収すると，pHは変化する．実際，pHが高くなることが多い．そこで，ここでは培養液のpHが高い場合，酸（硫酸）の添加によってpH値を基準値に下げる制御を行った．酸（又はアルカリ）の添加量に対する培養液のpHの変化は強い非線形性を示す．たとえば硫酸添加の場合，pHが5.5～6.5，3以下では比較的ゆっくり低下するが，6.5～8.5，2.5～5.5では比較的急激に低下する．このため制御しにくい．

さて，ファジイ制御では，以下のように，言語的な記述（ファジイ制御ルール）で制御する．その方法は，人間（熟練家）が手動でpH調節するのと同じように，現在のpH値（目標値との偏差）と酸を添加したときのpHの低下度合い（速度）の2つを見ながら，次の酸の添加量を決定し，これを繰り返し，pH調整する．

〔ファジイ制御ルール〕
　もしpHの値が「高く」，その変化速度が「正で大きい」ならば，酸の添加量を「多くせよ」
　もしpHの値が「やや高く」，その変化速度が「負で大きい」ならば，酸の添加量を「ゼロにせよ」
　　　………

制御ルールにおける「高く」，「正で大きい」，「多くせよ」，「やや多く」などの言葉はあいまいな情報であるが，実際によく使う言葉であり，これらをどのように定量化するか．ファジイ制御ではメンバーシップ関数で数値化する．図5.4は，pHが「高い」，「やや高い」というあいまいな情報を定量化したものである．

この場合は，直線と三角形をベースとするメンバーシップ関数とした．これが一番簡易である．pHが「高い」というメンバーシップ関数の値は，pH＝7がゼロで，それより高くなると直線的に増大し（0.0→0.1→…0.9），すなわち「高い」という集合に属する度合いが大きくなり，pH＝8.0で最大

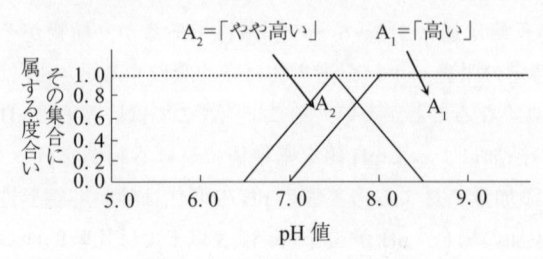

図5.4 pHが「高い」,「やや高い」のあいまいな情報を数値化するメンバーシップ関数

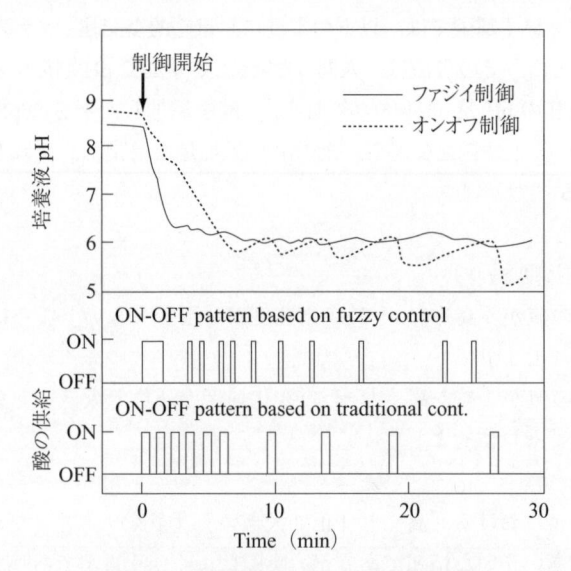

図5.5 培養液pHのファジイ制御結果

1.0（pHが完全に高いことを意味する）となる．これは筆者が自分の経験に基づいて作成したものである．これによると，現在，pH＝7.2ならば，図より，「やや高い」という集合に属する度合いは$\mu_{A2}=0.90$,「高い」という集合に属する度合いは$\mu_{A1}=0.2$のようにあいまいな情報が定量化されたことになる．変化速度における「正で大きい」等，酸の添加量における「多くせよ」等も同様につくられる．

図5.5は，ファジィ制御による培養液pHの制御結果である．実線がファジィ制御，点線が従来の制御でありこれにはいろいろな方法があるが，本実験では一定量の酸を一定時間間隔ごとに入れて目標値に近づけるオンオフ制御とした．ファジィ制御の場合は人間がpH調整をするのと同じように制御された．すなわち最初はpH値（目標値との偏差）が大きいので多めの酸量を入れ，それによりどの程度低下するか，そしてどのように低下するか，pH値と変化速度の2つから見極めて，次の添加量を決める．これにより，pH値が下がり目標値との偏差が少なくなると，その偏差と変化速度に対応して次の添加量，この場合は微量の酸量を入れ，順次目標値に近づける．これを従来の制御と比べると，目標値に達する時間が短く，また目標値到達後は安定している．このように，ファジィ制御を適用することで人間と同様な操作がコンピュータ制御で可能となった．

ファジィ制御は現在特殊な分野では地道に使われているが，それ以外ではあまり使われてないと思われる．この原因は，メンバーシップ関数の作り方があいまい（悪く言えば，いい加減）なので制御の信頼性やロバスト性にやや問題が残ること，メンバーシップ関数を実際に役立つようにするためにはかなり多くのチューニング（調整）を必要とするので結構めんどうであることなどが考えられる．しかし，熟練家の技をコンピュータ制御で実現しようとする場合は最良と考えられる．

4. エキスパートシステム

エキスパートシステムとは，特定分野に特化した問題解決のために，専門家の代わりをする，もしくは支援するコンピュータシステムである．推論により，その分野の専門家に近い解（答え，結論）を導き出す．図5.6は，エキスパートシステムの基本構造である．知識ベースは専門家の経験的知識を知識ベースに蓄積したもので，膨大な数のプロダクションルールから成り，それは「もし，～ならば…する（である）」の言語的表現で表わしたものである．プロダクションルールの集まりをプロダクション集合という．推論エンジンは，知識ベースを利用して，ユーザーからの入力条件とマッチングする

```
┌─────────────────────────────────┐
│        エキスパートシステム      │
│  ┌──────────┐   ┌──────────┐    │
│  │推論エンジン│   │知識ベース │    │
│  │推論方法  │◄─►│プロダクションルール│
│  │後向/前向推論│  │メタルール／フレーム／│
│  │          │   │スキーマ  │    │
│  └────▲─────┘   └─────▲────┘    │
│       │              │          │
│       │         ┌────▼─────┐    │
│       │         │知識獲得システム│    │
│       │         └────▲─────┘    │
│  ┌────▼─────┐   ┌────▼─────┐    │
│  │ユーザ    │   │インターフェイス│   │
│  │インターフェイス│ │          │   │
│  └────┬─────┘   └────┬─────┘    │
└───────┼──────────────┼──────────┘
        ▼              ▼
      ユーザー        篤農家
```

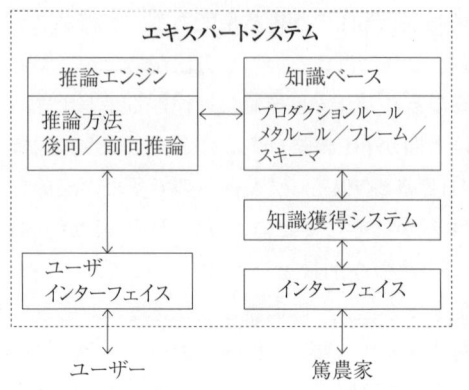

図5.6 エキスパートシステムの基本的な構造

プロダクションルールがプロダクション集合から選ばれ，与えられた問題を解決するための推論を行う．推論とは，質問に対して，三段論法の手法を用いて，いくつかの知識を組み合わせ，解を導き出す作業である．これには，前向き推論と後ろ向き推論がある．

一例として，トマト（桃太郎）の養液栽培における養液濃度の制御結果を示す[19]．図5.7は，エキスパートシステムの推論による適切な養液濃度の決定のための，各種データと評価，予測，最適な養液濃度を決定するまでの流れである．これを「推論の木」と呼ぶ．推論は後向き推論で，3段階から成る．第一段階では，現在の成育データ（草丈，茎径，葉数，葉形，葉色，花数，根の色など），培養液データ（EC，pH，液温など），栽培データ（定植後の日数，成育段階など），さらに環境データ（積算温度，積算日射量など）から現在の作物の成育（栄養および生殖成長）状態を5グレード（1：悪い，2：少し悪い，3：普通，4：やや良い，5：良い）に評価する．ここでのプロダクションルール数は60個で，30個の質問―回答が成される．培養液濃度については3グレード（1：悪い，2：やや悪い，3：良い）に評価する．次に2段階目であるが，得られた現在の成育状況と培養液の評価値，さらに栽培データと環境データから，将来（指定の日）の植物の成育（栄養および生殖成長）状況を5グレード（1：開花期，2：受粉期，3：着果期，4：果実肥大期，5：果実成熟期）に評価する．ここでのルール数は27個である．一方，培養液は3グレードに予測する．最終段階では，得られた将来の栄養成長の5グレードの予測値，生殖成長の3グレードの予測値，培養液の2グレードの予測値，環境の5グレードの予測値から，適切な培養液濃度の増加量（又は減少量）を決定し，それを現在の値に加算し目標値を決定する．この場合のルール数は

第5章 作物の知能的扱い （141）

```
                        養液濃度の目標値
    ┌─────────────────┐
    │ 着花習性の乱れを │
    │ 回避するための設定│
    │ 値の決定         │
    │                  │
    │ 着花習性の乱れ拡大│    将来の成育状況の    将来の培養液の状態
    │ の可能性の評価   │         予測              の予測
    │                  │
    │                  │                                        将来の環境条件の
    │                  │                                             予測
    │ 着花習性の乱れの │    現在の成育状況の    現在の培養液の状態   現在の環境条件の
    │      評価        │         評価              の評価              評価
    └─────────────────┘
```

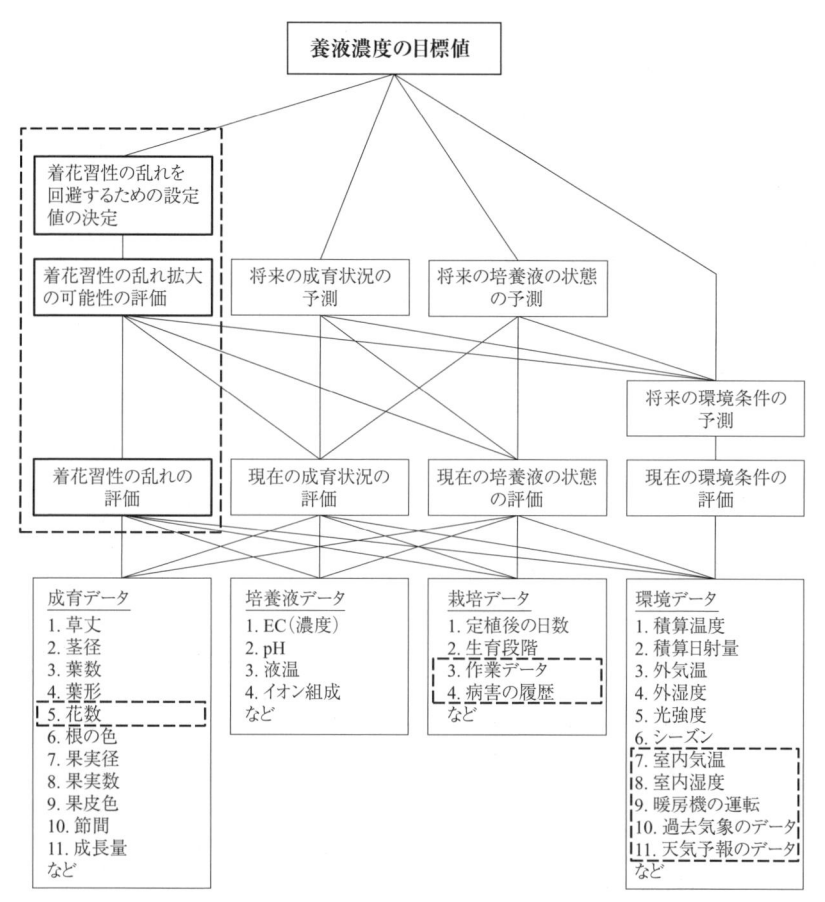

成育データ	培養液データ	栽培データ	環境データ
1. 草丈	1. EC（濃度）	1. 定植後の日数	1. 積算温度
2. 茎径	2. pH	2. 生育段階	2. 積算日射量
3. 葉数	3. 液温	3. 作業データ	3. 外気温
4. 葉形	4. イオン組成	4. 病害の履歴	4. 外湿度
5. 花数	など	など	5. 光強度
6. 根の色			6. シーズン
7. 果実径			7. 室内気温
8. 果実数			8. 室内湿度
9. 果皮色			9. 暖房機の運転
10. 節間			10. 過去気象のデータ
11. 成長量			11. 天気予報のデータ
など			など

図 5.7　エキスパートシステムの推論による適切な養液濃度の決定の流れ

120個である．これがベースとなる．

さらに，トマト栽培では果実が重要なので，花芽が規則正しく着かない着花習性の乱れについても考慮した（図5.7）．これに関連する部分を点線で囲む．というのは，第4から6花房にかけては着花習性の乱れが発生しやすく，これにより花数が減少し収穫量が減少するからである．この原因はよく分かっていないので，我々は植物工場の自動計測されたデータからその原因

を検討すると，着花不良の発生率は昼夜の温度差とある程度の相関がみられた．それによると，着花不良の発生率は昼夜の温度差が4℃以下の場合4.5%，3℃以下の場合12.1%，2℃以下の場合17.4%であった．着花習性の乱れの評価は，まず，現時点での発生の可能性を4グレード（1：影響なし，2：影響小，3：影響中，4：影響大）に評価し（1段階目），次に着花習性の乱れの拡大の可能性を3グレード（1：変化なし，2：縮小，3：拡大）に評価し（2段階目），最終的に着花習性の乱れを回避するための設定値の変更を3グレード（ECを上げる，ECを変更しない，ECを下げる）に評価する（3段階目）．新たに作成したプロダクションルールは，11個である．

図5.8は，エキスパートシステムが導き出した養液濃度の推定結果の例である．実線と破線がエキスパートシステムによる方法で，前者は第3花房開花期にトマトの着花習性の乱れを考慮しなかった場合，後者は着花習性の乱れを考慮した場合であり，点線が篤農家による方法である．篤農家は成長に応じて養液濃度を上げていき，32日目ほどの第3花房が開花した時点から最大値に保つ．これが一般的である．これに対して着花習性の乱れを考慮したエキスパートシステムは，第3花房が開花した時点で，これと第1，第2花房の果実成長が重なり負荷が最大となるので，成長促進を維持するため，さらにもう少し濃度を上げてその濃度を10日間ほど維持し，その後養液濃度を篤農家と同じ値まで下げた．一方，着花習性の乱れを考慮したエキスパートシステム（破線）は，着花の乱れが生じないように，養液濃度を2日間ほどで下げた．その結果，着花習性の乱れを考

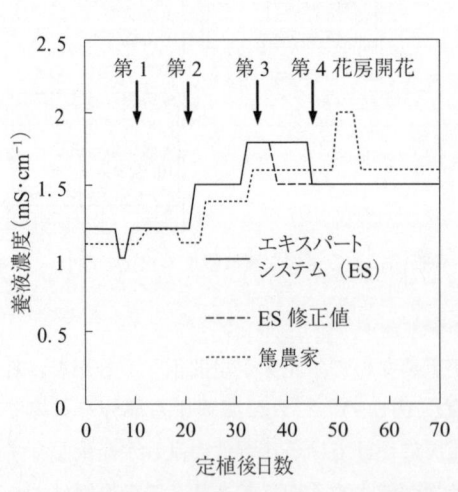

図5.8 エキスパートシステムによる養液濃度の推定設定値の例

慮したエキスパートシステムによる方法は，篤農家の結果と近くなった．なお，トマトの収穫量および品質については，データは示していないが，エキスパートシステムによる第 1, 2 果房のトマトは篤農家のものと比べ遜色はなかった．このことは，エキスパートシステムによる目標値の決定法が有効であったことを示している．

　ここでは比較的少ないプロダクションルールと簡易な推論で養液濃度の目標値を決定し，ある程度の成果を得た．今後，エキスパートシステムが実際に役立つためには，もっとデータを収集して，それは膨大な数になるかも知れないが，プロダクションルールをかなり充実させる必要がある．しかし，このとき問題となるのが，専門家からの知識の収集であり，実際に役立つ，もしくは栽培管理に関わるすべての事象を集めルール化する（if-then 形式で表す）ことは非常に困難と言える．このため，今までの事例をデータベース化し，事例ベース推論等で，その事例と似通った事例を探し出して対応策を導く手法も重要である[20]．また，データの入力インターフェイスについてもさらなる発展が必要であり，計測データなどは自動で利用できることは当然であり，植物の成育をより正確に入力するためにも，画像診断を含めた各種画像処理技術の開発が必要である．

　エキスパートシステムは，最近，あまり注目されてないと言われる[20]．しかし，農業分野では，篤農家のノウハウが優先し，また生産性の高いオランダのコンピュータ栽培でも篤農家の知識が有効活用されていると考えられるので[21]，今後，データマイニングなどを活用して，もっと発展させる必要があると思われる．

5. ニューラルネットワーク

　ニューラルネットワーク（神経回路網）とは，脳の働きを人工的に模倣した情報処理システムであり，多数の神経細胞（ニューロン）から成り，人間と同じように，学習することによって（数式ではない方法によって），複雑な入力と出力の関係をモデル化する[22]．階層型ニューラルネットワークは，ふつう入力層，隠れ層（または中間層），出力層の3層から成り，信号は入力層→

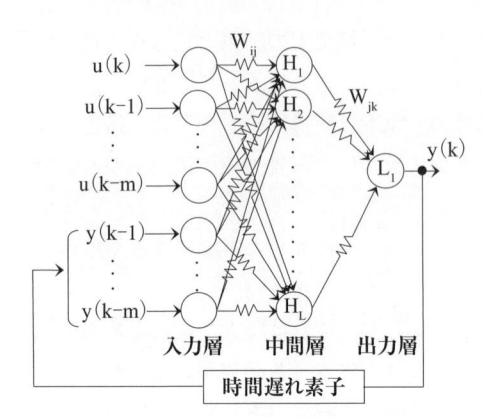

図5.9 排水・給水—光合成速度の動的モデルをつくるための3層のニューラルネットワーク.
動的モデルをつくるため，入力の時系列 $\{u(k); k=1, \cdots, N\}$ と出力の時系列 $\{y(k); k=1, \cdots, N\}$ が用いられる.

中間層→出力層へと流れる．入力—中間層のニューロン間および中間—出力層のニューロン間にはそれぞれ荷重係数（重み）が対応付けられ，ニューロン間の信号の強さが調節される．複雑システムや人間の感性のような数式で対応できない処理に威力を発揮する．

ニューラルネットワーク（階層型）の学習法はエラーバックプロパゲーションである[22,23]．それは，特定の入力パターンを与えたとき，特定の入力に対するネットワークの出力が希望する出力（教師信号）になるように，すなわちネットワーク出力と教師信号との誤差がなくなるように，すべての荷重係数としきい値を修正する．

一例として，トマトの水耕栽培（DFT：Deep Flow Technique）において，図5.2でも示されるように，排水・給水に対する光合成速度のモデル化（動的モデルの構築）に応用した例を紹介する[24]．培養液の排水は，根への酸素供給のため重要である．動的モデルとするため時系列を用い，入力は排水・給水の時系列 $\{u(k); k=1, \cdots, N\}$，出力は光合成速度の時系列 $\{y(k); k=1, \cdots, N\}$ である．図5.9は，この動的モデルをつくるための3層のニューラルネットワークでる．図中の W_{ij}，W_{jk} は各層ニューロン間の荷重係数であり，また H_j，L_l は各ニューロンのしきい値である．動的モデルをつくるため，入力層には給排水操作の現在及び過去の時系列 $\{u(k), u(k-1), \cdots, u(k-m)\}$ と出力の過去の時系列 $\{y(k-1), \cdots, y(k-m)\}$ （$k=0, 1, \cdots, N-m$，N：データ数，m：モデルの次数）が入力され，また出力には現在の出力値 $y(k)$ が与えられる[25]．

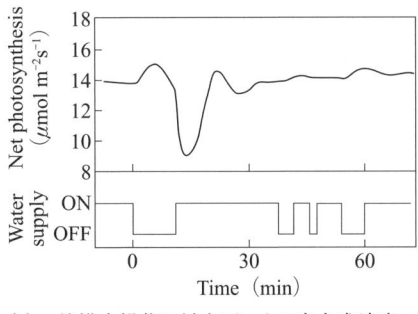

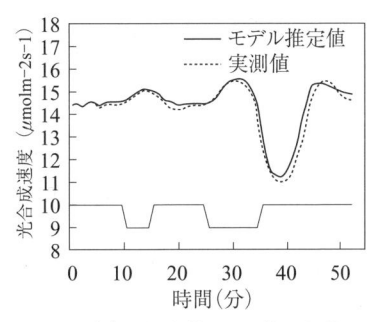

(a)　給排水操作に対するトマトの光合成速度の応答（実測値，学習用データ）

(b)　推定値と予測値の比較

図 5.10　培養液の排水・給水に対する水耕（DFT）トマトの光合成速度の応答とニューラルネットワークモデルの予測精度

　図 5.10 (a) は，ニューラルネットワークの学習用のデータの 1 つであり，給排水操作に対するトマトの光合成速度の応答（実測値）であり，(b) はニューラルネットワークモデルによる推定値と実測値との比較である．学習用データとして，できるだけ多くの入出力データが必要であるが，データに外乱や雑音を多く含むと，逆にモデル誤差が増大するので，適度なデータ数が必要となる．ここでは 3 つの入出力データを学習してモデルを構築した．排水操作に対する光合成速度の応答（実測値）を詳しく見る．排水時間は 1 回目がやや長いが 2, 3, 4 回目は短い．1 回目の応答より，排水して根を空気中に完全にさらすと光合成速度は最初の約 5 分間やや増大する現象が現れる．やがて低下しだすが，これは葉に水欠乏（水ストレス）が生じて気孔を閉ざすからで，その後（排水後約 12 分）給水すると光合成速度は急激に低下して大きく振動する．一方，排水時間が短い 2, 3, 4 回目の排水においては，光合成速度の増大は少なく，また振動現象もほとんどみられない．光合成速度が最初増大する原因は，排水により根が空気中に露出してやや乾くと何らかの理由で葉の気孔がさらに開き，CO_2 の流入（光合成活動）が増大するためであり，また低下する原因は気孔が閉じて CO_2 の流入が抑制されるからと考えられる[24]．

ここで注目すべき点は，排水によって光合成速度が最初増大すること，またその増大する度合いが排水時間によって大きく異なり，排水時間が短過ぎるとほとんど増大しないが，逆に長過ぎると強い水ストレスが生じて著しく低下する．このことは光合成を増大させる最適な排水・給水時間が存在していることを示している．最適な排水・給水時間については，後の遺伝アルゴリズムの項で紹介する．

次に (b) より，モデルの精度を見る．推定値（実線）と実測値（点線）を比べると，両者かなり一致しているのが分かる．このときの次数と中間層ニューロン数は5と2である．このことは，通常このような複雑システムに対しては，数式によるモデル化は困難であるが，ニューラルネットワークを用いることによって，入出力データさえあれば，それらを学習することによって，複雑なシステムをモデル化できることを示している．

モデル化できれば，任意（又は未知）の入力に対して，将来を予測することができ，これによりもっと有効な次の一手を推測できる．この場合，環境一植物応答は時間的に変動することから，そのモデル化は植物の状態変化に合わせてその都度モデル化する必要があり，必要に応じてサンプリングとモデル化（システム同定）を何回も行うことが重要と思われる．人間の生活においても，学習，モデル化（脳の精神的モデル），そして予測は必要な処理であり，これらができないとうまく生活できないと考えられる．

ニューラルネットワークは，現在，地道かも知れないが，いろいろな分野で広く使われていると思われる．ただ，モデル構築用（学習用）及び精度確認用のデータを収集するのに手間がかかるので問題である．これ以外はあまり問題なく，適切な学習用のデータ数，次数，学習回数，中間層ニューロン数，学習係数などを選べばモデルの精度を高めることができ，個人的には非常に有効なモデル化手法と考えている．

6. 遺伝的アルゴリズム

遺伝的アルゴリズムとは，遺伝に伴う生物進化のメカニズムを模倣して，試行錯誤的に最適値を得る方法である．その特徴は，膨大な数の解候補の中

から，非常に効率よく最適値を求める点である[15,16]．これは，交叉や突然変異などの遺伝操作とそれらに伴う生物進化のメカニズムが優れていることを示している．求める決定変数（最適値を含む解候補）を個体，個体の良し悪しを評価する適応度（目的関数の値），個体の集まりを集団，繰返し回数を世代交代数と

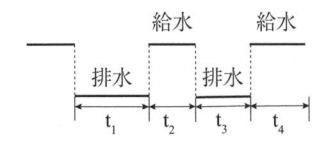

図5.11
排水→給水→排水→給水の4段階の制御プロセス

呼ぶ．進化プロセスは，まず複数の個体から成る初期集団をつくり，つぎにその集団の中から交叉確率と突然変異確率に基づいて個体をランダムに抽出し，交叉や突然変異を行って新しい個体をつくり，それらを集団の中に戻す．これにより，試行錯誤的であるが，今までよりは適応度の高い個体がつくられる．これが個体の進化に対応する．つぎに，適応度の高い個体群を次の世代に残す．ここまでが1世代である．これを繰り返して適応度の高い（優秀な）個体をつくり続け，最終的に最も適応度の高い個体を得る．これが最適値である．なお，個体は交叉や突然変異等をしやすくするため通常は2進数で表す．

一例として，トマトの水耕（DFT）栽培における養液の給排水の最適制御に適用した例を紹介する[24]．まず，この場合の最適化問題を考える．ここでの給排水操作は，図5.11に示すように，排水→給水→排水→給水の4段階の制御プロセスとした．したがって，最適制御問題は，給排水操作に対する光合成速度の応答が最大となるような4段階の給排水時間の組み合せ（t_1, t_2, t_3, t_4）を求めることである（t_1：1段階目の排水時間，t_2：2段階目の給水時間，t_3：3段階目の排水時間，t_4：4段階目の給水時間）．

個体，適応度（目的関数の値），最適化問題は次のように与えられる．なお，最適化問題における制約条件については，排水時間は2～15分間，吸水時間は4～15分間とした．

個体 = (t_1, t_2, t_3, t_4) = 1010101, 1110001, 1010010, 1111110

目的関数：F(t_1, t_2, t_3, t_4) = 光合成速度の値
（ニューラルネットワークモデルの出力）

最適化問題：
目的関数 $F(t_1, t_2, t_3, t_4)$ を最大にする
排水・給水時間の制約条件　$2 \leq t_1$,　$t_3 \leq 15$ min
$4 \leq t_2$, $t_4 \leq 15$ min

さて，これをどのように解くか．ここでは，5. で得られた排水・給水操作に対するトマトの光合成速度のニューラルネットワーク動的モデルを用いて，そのシミュレーションから，目的関数の値を最大にする給排水操作の組合せを試行錯誤的に求める[24]．組合せ数を見ると，1分きざみで分割した場合，排水時間の範囲が2～15分なので解候補は14通り／段階，給水時間の範囲が4～15分なので解候補は12通り／段階となり，4段階あるので，全体の組合せ数 = $14 \times 12 \times 14 \times 12 = 28224$ 通りとなる．なお，この場合は例題なので組合せ数は少ないが，通常は非常に多い組合せ数となる．最適値は必ずこの組合せの中に存在するので，遺伝的アルゴリズムを用いて，この中から目的関数を最大にする4段階の養液濃度の組み合わせを求めることとなる．遺伝操作（交叉，突然変異，選択など）を利用することによって多数の組合せの中から非常に効率的に最適値を求めることができる．

図5.12は遺伝的アルゴリズムによって求められた最適な給排水操作とそれに対する光合成速度の最適制御結果である．最適な給排水操作＝{4分間

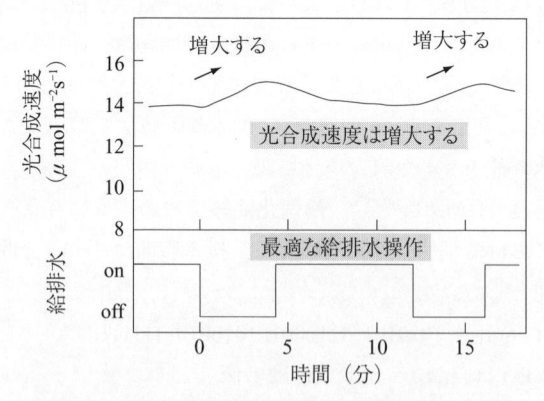

図5.12　最適な給排水操作による光合成速度の増加

排水—8分間給水—4分間排水—2分間給水」であった．シミュレーションからこの組み合わせが光合成速度の値を最大にさせた．排水時間が長くなると最初の反応として光合成速度が増大する傾向にあるが，その後は水ストレスが生じてかえって低下する．一方，短過ぎると水ストレスが生じないが，光合成速度がほとんど増大しない．ここで求められた最適な給排水時間は，水ストレスを生じさせない程度に排水し，気孔開度，さらに光合成速度をやや増大させた結果と考えられる．

　遺伝的アルゴリズムは，非常に強力な最適値の探索法なので，現在でも，あまり目立たないが，いろいろな分野で広く使われていると思われる．我々がここで用いた手法は，モデルのシミュレーションから，最適な操作列の組み合わせ（最適値）を得る方法である．この方法では，当然ながら精度の高いモデルが要求される．本稿では，ニューラルネットワークを用いて，モデル化の精度を高めた．しかし，大規模な組み合わせになると最適性が劣化するなどの問題が発生し，最適化が困難になる．

7. カオスとフラクタル

　生物の反応は複雑，あいまい，ゆらぎ等をもつが，カオスの概念やこれらの挙動を図式化したアトラクター，また次元という概念で捉えたフラクタル次元を導入することによって，これらのデータの複雑性を数値化でき，定量的に処理できる[9]．

　カオスとは，決定論的な数式であるにも関わらず，そこからつくりだされるランダムな挙動（無秩序性，不規則性）をいう．その挙動は，一見ランダムに見えるが，実は数式（たとえば単純な数式）で表現できる．カオス的挙動をする原因は，システムに内在する非線形性とみられ，簡単なシステムでも，非線形性要素を複数含み，これらの挙動が重なり合うと不規則な挙動を示す場合がある．生理的応答の多くはカオスであることが示されつつある[9,26]．

　アトラクターは，1次元データ（複雑な時系列など）を2又は3次元のグラフ上に図式化したものである．1次元データが複雑で分かりにくい場合，それを2又は3次元に図式化して（見方を変えて），その特徴を見出そうとする

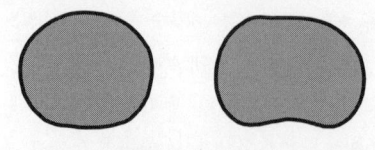

(a) Good shaped tomato　(b) Bad shaped tomato

図 5.13　形の良いトマトと悪いトマトの 2 値画像

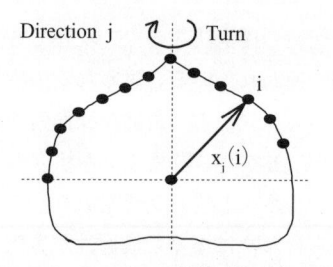

図 5.14　トマトの形状（輪郭）を 1 次元データ $x_j(i)$ にするための処理．$x_j(i)$ は角度 j において，トマトの重心と輪郭 i までの距離．

ものである．その方法は，たとえば 1 次元データ $\{x(1), x(2), \cdots, x(N)\}$ から 2 次元のアトラクターをつくる場合，時間のズレ τ を設定し，$x(k)$ と $x(k+\tau)$ を軸とする 2 次元の平面（相空間）上に点（$x(k), x(k+t)$）（k = 1, 2, …, N）をプロットし，それらを繋ぎ合せて得られる図形である．Takens の埋め込み定理より，時系列データを相空間に再構築しても，元の特性は保存されることが示されている．

一例として，果実の形状評価に応用した例を紹介する[27]．図 5.13 は CCD カメラで捉えた形の良いトマトと悪いトマトのデジタル画像である．

図 5.14 は，図 5.13 のトマトの 2 次元の形状を 1 次元データとするための処理を示す．まず果実をターンテーブルに乗せ，任意の水平角度 j = 1 において，横からの画像で果実の重心を求め，そこを中心として，そこから任意の角度 i で 360 度回転させ，中心から果実の表面までの距離 $x_1(i)$；i = 1 …, N を求める．つぎにターンテーブルを水平に任意角度回し（j = 2），再び横からの画像を得て，同じように，中心から輪郭までの距離 $x_2(i)$ を求める．これを繰り返して，$x_1(i), x_2(i), \cdots, x_n(i)$（i = 1 …, N）を得て，これらを繋ぎ合せて 1 次元データとした．

フラクタル次元 D は樋口の方法[28]を用いて計算した．すなわち，$L(\tau)$ を起伏のある 1 次元データの全長，τ を $L(\tau)$ を計るための基準の長さとすると，フラクタル次元 D は，

$$D = -\log L(\tau) / \log \tau \tag{2}$$

ここで，

$$L(\tau)=1/\tau \sum_{m=1}^{k} L_m(\tau) \tag{3}$$

$$L_m(\tau)=\sum_{i=1}^{M_n}\{|x(m+i\tau)-x(m+(i-1)\tau)|\cdot Norm/\tau\}$$

$$Norm=(TN-1)/[TN-m/\tau]\cdot \tau$$

$$Mn=[(TN-m/\tau)]$$

[ ] : Gauss' notation

図5.15は,図5.14の方法で得られたトマトの形状(輪郭)を表す1次元データである.(a)が形の良いトマト,(b)が形の悪いトマトである.重心から輪郭までの距離 $x_j(i)$ は10度ずつ変えて得たので,1つの輪郭で360/10＝36個のデータが得られ,さらにターンテーブルを30度ずつ回転させて6つの輪郭データを得たので,全データ数＝36×6＝216である.形の良いトマトの1次元データは振幅が比較的小さく,同様な変動パターンが多く見られる.しかし,形の悪いものは,振幅が大きく,不規則性が大きいように見える.

図5.16は,形の良いトマトと悪いトマトの1次元データ(図5.15)のアトラクターを $x(k)$ と $x(k+4)$ を軸とする2次元の平面に表したものである.形の良いトマトのアトラクターのかたちは,悪いものと比べ,細長である.多数の楕円のような形を示す軌道から成るが,中心部分は開いているので,楕円は幅を持っているように見える.この幅は変動のゆらぎを表すものである.一方,形の悪いものは,軌道が不規則であり,1つのかたちにまと

(a) 形の良いトマト　　　(b) 形の悪いトマト

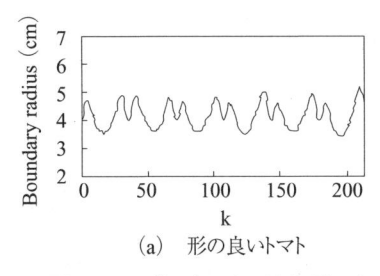

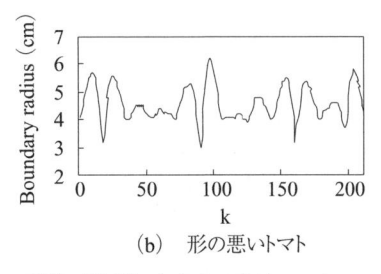

図5.15　形の良いトマトと悪いトマトの形状(輪郭)を表す1次元データ

(a) 形の良いトマト　　(b) 形の悪いトマト

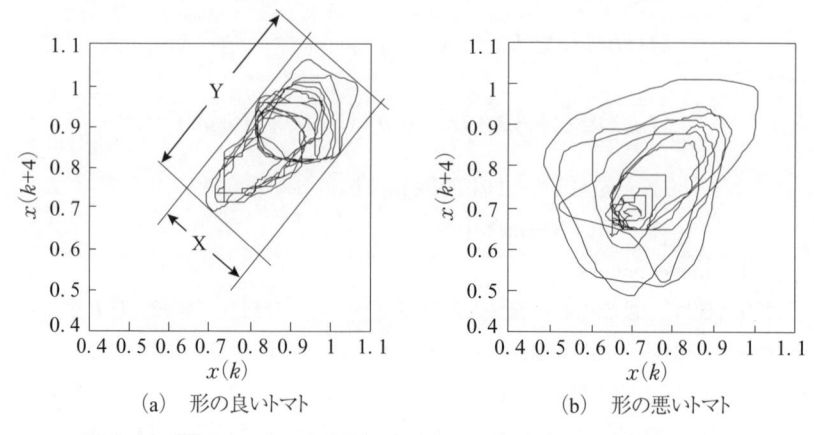

図5.16　形の良いトマトと悪いトマトの1次元データのアトラクター

表5.1　形の良いトマトと悪いトマトのアトラクターの形状比 X/Y の比較

Fruit	Shape	X/Y	ruit	Shape	X/Y
1	good	0.500	5	bad	0.766
2	good	0.524	6	bad	0.712
3	good	0.513	7	bad	0.722
4	good	0.568	8	bad	0.753

表5.2　形の良いトマトと悪いトマトのフラクタル次元の比較

Fruit	Shape	Fractal dimension	Fruit	Shape	Fractal dimension
1	Good	1.464	5	Bad	1.755
2	Good	1.378	6	Bad	1.667
3	Good	1.407	7	Bad	1.716
4	Good	1.425	8	Bad	1.514

まっておらず，全体的に広がっている．ランダムデータほど全体的に広がる傾向が強い．

　次に，アトラクターの形を定量化するため，図のように，縦長を Y，横幅

をXとして，その比X/Yを定義した．**表5.1**は，その結果である．形の良いトマトは，悪いものと比べ，X/Yは小さい値を示している．

次にフラクタル次元を表す．**表5.2**は，形の良いトマトと悪いトマトの1次元データのフラクタル次元を表したものである．一般に，フラクタル次元の値は1.0（直線）～2.0（平面）の範囲内であり，不規則なほどこの値が大きくなり，1.5以上では不規則と評価される[29]．形の良いトマトのフラクタル次元は，1.414 ± 0.068 であり，形の悪いものは 1.663 ± 0.106 であることから，形の悪いトマトは不規則と評価される．

8. おわりに

本稿では，篤農家のノウハウや生命機能を模倣した知能的アプローチを取り上げ，複雑な環境—植物応答のモデル化や制御へ適用した例を紹介した．ファジィ制御は，強い非線形性を示す酸の添加による培養液pHの制御に応用した．ファジィ制御により熟練家の微妙な操作と同じような制御がコンピュータで実現できるようになった．ニューラルネットワークは，給排水操作に対するトマトの光合成速度のモデル化に応用した．このシステムは数式によるモデル化は困難であるが，学習による方法は複雑な給排水—光合成速度のモデル化を可能にした．なお，モデル化は，植物の状態変化に合わせてその都度モデル化することが重要と思われる．遺伝的アルゴリズムは，光合成速度が増大する（最大となる）給排水操作を求めるのに適用した．数式化及び最適化は困難であるが，目的関数が複雑で数式化できなくても，定式化さえできれば，最適値を求めることができた．これらのアプローチは，重要な成育時期において，短期的ではあるが最適制御などの厳密な制御を行うのに有効と考えられる．本手法で得られた最適な環境条件は，従来のように環境を常に好適な条件に保つのではなく，ある程度の（最適な）環境ストレスが与えられるように，環境をダイナミックに変化させるものであった．作物の成長促進や高品質化のためには，環境を好適な条件に保つことと，必要に応じて環境ストレスを最適に与えることも重要と考えられる．一方，エキスパートシステムは，全成育期間にわたる長期的な成育制御や栽培管理に向き，

ここではトマトの水耕栽培において，全成育期間にわたる培養液濃度の決定と制御に適用した．成長の節目となる重要な時期，すなわち成育のターニングポイントにおいて，環境や成育データに基づいて推論を行うことにより，篤農家と同様な培養液濃度の管理を行うことができた．この結果は，篤農家の代わりにコンピュータ制御で，複雑な栽培プロセスの有効な管理ができることを示唆している．エキスパートシステムは，最近，あまり話題に上がらないが[20]，農業のような複雑システムの管理においては，篤農家（栽培の達人）の技術が大きく優先しており，またオランダのコンピュータ制御による温室栽培で篤農家の知識が有効利用され生産性を上げていると考えられるので[21]，今後データマイニングなどの手法を活用して，もっと発展させる必要があると思われる．この場合，知識ベースの内容をかなり充実させること，さらにニューラルネットワークモデルによる予測や遺伝的アルゴリズムによる最適値の探索等をうまく活用して，未経験・未知な事例に対する対処法も導き出せれば，もっと有効と考えられる．

謝辞

本稿を執筆するにあたり，ご指導いただいた大阪府立大学大学院教授の村瀬治比古先生，愛媛大学名誉教授の橋本　康先生，宮崎大学農学部教授の位田晴久先生，また太陽光利用型植物工場研究グループの先生方に厚く御礼申しあげます．

参考文献

1) 矢原：ストレス応答とストレスタンパク質，生化学 64(10)，(1992)．
2) 石川：細胞のストレス応答と分子シャペロン，遺伝 別冊 8 号，(1996)．
3) 高部・三屋・内田・高部：植物の環境ストレス耐性機構そのシグナル分子過酸化水素の農業への応用，農林水産技術研究ジャーナル，特集　ストレス利用による作物の高品質化 28(5)，(2005)．
4) M.-M. Oh, E.E. Carey and C.B. Rajashekar : Environmental stresses induce health-promoting phytochemicals in lettuce, Plant Physiology and Biochemistry 47(7), (2009).
5) Y. Hashimoto : Recent strategies of optimal growth regulation by the speaking plant

concept, Acta Horticulturae 260, (1989).
6) T. Morimoto and Y. Hashimoto : An intelligent control for greenhouse automation, oriented by the concepts of SPA and SFA. -an application to a post-harvest process-, Computers and Electronics in Agriculture 29(1, 2), (2000).
7) S. Mohan and N. Arumugam : Expert system applications in irrigation management : an overview, Computers and Electronics in Agriculture 17, (1997).
8) Y. Hashimoto, H. Murase, T. Morimoto and T. Torii : Intelligent Systems for Agriculture in Japan, IEEE Control System Magazine 21(5), (2001).
9) J. P. クラッチフィールド,　J. D. ファーマー,　N. H. パッカード,　R.S. ショー：カオスとは何か,　日経サイエンス,（1987）.
10) P.C. Ivanov, L.A. Nunes Amaral, A.L. Goldberger, S. Havlin, M.G. Rosenblum, H.E. Stanley and Z.R. Struzik : From 1/f noise to multifractal cascades in heartbeat dynamics, Chaos 11(3), (2001).
11) 柴田：細胞はゆらぎに満ちている：反応ノイズの生成,　増幅と伝搬,　生物物理 46(4),（2006）.
12) Y. Hashimoto : Applications of artificial neural networks and genetic algorithms to agricultural systems, Computers and Electronics in Agriculture 18(2, 3), (1997).
13) G.M. Pasqual : Development of an expert system for the identification and control of weeds in wheat, triticale, barley and oat crops, Computers and Electronics in Agriculture 10, (1994).
14) K.S. Narendra and K. Parthasarathy : Identification and control of dynamical systems using neural networks, IEEE Transactions on Systems, Man, and Cybernetics 1(1), (1990).
15) D. Goldberg : Genetic algorithms in search, optimization and machine learning, Reading, Massachusetts, Addison-Wesley, (1989).
16) 小林：遺伝アルゴリズムの現状と展望.　第4回知能工学部会特別講演会「遺伝的アルゴリズムの動向と課題」資料,（1992）.
17) 寺野・浅居・菅野：ファジイシステム入門,　オーム社,（1987）.
18) 森本：ファジイ理論を用いた水耕養液のpH制御,　生物環境調節 28(4),（1990）.
19) 羽藤・福山・神尾・橋本：AIを用いた栽培支援システム（1）トマトNFT水耕栽培におけるECセットポイントの調節,　生物環境調節 28(3),（1990）.
20) 寺野：エキスパートシステムはどうなったか？,　計測と制御 42,（2003）.
21) 橋本・野口・村瀬：知能的太陽光植物工場の新展開〔15〕—提言に向けての課題の整理—,　農業および園芸 86(3),（2011）.
22) 中野・飯沼・桐谷：ニューロコンピュータ,　技術評論社,（1989）.
23) D.E. Rumelhart, G.E. Hinton and R.J. Williams : Learning representation by back-propagation error, Nature 323(9), (1986).

24) T. Morimoto, T. Torii and Y. Hashimoto : Optimal control of physiological processes of plants in a green plant factory, Control Engineering Practice 3(4), (1995).
25) S. Chen, S.A. Billings and P.M. Grant : Non-linear system identification using neural network, International Journal of Control 51(6), (1990).
26) 平藤・窪田:変動環境下における植物成長のカオス性,生物環境調節 32(1),(1994).
27) T. Morimoto, T. Takeuchi, H. Miyata and Y. Hashimoto : Pattern recognition of fruit shape based on the concept of chaos and neural networks, Computers and Electronics in Agriculture 26(2), (2000).
28) 樋口:時系列のフラクタル次元,数理統計 37(2), (1989).
29) H.O. Peitgen, H. Jurgens and D. Saupe : Chaos and fractals, New Frontiers of Science, Springer, New York (1992).

第6章　次世代の太陽光植物工場

野口　伸

1. 次世代太陽光植物工場のあり方

　「情報通信」を農業に高度利用することは食料生産の安定化を図る上で多大な効果が期待できる．安全な食を安定供給するためには，生物生産環境のモニタリングと解析を通して最適に管理・制御する必要がある．水，土壌，気象など地域資源を活用する農業の場合，生体と環境のモニタリングを行い，データの蓄積や管理が必須である．すなわち，植物工場では植物−生育環境系をモデリングし，生産システムを最適化できる方法論の確立が問題解決の本質となる．また，この場合の目的関数は単なる収量などの生産性だけでなく，安全性を含む品質や地域環境も重要な評価軸となる．具体的には生体情報をリアルタイムに非破壊で取得できるセンシング技術と多次元な時空間情報の相互関係の解析を進め，これを基にした新たな生理生態学的特性と環境適性を考慮して植物生産理論を創出することにある．このようなミクロスケールからマクロスケールまでの情報を統合的に収集・解析した情報化農業が次世代に不可欠である．いわゆる「経験と勘に基づく農業」から「情報に基づく農業」，「科学に基づく農業」への進化を意味する[1]．

　我が国の 2010 年の農家戸数は 260 万戸で，毎年 4〜5％ の減少が続いている．加えて，農村地域では若年層の流出により，過疎化が進むとともに 2010 年の基幹的農業従事者の平均年齢は 65.8 歳で，社会全体に先行して高齢化が進行し，労働力不足は深刻な状況にある．すなわち，今日の日本農業は農業従事者の漸減によって，農業に関わる知と技術の消失が起こっており，農業に関わる知の可視化は，日本農業を持続的に維持・発展させる上で不可欠である．この解決に向けた取り組みとして，いわば，「匠の技術」をサイエンスに基づいて生成できる方法の確立がある．換言すれば今後の栽培技術は図 6.1 に示したように人が農業生産過程において処理している「データ」→「情報」→「知識」→「知恵」のプロセスを解明・モデル化し，その

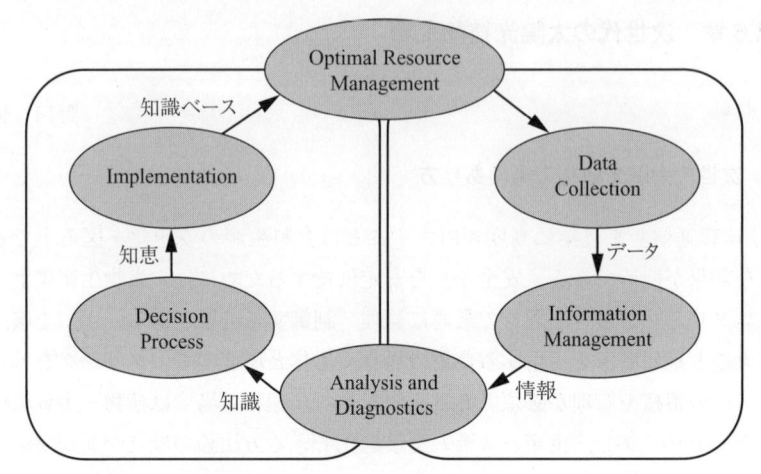

図6.1 農業生産の情報化に必要なオペレーションとフロー

機能実装した人工物を創出することが求められる．このような問題意識から生まれた研究は，たとえばドイツが2008年10月から4年間1億ユーロ（約130億円）の研究費のもと推し進めている．農業における知の構造化を目的としたI-Greenと命名されたプロジェクトであるが，ドイツの人工知能研究所が中心となり，農業関連の試験研究機関，企業，農業団体など16機関とコンソーシアムを構成して研究を進めている．

他方，植物工場は昨今日本政府が進める農商工連携のシンボリックな事業の一つとして注目されている植物生産技術である．農産物を計画的かつ安定的に生産・供給できる植物工場は地域の産業振興の観点からも注目されている[2]．植物工場は計画的な生産と1年間に繰り返し栽培できる高い生産性を実現できるのみならず，①生産物の高品質化が可能，②生産物の安全性の確保，③生産場所を選ばない，④多業種からの参入が可能，⑤高齢者・障害者の雇用の受け皿になるなど，地域の産業育成，地域再生に有効な技術とみなされている．しかし，太陽光植物工場では地域固有の気象資源を有効に活用・考量して最適な環境制御を行わなければ植物の生産性を向上させることは難しい．地域の自然環境を把握したうえで植物工場内環境を制御すること

が要求される太陽光植物工場は，いまだ高い技術を有した人のオペレーションが必要であり，工業化・産業化に発展させるうえで大きな障害となる．すなわち，上述の知の可視化とインテリジェント化は次世代の植物工場においても極めて重要な課題といえる．

　また，農業用ロボットの一早い導入が期待される分野は，植物工場分野であり，中期的にはさまざまな作業ロボットが実用化される可能性が高い．ロボットを導入した次世代の全自動植物工場は国土が狭く，少子高齢化が進むわが国の食料生産システムとして極めて有望なシステムといえる．保護あるいは制御された環境は屋外と比較して作物生育及びロボット作業の双方に適した生産環境に整備することが可能である．これが屋外と比較してロボットの実用化が早い理由である．さらに施設型生産システムは集約的な生産システムであり，制御環境という好条件を適用して付加価値の高い果物，野菜，花卉等の高価格な農産物を生産することで経済的にもロボット導入の効果を最大化することが可能である．清浄レタスを代表とする葉菜類の施設生産システムや苗生産システムでは播種から出荷までの各過程において装置化やロボット化が既に一部実用化しているが，高齢化と労働負荷の観点からニーズが大きい各種管理・収穫ロボットはいまだ開発途上にあり，今後の研究開発に期待がかかる．さらに，農産物の加工・流通過程において光センサを用いた等級選別，NIRによる食味計などが品質の管理・向上のためにさらに利用されることになろう[3]．次世代の植物工場は生産履歴情報はもちろんのこと，消費者が求めるオーダーメイドな食料生産を可能にし，農産物の生産から消費までのフードチェーン全体を対象にしたシステムに進化することが予想される．

2. 植物工場の持続的発展に必要な基本要素

　一般に人類の持続性を脅かしている要因をまとめる図6.2のように表わされる．「食料」，「水資源」，「エネルギー」，「健康」，「温暖化」，「近代化・グローバリゼーション」，「生物多様性」など人類の生存基盤因子とそれぞれの相互連関と相互干渉を示している．施設園芸の先進国であるオランダでは，

第1部　太陽光植物工場

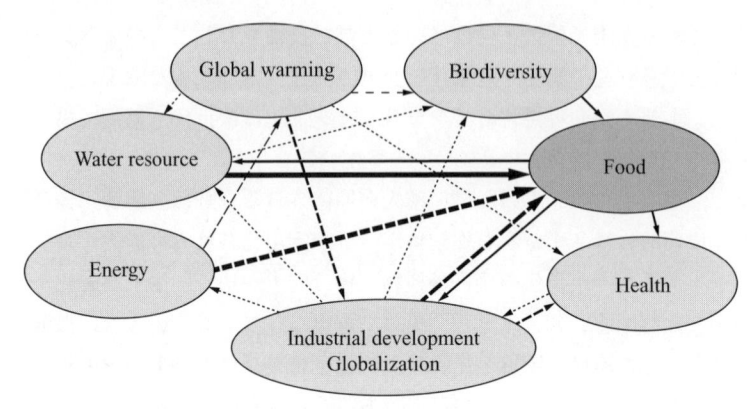

図6.2　人類生存の持続性に影響を及ぼす因子とその相互関係

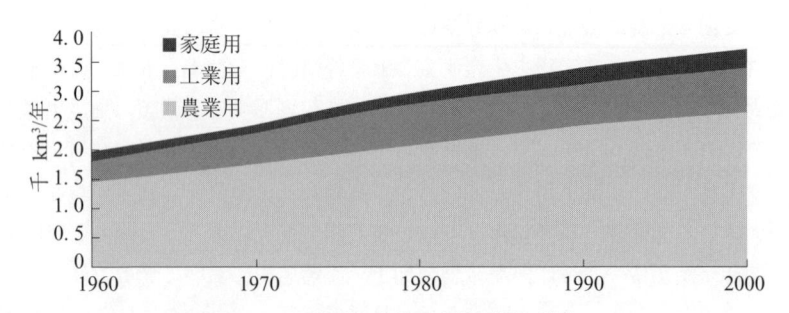

図6.3　目的別の世界の水使用量の推移
出典：WWF「Living Planet Report 2006」
「I. A. Shiklomanov WORLD WATER RESOURCES AND THERE USE」(1999年)

　生産の規模拡大が進んでいる．5 ha以上の植物工場が5年で倍増している．30〜35 haまでの生産規模，その一方で農家戸数が最近10年間で30%も減少しており，オランダにおける植物工場の大規模化と農家戸数の減少は，先進諸国の土地利用型農業と同じ状況にある．当然大規模な植物工場なので自動化・情報化は進んでおり，このような栽培施設には水使用量や投入エネルギーの節減，地域環境への配慮，生産物の安全性確保が，高い水準で要求される．

　『21世紀は水の世紀』と言われている通り，地球規模の人口増加と経済成

長による水不足が懸念されている．地球上には14億km^{3}の水が存在し，そのうちの2.5%が淡水である．図6.3に示した通り，世界の年間水使用量は人口増加や経済成長により過去40年間で2倍程度に増加し，約4兆m^{3}となっている．農業

表6.1 トマト1 kg（乾物）生産するに必要な水

栽培管理技術	水量（kg）	
優秀	1058	植物工場
平均	2432	
優秀	4198	露地栽培
平均	13870	

Fereres & Orgaz（2001）internal report

は人間が使う水の2/3を消費し，最大の消費分野である．一方，世界の人口は現在の67億人に達し，2050年には92億人になると推計されている．1人当たりかんがい耕地面積は約0.05 haで，人口に比例してかんがい耕地面積は増加する傾向を示す．今後の世界人口の増加，中国，インド，ブラジルなどの人口の多い新興国の経済成長にともなう食生活の変化などが影響し，かんがい耕地面積のさらなる増加が予想される．この増加は塩害や砂漠化を進め地球規模の環境劣化に拍車をかける．すなわち，水使用量を節減できる食料生産システムの開発は人類生存の持続性を維持する上でも重要な課題となる．

　他方，太陽光植物工場は水を効率的に利用できる生産システムであることも特徴の一つである．スペインのトマト栽培では，植物工場における栽培が露地栽培と比較して水使用量が1/5程度であり，植物工場の水の蒸散・拡散を抑える効果が水使用量の節減に多大に貢献している．一般に降雨・灌漑水のうち，60～90%が蒸散し，浸透・流亡が0～30%でバイオマス生産に寄与するものは10%に過ぎない．表6.1は，トマトを乾物重1 kg生産する上で必要な水の量を表している．植物工場で平均的な栽培技術では2,432 kgの水を消費する．他方，露地栽培では13,870 kgの水を必要とし，植物工場における生産の5.7倍の水が必要である．さらに植物工場において栽培技術の高いオペレータによる生産の場合，1,058 kgまで水使用量を抑えられる．すなわち，栽培のエキスパートに匹敵する人工物を開発した場合，植物工場によって露地栽培のわずか7.6%の水使用量まで節減できるのである．この

ような背景から，水の有効利用が可能な植物工場は水資源保全の観点からも魅力的である．

「エネルギー」や「温暖化」についても，次世代植物工場にはその対策が要求される．石油エネルギーの使用量を減らし，二酸化炭素など温室効果ガスの削減を図ることは植物工場を大規模化そして広く普及させていく上で重要である．植物工場は露地栽培と比較して太陽エネルギーのほか，電気エネルギーも必要とする．風力エネルギーや植物残渣などのバイオマスエネルギーなど多様なエネルギーの活用による生産エネルギーの節減を図ることが普及拡大に向けて要求される．我が国においては夏季の高温対策用にヒートポンプの導入が望まれるが，このエネルギー源も海水，地下水，地熱が有効である．実際に EU の次世代植物工場のヒートポンプ熱源には深海水が検討されている．水資源，エネルギー資源が乏しい地域において作物を安定的・持続的に生産できる次世代太陽光植物工場は人類にとって目指すべき方向であろう．

3. 最適化・インテリジェント化の目指す方向[4,5]

図 6.4 は太陽光植物工場を動的システムとして捉えたものである．温度，相対湿度，CO_2，バイオマス量が状態量となり，その状態量を制御するために天窓・側窓，遮光カーテン，断熱カーテン，CO_2 施用，暖房などを操作する．太陽光植物工場の場合，日射量，気温，湿度，風向・風速などが外乱となるので，この大気環境の変化に対してロバストな制御器を開発することが第一目標となる．図 6.5 はこれらの入出力を太陽光植物工場の環境制御系を示している．下位階層に環境制御のフィードバック系（FB Control）が構成されているが，植物工場内の状態ベクトルは x_g，植物の状態ベクトルが x_p であり，制御量 y_g は制御可能な温度，相対湿度，CO_2 などが要素となる．当然 Supervisor rules から目標制御量 y_g^{sp} が出力され，この目標制御量は x_p，y_g の要素である生育ステージ，生育量，日射量，外気温などを考慮して決定されるものである．ここで重要なことは，物理量として観測される制御量 y_g は，最適レギュレータ（Linear Quadratic Regulator, LQR），ニューラルネット

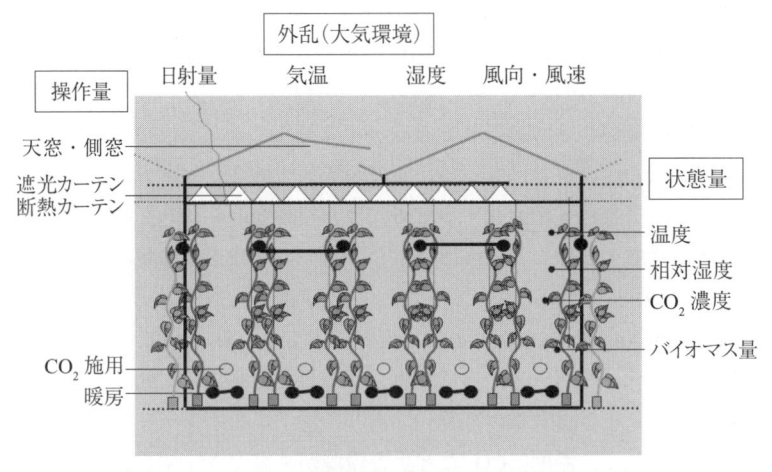

第6章　次世代の太陽光植物工場　（ 163 ）

図6.4　太陽光植物工場の入出力と外乱

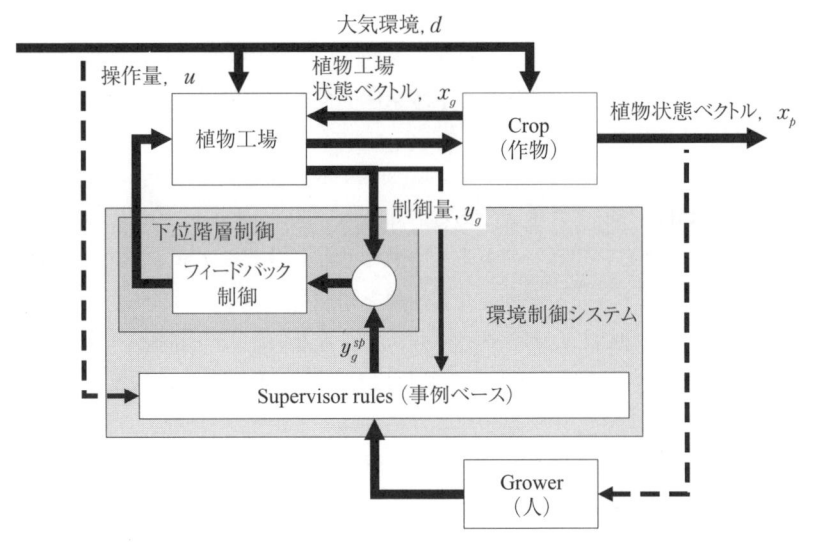

図6.5　太陽光植物工場の環境制御系

ワーク（Artificial neural network, ANN），ファジーロジック（Fuzzy logic, FL）などの制御理論で対応できるが，上位階層に位置づけられる作物（Crop）の状態観測は人（Grower）が行い，ルールベースの意思決定支援システムの下で適切な目標値設定がなされることである．すなわち，人が上位階層のフィードバック制御系の構成要素になっているのが現状である．太陽光植物工場による食料生産を工業化・産業化するためには非接触なセンシング技術によって植物生体の状態を検出して，検出データに基づいて最適な環境状態を探していくことが要求される．このコンセプトは橋本　康先生が提唱された Speaking Plant Approach（SPA）として世界的にもよく知られている[6,7]．センシングとそのデータベースから「知恵」，「知識」を抽出して知識ベースに展開することが，まさに知識の可視化であり植物工場のインテリジェント制御に直結する．温度，湿度，CO_2 など生育環境が制御できる施設において植物生育と環境に関するデータを取得することは，土地利用型よりも効率的で容易であるが，そこから生成された知識ベースが実際の栽培に役立つ知識レベルかどうかは別問題である．これは，太陽光など制御不能な自然環境もシステムに包含されていることが理由であるが，その問題解決には次節で述べる「形式知」の活用がポイントになる．

　インテリジェント化というのはナレッジマネジメントであり，具体的な方法としては知識ベースの生成である．知識ベースは"経験や勘に基づき言葉などで表現が難しい知識"である「暗黙知」と"言葉や文章，数式，図表などによって表出することが可能な客観的な知識"である「形式知」で構成される栽培技術を包括したデータベースに他ならない．この知識ベースは農業という産業に対して新規参入や企業化において，きわめて貴重な技術パッケージとなる．しかし，上述したように太陽エネルギーを使用した生産システムでは精度の高い知識ベースの構築は難しい．特に植物の生理生態情報といった観測誤差を含んだデータからデータマイニング[8]などによって知識ベースを構築した場合，不完全な知識を含むことも予想され，知識ベースの信頼性と完備性に対して保証が得られない．さらに，年間の栽培回数が制限されている．露地栽培で年2回，太陽光型植物工場でも年5回程度の栽培で

```
      ┌──────→ 暗黙知 ──────── 暗黙知 ──────┐
      │    ┌─────────────┬─────────────┐  │
      │    │    共同化    │    表出化    │  ↓
 暗黙知│    │Socialization│Externalization│形式知
      │    ├─────────────┼─────────────┤  
 暗黙知│    │    内面化    │    連結化    │形式知
      │    │Internalization│ Combination │  │
      │    └─────────────┴─────────────┘  │
      └────── 形式知 ──────── 形式知 ←─────┘
```

図 6.6　知識創造モデルの概念図
　　　野中ら．知識創造企業．東洋経済新報社．1996

あり，気象条件の自由度からすると，実際の環境・植物生育のデータが取得できる回数は極めて限定的である．すなわち，データに基づく知識ベースの構築は決して簡単ではない．

　一方で人はこの限られた栽培回数で，いわゆる「篤農技術」を身につける．この理由は知識創造プロセス理論として有名な野中郁次郎先生らの知識創造モデル[9]が適用される．この理論は図 6.6 に示した通り知識創造には Socialization（共同化），Externalization（表出化），Combination（連結化），Internalization（内面化）の 4 つのプロセスが必要であり，個人知から集団，組織の知識に変換・移転していく循環過程で知識が創造・進化するというものである．「暗黙知」の個人間の共有（共同化）とその「暗黙知」の「形式知」への変換（表出化），「形式知」同士を組み合わせて新たな形式知を創造する（連結化），そしてその形式知の実践と体得（内面化）から成立するという理論である．すなわち，近代農業の基盤となった家族や農村コミュニティの中で親・兄弟，友人などから個人知の継承・共同化，連結化を通して地域の栽培技術を形成していったプロセスはこのモデルが適用される．しかし，このナレッジマネジメントは個人・集団・組織が知識創造の主役であり，人工物でナレッジマネジメントを実現することを目指す知能的太陽光植物工場の場合，環境・植物生育のデータ蓄積に長い時間がかかることからも明らかなように，

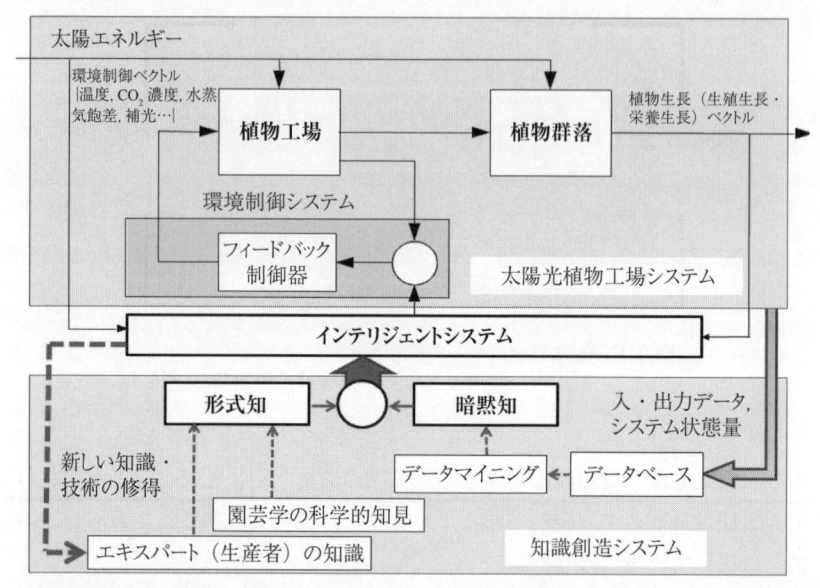

図 6.7 太陽光植物工場のインテリジェント化に向けたナレッジマネージメント

合理的なデータベースと知識ベースを組織化することが効率的に暗黙知を抽出するうえで極めて重要となる．そのためには知識ベースの体系化を篤農家（エキスパート）や研究者の既存知識（prior knowledge）を十分に分析して進める必要がある．すなわち，インテリジェントシステムの設計段階から園芸学分野の知識（ドメイン知識；domain knowledge）を活用することが必須である．

図 6.7 は上述の視点で太陽光植物工場のインテリジェント化に向けたナレッジマネジメントをブロック図にまとめたものであり，次世代の知能化技術として期待される構造である．図 6.7 では図 6.5 の Grower と Supervisor rules がインテリジェントシステムに置き換わっており，インテリジェントシステムから出力される目標制御量は図 6.5 同様，温度，相対湿度，CO_2 などの環境要素である．人間である Grower をシステムに含まず知識創造システムという人工物だけで構築するところが知能化としてのポイントである．知識創造システムは上述の通りデータマイニング機能を備えたリレーショナ

ルデータベース(知識ベース)である.これらの学術研究を推進して,全く効率的な植物工場のあるべき理想像,すなわち「次世代植物工場」像に結び付ける必要がある.

実際には,①環境や生育を把握するに必要十分なセンサが存在するか,②データ変数,属性などの次数が増大することにより,知の探索時に組合せ的爆発が起こる,③観測データの欠落や低い S/N 比により良質なデータセットが得られない,④知識・パターンを表現できる方法論がないために人が抽出された知識を理解できない恐れがある,など課題も残されている[10].しかし,このようなインテリジェントシステムが開発された暁には,図の左下にあるような知識ベースから人へのフィードバックも可能になる.これは農業や植物工場に無縁な一般市民の雇用機会が拡大することはいうまでもない.さらに,インテリジェントシステムが栽培技術の教材になることを意味しており,地域の技術形成と人材育成に資することが期待される.

4. 太陽光植物工場によるグリーンイノベーション

太陽光を最大限に利用しながら食料を生産しつつ,エネルギー,水資源の観点から高い持続性を目指している太陽光植物工場の開発が EU において進められている.図 6.8 はドイツのベルリン工科大学で研究中の「石油エネルギー」と「水資源」の節減を目指した太陽光植物工場である.Watergy プロジェクトと呼ばれ,EU の第 5 次研究開発フレームワーク・プログラムで行われた.植物群落から蒸散した水を凝集・回収して再利用し,さらに水の潜熱を熱交換器によって回収して夜間暖房に利用するアイディアである.200 m^2 の実験施設であるが,図 6.9 に示したように中央のタワーに熱交換器(3:Heat exchanger)が配置されており,蓄熱槽(6:Heat storage)と接続されている.昼夜を問わず水の回収ができる機構を有しており,水資源と石油エネルギーの節減を図った植物工場である.①栽培期間を延ばすことができる,②換気がないため農薬が不要である,③従来の施設と比較して水使用量を 75% 節減できるなどのメリットが報告されている.しかし,実際には(1)自然循環流による熱交換性能の限界,(2)夏季の冷房能力不足が問題で

図6.8 水とエネルギー使用の節減を目指した太陽光植物工場（1）
（Technical Univ. of Berlin）

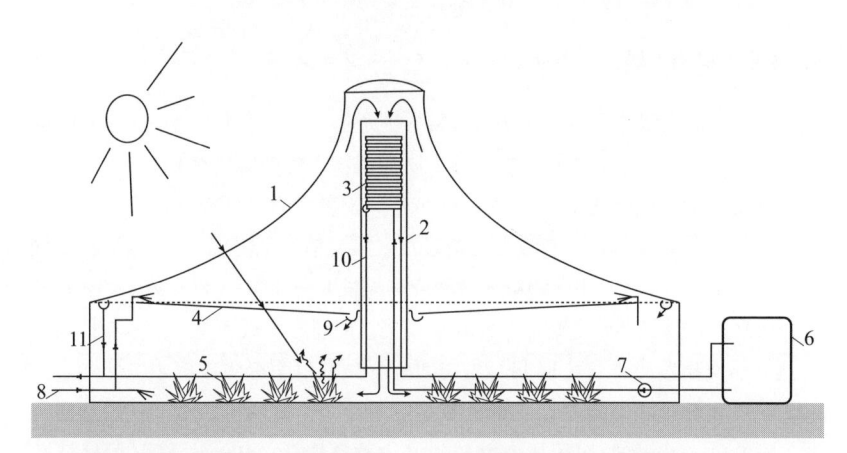

1　Greenhouse as a mebrane construction
2　Coolingduct
3　Heatexchanger
4　Layer for humidification and shading
5　Evapotranspiration at plant zone
6　Heatstorage
7　Pump
8　Greywater supply
　（irrigation and humidification）
9　Sewage
10　Condensate from operation during day
11　Condensate from operation during night

図6.9 水とエネルギー使用の節減を目指した太陽光植物工場（2）
（Technical Univ. of Berlin）

あり，(1) については強制換気，また (2) については低温源を深海水に求める方法が検討されている．さらに昼夜間温度差が小さい地域や高湿度地域では本システムの適用が難しいこと，夏季は24時間単位では熱バランスが取れないため季節間熱貯蔵の必要性も指摘されており，実用化にはまだまだ時間がかかることが予想される．

　図6.10は施設屋上に近赤外光フィルターを装備した植物工場である．近赤外光と可視光を分離して夏季の室温上昇を抑え，図6.11に示したように太陽エネルギーの50％にも及ぶ近赤外光を集光して電気エネルギーに変換することで，遮光・換気・冷房にかかるエネルギー使用量の節減を達成しようと試みる．また，図6.8，図6.10の例ともに，換気を伴わない栽培環境であるのでCO_2濃度と温度の制御性能は格段に向上する副次効果がある．

　しかし，これらの研究はまだまだ緒に就いたばかりで技術的課題も多い．たとえば，上述のエネルギーや水回収を目的とした植物工場の場合，本来の目的である植物生産の最大化に加え，エネルギーと水回収の最大化といった

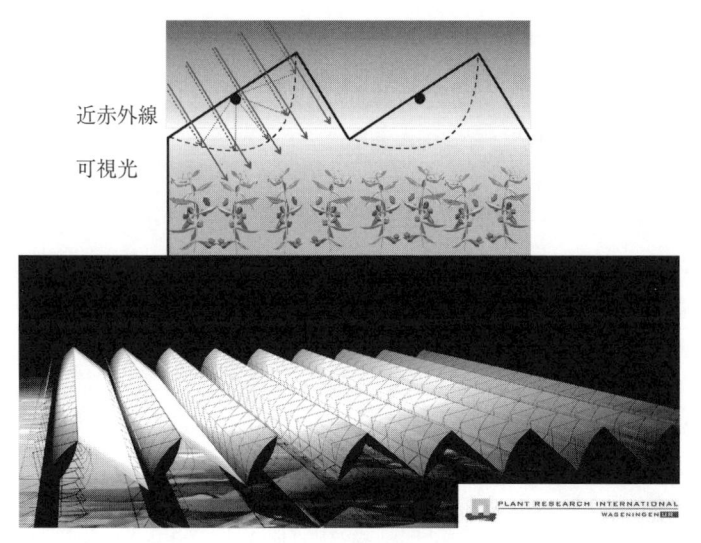

図6.10　エネルギー回収を目的として近赤外光フィルターを装備した太陽光植物工場

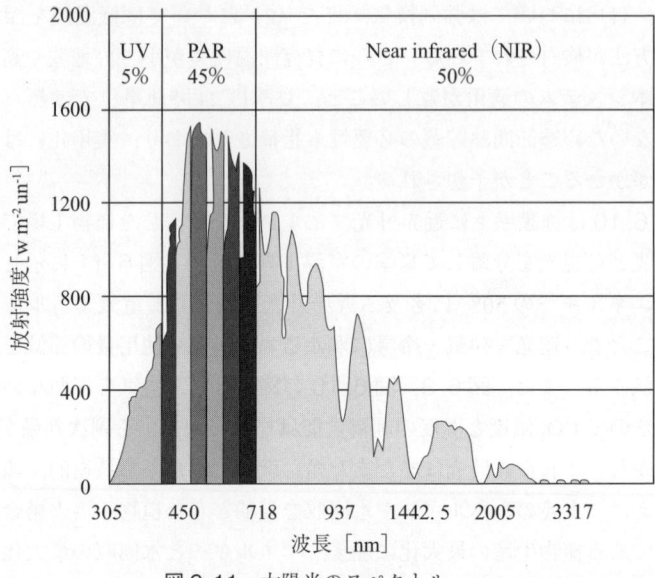

図6.11 太陽光のスペクトル

目的関数も設定され，その多目的なパレート最適解を求めて環境制御を行う必要がある．すなわち，このような生産性に加えて省エネルギーも求める植物工場の場合，多目的最適制御理論を導入しないとエネルギー回収は進むが，植物成長の低下を招く，もしくはその逆が発生することが十分に予想され，単純に成果は上がらない．これら次世代の太陽光植物工場は最先端の科学技術を結集して研究開発を進める必要はあるが，21世紀最大の課題である『持続的発展』に多大に貢献し，グリーンイノベーションを生み出すことに疑いようはない．

参考文献
1) 野口　伸．空間情報を基軸とした環境保全・省エネルギ農業技術，日本学術振興会学術月報，2月号：48-52, 2008.
2) 村瀬治比古．知能的太陽光植物工場の新展開〔8〕―国家事業としての植物工場

普及拡大策と未来の予見―. 農業および園芸 85(8), 2010.
3) 日本学術会議農業情報システム学分科会. IT・ロボット技術による持続可能な食料生産システムのあり方. 第 20 期日本学術会議提言. 2008.
4) 野口　伸. 知能的太陽光植物工場〔10〕―情報化・インテリジェント化の視点―. 農業および園芸 85(10)：1037-1044, 2010.
5) 日本学術会議農業情報システム学分科会. 知能的太陽光植物工場の新展開. 第 21 期日本学術会議報告, 2011.
6) Hashimoto, Yasushi. Recent strategies of optimal growth regulation by the speaking plant concept. Acta Horticulturae, 260：115-121, 1898.
7) 橋本　康. 環境調節をどう考えるか　―その流れと太陽光植物工場の今後を考える―. 植物環境工学 21(2)：2-6, 2009.
8) Fayyad, Usama, Gregory Piatetsky-Shapiro, Padhraic Smyth. From data mining to knowledge discovery in databases. AI Magazine, 17(3)：37-54, 1996.
9) 野中郁次郎, 竹内弘高. 知識創造企業, 東洋経済新報社, 1996.
10) 野口　伸. 農工融合によるフードイノベーションを目指して, 日本農学アカデミー会報 12：6-53, 2009.

第7章 光環境の制御

後藤英司

1. はじめに

　太陽光植物工場で周年生産をする場合，制御対象になる物理環境要因の中で特に温度と光の制御が重要である．施設内気温は入射光の多少の影響を強く受ける．周年生産するためのポイントになる高温期の昇温抑制対策は，適切な光環境の制御なしには達成できない．低温期は，しばしば加温とCO_2施用により光合成促進を試みるが，日射不足であると期待するほどの促進効果は得られない．春季と秋季は，換気と保温により内気温をほぼ同程度に維持することができるが，両季節の日射量は2,3割違う．光は光合成にもとづく成長に不可欠であり，光形態形成にもとづく形態および含有成分の制御にも有用である．このように，太陽光植物工場では，光と温度をうまくコントロールしてはじめて，高品質の作物を生産することが可能になる．光環境制御は光源の視点から，被覆資材利用と人工光利用に大別できる．この章では，高品質の作物を生産するための光環境制御技術を紹介する．

2. 施設内の光環境

(1) 施設内の光環境と温度環境

　図7.1は，関東のある太陽光植物工場の外気温，屋外日射量および施設内気温の日変動である．年間を通しての特徴として，i) 日積算日射量の最大値は梅雨の夏至前後の晴天日であること，ii) 月積算日射量は高温期の7月〜8月よりも5月が多い，点が挙げられる．この施設は高温期以外は暖房を導入しており，低温期は，内気温の日変動を外気温のそれに比べて小さくすることができる．しかし日射量は日々の天気に左右されるため，季節変動だけでなく日変動も大きい．つまり暖房をして目標気温を維持しても，雨天や曇天で日射量が少ない日は「気温は適温であるが日射が足りない」というアンバランスが起きている．言いかえると，一般的な施設では，温度調節に

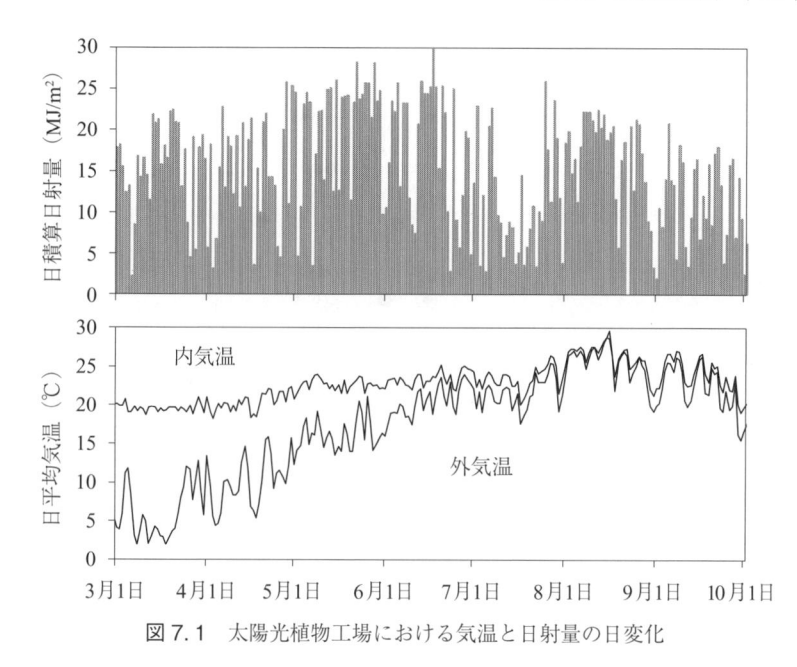

図 7.1 太陽光植物工場における気温と日射量の日変化

のみ人為的な操作が加わっているため，内気温と日射量の間にあまり相関がみられない．

(2) 光環境制御の考え方

図 7.2 はある都市の月積算日射量と日平均気温を月ごとにプロットしたものである．地域によって異なるが，楕円形を 45°傾けたような形になる．梅雨のある地域では 6〜7 月の日射量が少ないため，きれいな楕円形にはならない．この都市のように，7〜8 月よりも 5 月の日射量が多い地域が多い．楕円形の幅が細いほど春と秋とで「光と気温の関係」が類似しており，幅が広いほど春と秋の環境は異なると考えてよい．単一品目の周年栽培を目指す植物工場では，年間通して作物生育に好適な環境を構築することが必要である．たとえばある作物の生育に好適な季節が春であるとすると，秋の環境を春に合わせるか，夏の環境を春に近づける取り組みが必要である．

図 7.3 は，「季節を変える」ための環境制御の考え方である．春を秋にし

第1部 太陽光植物工場

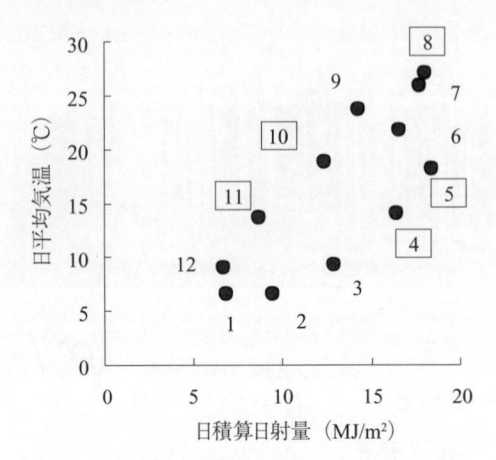

図7.2 日射量と気温の関係（下関市の例）
図中の数字は1月～12月を示す

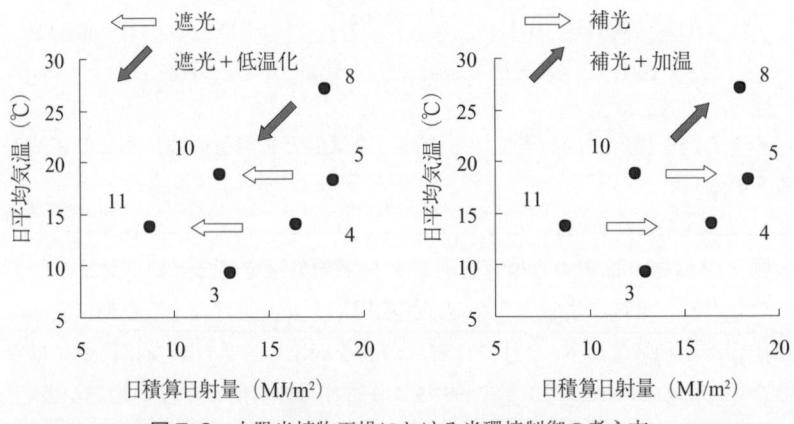

図7.3 太陽光植物工場における光環境制御の考え方

たい，秋を春にしたいなどの目的に応じて，遮光，補光，冷房，暖房などを組み合わせることになる．図7.3左の場合，日射量を減らして光環境を変えたい場合は遮光すれば，例えば5月を10月に，4月を11月にすることができる．温度環境を変えたい場合は暖房すれば3月を10月にすることがで

きる．図7.3右から，秋を春に変えるには補光が必要である．光要求量の低い秋作物は遮光をすれば春に容易に栽培できるが，春作物を秋に栽培する場合は秋季に日射量が5割〜7割しか得られないため，光合成にもとづく成長は抑制される．秋季において，日射量が春季の5割しか得られない場合は，気温を春季の気温まで高めても成長促進効果は低い．つまり単一作物の周年生産を目指す場合は，気温制御に加えて光環境制御を行うことが重要になる．

3. 被覆資材の利用

(1) 赤外線カット資材

植物の成長に影響を及ぼす波長域（生理的有効放射域）は約 300 nm-800 nm で，光合成に利用できる波長域（光合成有効放射域）は 400 nm-700 nm である（図7.4）．この波長域は青色光（400-500 nm；B），緑色光（500-600 nm；G），赤色光（600-700 nm；R）の3波長域に分けることが多い．また 700〜800 nm

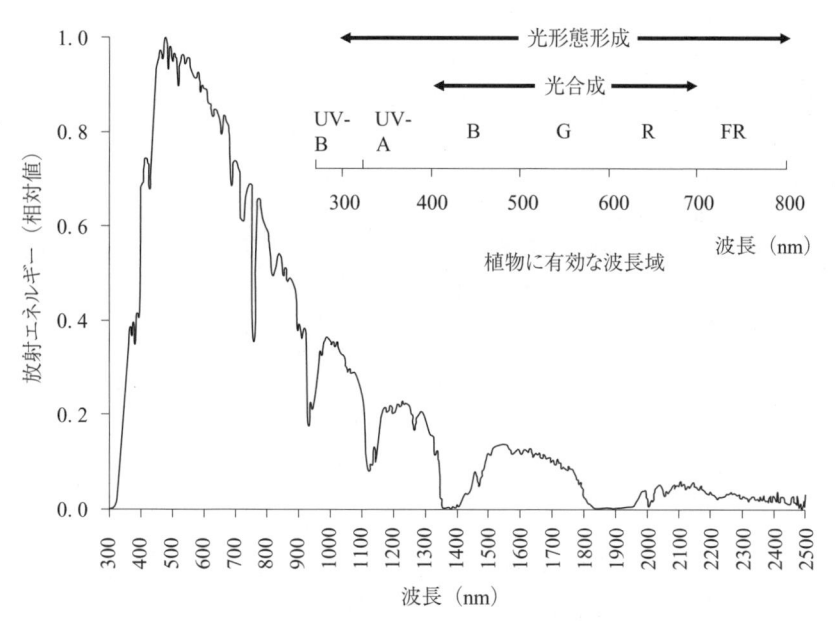

図7.4 太陽光のスペクトルと植物に有効な波長域

の波長域を遠赤色光（FR）と呼ぶ．地表に到達する日射は波長域300-3000 nmの光であり，波長域400-700 nmの光合成有効放射（以下，PAR）が約45％，残りの大半を光合成に使用されない波長域の近赤外線（800-3000 nm，以下NIR）が占めている．そのため，高温期に近赤外線をカットして施設内への透過を防ぐことは高温抑制に有効である．

　一般的な遮光資材は，日射の波長域に関して波長によらず同程度の光透過率を示す．しかし高温期の高温抑制のためには，NIRの透過率をPARのそれよりも下げることは有効との考えから，NIRを選択的にカットするフィルムおよびガラスの資材が開発されて，一部は商品化されている．これらはPARの透過率を高く維持しつつ，NIRを選択的に吸収または反射することでNIRの透過率を下げている．高温期だけでなく年間を通じて長期間効果を持続させるためには，PARの透過率は通常の被覆資材並みの90％前後を維持し，NIRのうち日射に多く含まれる波長域（800-1100 nm）を透過しないものが望ましい（Hemming et al., 2006 a）．

　しかし，NIRの透過率だけを下げるのは技術的に難しく，現在商品化されているNIR遮光資材は，PARの透過率も下がっている（図7.5）．たとえば

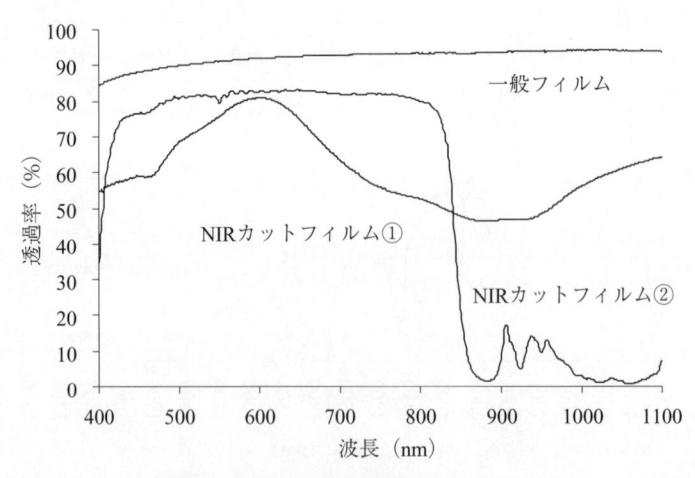

図7.5　NIR遮光資材の透過スペクトルの例

フィルム①は農業用であるが，PAR の波長域の透過率が一般資材に比べて 20% 程度低下しており，NIR の透過率は PAR に比べて 2 割低い程度である．フィルム②は PAR の透過率は 80% 以上を保ち，NIR の透過率もかなり低い．フィルム②は理想形に近いが，これは他の産業用であり，高価なため農業用にはまだ利用されていない．

NIR 遮光資材を用いて遮光を行うと，温室内気温，植物の葉温および蒸散速度が低下する (Kempkes et al., 2009)，夏季にピーマンの収量が増加し，不良果の割合が低下する (López-Marín et al., 2008) という報告がある．しかし気温の異なる気候では，同じ NIR 遮光資材を使用する場合でも温室内の昇温抑制効果が異なることが予想される．そのため温室環境シミュレーションにより熱収支を解析して遮光効果を評価する試みが行われている (Hemming et al., 2006 b)．

(2) 光質選択性資材

被覆資材の透過率を波長別に変えれば，光質の調節が可能である．葉菜類，果菜類の苗などは強光を必要としない場合が多い．そこで高温期に遮光を行う際，必要な波長域は透過しつつ，必要性の低い波長域をより遮光する光質

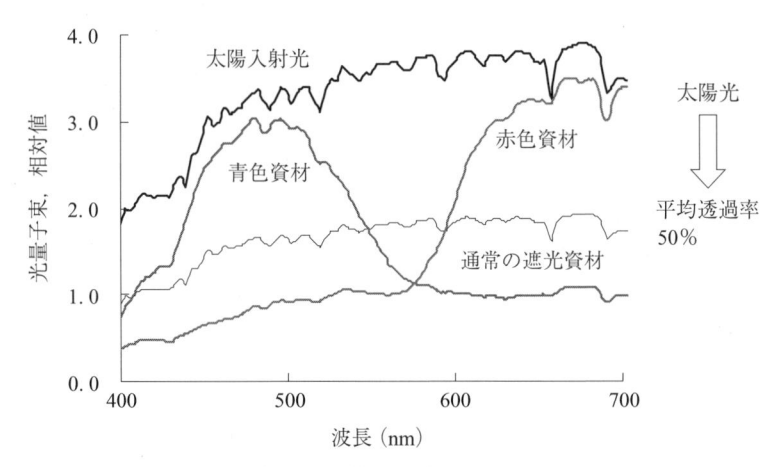

図 7.6 光質調節被覆資材の透過スペクトル
千葉大他で開発中の青色資材と赤色資材の例

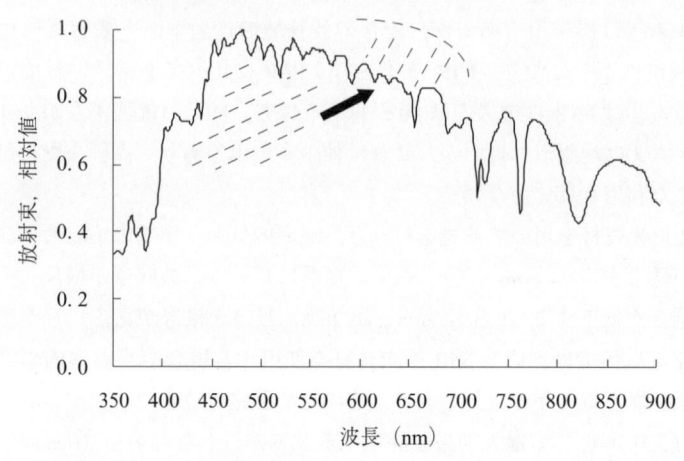

図 7.7 被覆資材における光質変換の考え方
　　　　光合成の効率の低い青色〜緑色域の光を吸収し，赤色域の光として発光する

調節機能を有する被覆資材が開発されている（図 7.6）．光合成有効放射域では，たとえば，青色光の透過率を低下させると B/R 比が低下し，植物は茎の伸長促進や葉面積の拡大をもたらすことが多い．逆に赤色光の透過率を低下させて B/R 比を高めると，茎の伸長抑制の効果がある．たとえば図 7.6 のような入射光の光量子束の B/R 比が 0.9（例，90：100）の場合，赤色資材の透過光の B/R 比が約 0.3（25：80）となるとすれば，B/R 比が 0.6 変化することになり，植物によっては形態形成に差が現れる．このような光形態形成の制御を目的とした光質調節のフィルム，ネット（Shahak, 2008），不織布が開発され，そのうちの幾つかは実用化されている．

　被覆資材への入射光の UV および光合成有効放射の短波長域のエネルギーを吸収し，長波長の光に変換して再放射することにより長い波長域の光量子束を増加させるのが光質変換である（図 7.7）．これは，入射光を漠然と遮光するのではなく，必要な波長域の割合を積極的に高めようという資材である．たとえば紫外線および青色光の光量子束を吸収して赤色光の光量子束を発光する資材を用いた栽培試験が行われている（González et al., 2003）が，現在の技術では変換できるエネルギーの割合が小さいため，今後の改良が必要である．

4. 人工光補光の利用

(1) HID ランプによる補光

太陽光利用型で人工光を併用する目的は2つある．1つは，光形態形成に作用して開花促進または開花抑制，すなわち開花時期を調節するための形態形成補光（日長延長補光および暗期中断）と呼ばれるものである．もう1つは，冬季や梅雨時の日照不足を解消して光合成を促進するための光合成補光と呼ばれるものである．光合成補光は，日射量の季節変動の大きい地域では周年生産の観点から重要である．従来から光合成補光には出力の高い高輝度放電ランプ（HIDランプ；高圧ナトリウムランプとメタルハライドランプの総称）が用いられる．施設園芸の盛んなオランダや北欧諸国では，我が国よりも日射が少ないため，積極的に光合成補光を行っている（図7.8）．たとえばバラ温室やハーブ野菜温室において $100\,\mu\mathrm{mol}\,\mathrm{m}^{-2}\,\mathrm{s}^{-1}$ 程度の光強度の照明を備えている例もある．補光は光合成を促進し，低光強度～中光強度においては投入エネルギーに比例して光合成が増加するため生育促進効果を期待できる．

天井から上面照射をする場合，葉が繁茂している場合は照射光の大部分が葉で受光されるため照射効率は高い．しかし苗期や作業通路のある場合は，株間や作業通路にも光が当たるため，葉に受光されるのは2/3以下と思われる．点光源であるHIDランプを天井面に固定すると照射効率が下がることがあるため，今後はLEDを用いた近接照射などの無駄の少ない照明方法を

図7.8 高圧ナトリウムランプ補光（バラ温室（左）とハーブ野菜温室（右））

導入することが大切である．

(2) LED等による局所補光

　最近，LEDを植物育成用光源として利用する試みが増えている．LEDの特徴はいろいろあるが，植物育成に利用する場合はHIDランプや蛍光ランプと比較して，1) 光強度の調節が容易，2) 寿命が長い，3) 栽培面の光強度を均一できる，4) 照射部位の大きさに合わせた光源が作れる，5) さまざまなピーク波長のタイプがある，6) 破損時の危険が少ない，などの特徴がある．このLEDの特徴を補光の光源に用いる取り組みが活発になっている．

　開花時期の調節等の光形態形成補光は白熱電球が用いられてきたが，電気から光への変換効率が低く，寿命が短く，ランニングコストが高かった．2008年に経済産業省が一般的な白熱電球を電球形蛍光ランプなどの省エネ性能の優れた製品への切替えを目指す方針を打ち出したのを受けて，代替品として電球形蛍光ランプおよび電球形LEDの導入が進みつつある．最近は，既存の白熱電球のソケットを用いる代用品としての電球形だけでなく，植物近傍に配置して効率的に照射するためにライン形やテープ形などのLED光源が開発されている．LEDは白熱電球ではできなかった光質の制御が容易である．将来的には，光形態形成制御の目的に合わせた青色光，赤色光およ

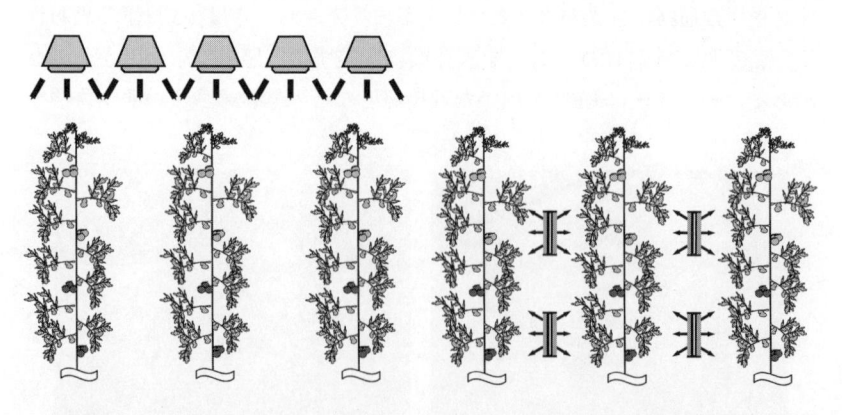

高輝度放電ランプによる上面からの照射　　　LEDを用いる群落内補光

図7.9　群落構造を構成する果菜類への効率的な補光方法

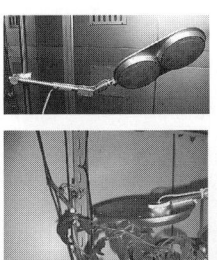

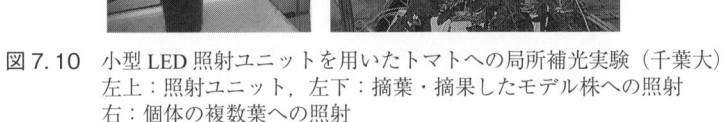

図7.10 小型LED照射ユニットを用いたトマトへの局所補光実験（千葉大）
左上：照射ユニット，左下：摘葉・摘果したモデル株への照射
右：個体の複数葉への照射

び遠赤色光の割合を調節できるLEDが主力になると思われる．

　光合成補光は太陽光だけでは不足する受光量を補い，光合成を促進する手段である．特に，高緯度地方では冬季の日射不足への対策としてHIDランプが多く使われている．しかし，草丈の高い群落を構成するトマトやピーマンへの高圧ナトリウムランプによる上方からの補光は，収量が増加しないという報告もある．その理由として，上方から群落上面に補光しても，光をより必要とする節位の葉と果実の光環境が改善されないことが考えられる．そこで光を必要とする中層・下層の葉の光環境を改善するために（図7.9），局所補光および群落内補光（intracanopy lighting）が検討されている（Heuvelink and González-Real, 2008 ; Pettersen et al., 2010 など）．LEDは局所補光および群落内補光に適する光源とみなされ，すでに研究が開始されている．しかしTrouborst et al.（2010）はLED光源（赤色80%，青色20%）を用いて側面からキュウリに補光したところ収量性は向上しなかったと報告している．

　筆者らは，植物1個体あたり，ならびに1葉あたりの光環境を個別に制御できる立体照射装置を開発した（図7.10, 早雲他2011）．この立体照射装置は光源の角度調整や調光ができ，空間的位置が異なる葉に対して多方向から

補光できる．また，葉面角度に沿った照射が可能なため，葉面の光強度を均一にすることができる．この研究では光へのエネルギー変換効率が高い赤色LEDと青色LEDを使用している．LEDは発光面からの放熱が少なく近接照射で高い光強度を実現でき，葉面の光強度を均一にできるという利点がある．個体レベルで補光すべき葉位や光強度（受光量），照射期間，照射方向などを詳細に検討し，効果的な補光条件が明らかになれば，LEDによる群落内補光の実用化が進むと期待される．

引用文献

González, A., Rodríguez, R., Bañón, S., Franco, J.A., Fernández, J.A., Salmerón, A. and Espí, E. 2003. Strawberry and cucumber cultivation under fluorescent photoselective plastic films cover. Acta Hort. 614 : 407-413.

早雲まり子，彦坂晶子，後藤英司．2011．赤色LEDの光強度がトマト個葉の光合成速度と果実成長に及ぼす影響．日本農業気象学会2011年全国大会講演要旨：A 24.

Hemming, S., Kempkes, F., van der Braak, N., Dueck, T. and Marissen, N. 2006 a. Greenhouse cooling by nir-reflection. Acta Hort. 719 : 97-106.

Hemming, S., Kempkes, F., van der Braak, N., Dueck, T. and Marissen, N. 2006 b. Filtering natural light at the greenhouse covering -better greenhouse climate and higher production by filtering out nir? Acta Hort. 711 : 411-416

Heuvelink, E., González-Real, M.M. 2008. Innovation in Plant-Greenhouse Interactions and Crop Management. Acta Hort. 801 : 63-74.

Kempkes, F.L.K., Stanghellini, C. and Hemming, S. 2009. Cover materials excluding near infrared radiation : what is the best strategy in mild climates? Acta Hort. 807 : 67-72.

López-Marín, J., González, A., García-Alonso, Y., Espí, E., Salmerón, A., Fontecha, A. and Real, A.I. 2008. Use of cool plastic films for greenhouse covering in southern SPAIN. Acta Hort. 801 : 181-186.

Pettersen, R.I., Torre, S., Gislerød, H.R. 2010. Effects of intracanopy lighting on photosynthetic characteristics in cucumber. Scientia Horticulturae 125 : 77-81.

Shahak, Y. 2008. Photo-selective netting for improved performance of horticultural crops. A review of ornamental and vegetable studies carried out in ISRAEL. Acta Hort. 770 : 161-168.

Trouwborst, G, Oosterkamp, J, Hogewoning, S.W., Harbinson, J, van Ieperen, W. 2010. The responses of light interception, photosynthesis and fruit yield of cucumber to LED-lighting within the canopy. Physiologia Plantarum 138 : 289-300.

第8章 防災と植物工場

村瀬治比古

1. はじめに

　この度の東北地方太平洋沖地震は，死者行方不明者合わせて23,547名（平成23年6月9日現在）という未曾有の自然災害である．農林水産関係の被害額が6月9日現在19,509億円で，その内の約40%が農業関連である．青森・岩手・宮城・福島・茨城・千葉の各6県で被災した農地は，推定面積で23,600 haである．国の農地防災事業は，「新たな食料・農業・農村基本計画」（平成17年3月閣議決定）において，自然災害に対して安全で安心できる生活環境の確保を図るため，災害の予測や的確な情報伝達といった対策と防災施策の整備が一体となった治山・治水対策，土砂災害対策，代替性を考慮した道路ネットワークの構築，道路防災対策等を推進し，また，除雪等の登記交通確保対策農地防災対策，農地保全対策等を推進するとともに，集中豪雨や地震等による農地災害の未然防止の観点から，農地防災対策のための施設整備，ため池決壊等の農地災害予測及び情報連絡システム整備を推進するとされている．その他「土地改良長期計画」（平成20年12月閣議決定）において，①湛水被害等が発生するおそれのある農用地の延べ面積を，平成19年度から平成24年度までに，約91万haから約67万haに減少させることを目標とするとともに，②防災情報伝達体制やハザードマップの整備がなされているため池数を，平成19年度から平成24年度までに，約2,200箇所から約3,600箇所に増加させることを目標にしている．このように国の農業防災施策は推進されてはいるが，残念ながら今回の震災では大きな被害が発生してしまった．

　今回の復興と合わせて今後の農業防災についてこれまでの枠組みを超えて，新たな視点を加えていく必要があると考えられる．我が国の社会資本700兆円の14%程度が農林水産業で今回の震災で2兆円もの被害となった．災害復旧は社会資本の維持並んで重要なカテゴリーである．もう一つ重要なカテ

ゴリーが社会資本の更新であり，農業機械化推進事業などで構築されたシステムも50年を経て更新あるいは再構築が必要ではないか．農業が社会資本として位置づけられているなかで改めて農業の防災について考察する．

2. 農地防災

自然災害とは，暴風雨，洪水，高潮，地震（津波），その他異常な天然現象により生じた被害のことで，我が国では，年間を通して降雨量が多いこと

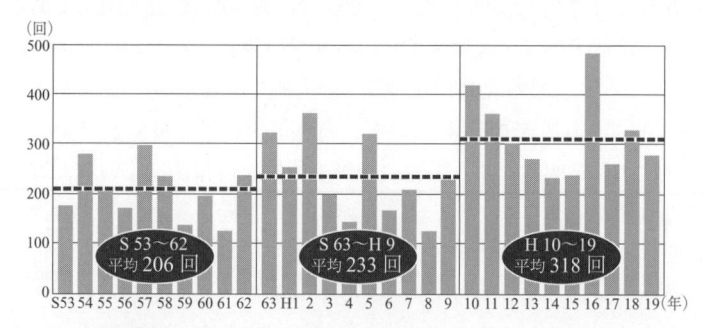

図8.1　1時間降水量50mm以上の降水の発生回数（平成20年版防災白書）

図8.2　大規模地震の発生予測地帯（平成20年版防災白書）

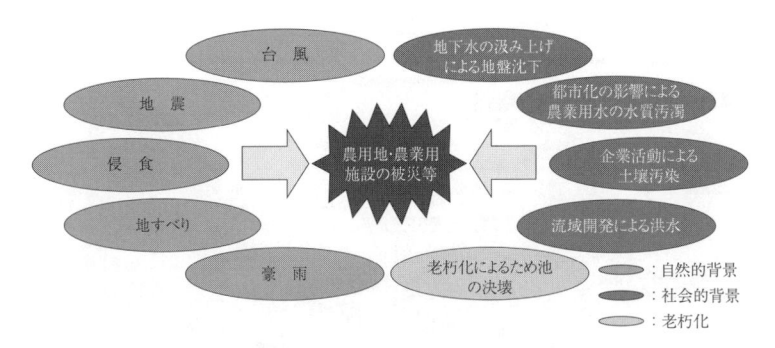

図8.3 災害等が発生する背景

や、台風が常襲するなど防災は重要な課題である．また、地形が急峻で変化に富み、地震多発地帯であることで大災害も発生しやすい自然条件にある．近年は、図8.1に示すように短時間に激しく降る大雨の回数が増加傾向にある．また、図8.2のように我が国には大規模地震の発生予測地帯が広がり東海地震などはいつ発生しても不思議ではないといわれている．

災害は自然的背景による自然災害にとどまらず土壌汚染、地盤沈下、水質汚濁あるいは流域開発による洪水など社会的背景による災害やため池など施設やシステムの老朽化による災害もある（図8.3）．

3. 防災事業

図8.4は、農林水産省の農地防災事業の概要説明で農業農村を災害から守る対策として、農用地・農業用施設に対する自然災害による被害を未然に防止する方策、農業用用排水の汚濁又は農用地の土壌汚染を防止する等の方策により、農業生産の維持及び農業経営の安定を図るとともに、国土保全、地域住民の生命や生活の安全を確保するための各種事業を示している．さらに、これまでの個別箇所毎のハード整備による農用地・農業用施設の災害発生の未然防止策に加え、今後は、広域的・総合的視点を重視したハード整備の効率的な展開、ソフト施策の推進、地域とのつながりを重視した対策を推進することを示している．

図 8.4 農林水産省の農地防災の概要

図 8.5　亘理町・いちご施設内（NAPA アグリビジネスレポート　No. 1；2011. 5）

　農林水産省が担う農地防災の基本は，農業生産の維持及び農業経営の安定を図ることである．当然，国土保全や地域住民の生命や生活の安全を図ることに繋がる海岸保全施設整備事業などもある．例としては宮城県亘理地区の「高潮被害の防止と高付加価値農業の展開」事業（S 43〜H 13）があり，津波，高潮，侵食等の自然災害の被害から背後農地を防護するための工事として当該事業が実施された．防護面積 1389 ha を対象に堤防 5550 m および離岸提 8 基をおよそ 45 億円の事業費で完成した．しかし，この度の震災で亘理町のうち農地面積の 79% が被災した．特に，施設園芸ではイチゴ栽培面積の 95% が被災した．（宮城県亘理農業改良普及センター）．図 8.5 はその被害の様子を示す例である．

4. 農業インフラストラクチャー（農業インフラ）

　農林漁業関連の社会資本は平成 14 年で 94 兆円の蓄積（図 8.6）があり，これまで毎年農業インフラ整備も進められている．ため池整備，広域農道など道路整備，ダムや用水排水施設整備，堤防および災害復旧など平成 22 年度も約 2 兆 4500 億円の整備予算が措置された．インフラ整備は維持管理あるいは更新さらに災害復旧も含まれ社会状況の変化に影響される．

　特に，インフラには寿命があり農業水利施設をはじめ 50 年程度で更新時期を迎えるものが多々ある．農業インフラでは高齢化による生産の限界，気象変動による不安定生産，水資源の枯渇など社会変化の中でインフラ整備を

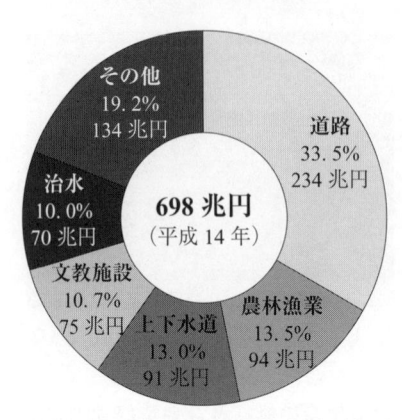

図8.6 日本の社会資本（内閣府）

698兆円（平成14年）
- 道路 33.5% 234兆円
- 農林漁業 13.5% 94兆円
- 上下水道 13.0% 91兆円
- 文教施設 10.7% 75兆円
- 治水 10.0% 70兆円
- その他 19.2% 134兆円

進めなければならない．

1961年の農業基本法制定に続いて，1962年から農業構造改善事業が開始された．これは圃場整備，大型機械の導入利用，選択的拡大作目の導入をセットにして助成・融資すると画期的なインフラ整備であった．家計収支が上昇する中で農業経営を自立させるには面積規模の拡大，あるいは資本投下など集約度の増大が不可欠であった．これらを受け，1960年代から1970年代にかけては，トラクターの普及に伴って各種作業機，コンバイン等の輸入が急増するとともに，それらの国産機も開発され，次第に農家に浸透していった．このようにわが国の農業機械化体系の構築がインフラ整備そのもので50年を経て現在に至り社会変革の中で更新時期にさしかかっている．この旧システムを延命するような更新か社会変革に合わせた新規なシステムを整備するか大きな課題である．1960年の農業就労者平均年齢は49.3歳で今日では65.8歳である．この危機的状況のなかでインフラ更新の時期を迎えている．災害復旧もインフラ整備に含まれていることに鑑み，この度の震災復興についても旧システムの回復などのような短絡的な対応を避けて，インフラとしての1次産業の蘇生を目指すべきである．その手法として農商工連携や6次産業化を考えるにしても人類生存のための作物生産はあくまでも1次産業であるべきである．

社会資本は，国民生活および国家の存続に必要不可欠な財であるが，共同消費性，非排除性などの財の性格から，市場機構によっては十分な供給を期待しえないような財としてとらる考え方からすると，例えば，同じ機械化体系であってもIT利用の精密農業や植物工場などインフラとして考えることは妥当である．植物工場設備などはインフラとして整備して，その社会的活用は民間委託などによる．

5. 植物工場と災害

　立地に関する制約が極めて少ない人工光型植物工場はGIS（地理情報システム）の活用や地域性などを考慮して，災害に対して強靭，地域産業の活性化，雇用創出，農商工連携のメリット，多様なエネルギーの活用，水などの省資源，安心・安全の確保，社会福祉への貢献などインフラとして大きなリターンが期待できる（図8.7）．植物工場における最大課題の設備投資については社会資本として国民全体で担うことにより，民間等を介しての運営が可能となると考えられる．これまで計上されていた災害復旧予算などは激減し，基盤整備事業が単純化される．フードマイレージ，設備の稼働率および資源エネルギー利用の最適化など無駄の徹底的排除が可能なシステムにより総合的な費用対効果は自然依存の生産システムより大きな改善をもたらすと考えられる．設備コストやランニングコストの縮減については研究開発が進められている．また，ソーラー発電やLNG発電など小型分散電源と植物工場の組み合わせが必要になるが，その際に規制緩和の措置が必要となる場合が予見される．植物工場特区などを考えていく必要がある．

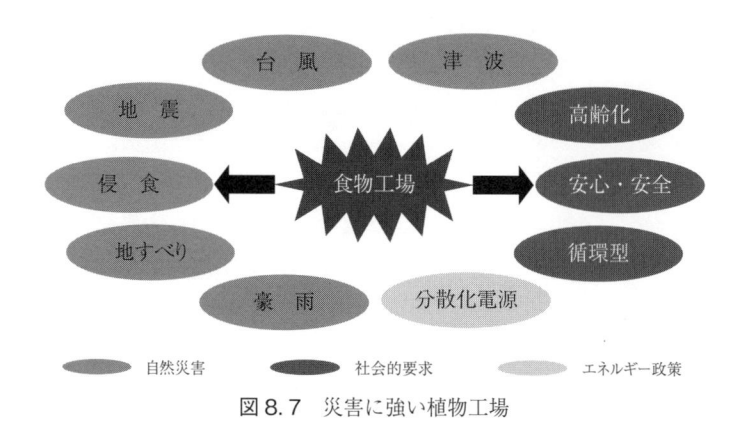

図8.7　災害に強い植物工場

6. おわりに

　植物工場が防災という観点で如何に強靭なシステムとなりうるかを示した．しかし，植物工場は防災を意図した作物生産システムという位置づけよりも，第1次産業の重要な担い手の1つとして社会インフラとしての位置づけを明確にすることで，社会貢献のシナリオが大きく展開できる．気象変動や黄砂の影響，エネルギー不安あるいは流動的な国際情勢などに翻弄されない食料生産システムを構築することは必要である．社会インフラとしての食料生産システムの構築がまず少なくとも技術的可能性として実証しておく必要がある．

参考資料
1) 「東日本大震災被災地の農業復興提言　―宮城県施設園芸産地の視察調査報告と復興提言―」，佐藤光泰，野村アグリビジネス＆アドバイザリー株式会社，NAPA アグリビジネスレポート　N0.1．(2011.5)．
2) 「安心・安全で活力ある農村づくり　―農地防災事業の内容―」，農林水産省，農村振興局，整備部，防災課，(2009.4.1)．
3) 「社会資本の維持更新に関する研究」，長野幸司，南　衛，国土交通省国土交通政策研究所，(2003.12)．

第9章 オランダはどのようにして高生産性を達成したか

池田英男

1. はじめに

オランダの首都アムステルダムは北緯 52.37 度に位置する．日本の北端，北海道稚内市の宗谷岬が北緯 45.31 度であることと比較すると，オランダはかなり北にあることが理解できる．緯度で見ると，アムステルダムの位置は，サハリンの北部とほぼ同じである．オランダは，気候が西岸海洋性で比較的穏やかであるとはいえ，冬は日長が非常に短く，光も弱い．そのような気候条件でも，この国の施設栽培は世界をリードする高い生産性を実現してきた．その背景を探りながら，わが国の今後の施設栽培の技術開発の参考にしたい．

2. 日本とオランダの施設栽培の特徴

これまでの日本では，園芸生産施設を'温室'と称して，暖めることを主に考えてきた．すなわち，春先に加温して露地よりも早く収穫できる，あるいは保温して晩秋まで収穫できることで不時栽培ができ，収入増加を実現するものとして考えてきたのである．しかもその多くは鉄パイプにフィルムをかぶせただけのもので，温度管理も体感的な手作業で行う場合が多かった．CO_2 濃度や湿度までも制御して，植物の生育環境をできるだけ好適条件に維持するという考えはあまりなかった．栽培法も，'土作り農業'という表現に代表されるように，そのほとんどは土耕であり，たとえ養液栽培が行われる場合でも，'養液栽培用'という特別な品種はなく，高収量品種も提供されなかった．全体として，経験と勘に強く依存する栽培といえよう（図9.1）．

これに対して，オランダでは，ガラス室を植物生育に好適な条件を整えるものとして，光環境や気温，湿度，CO_2 濃度などのすべての環境を，データに基づいて，コンピュータを用いて可能な限り良好にして，生育を早め，収量を増加させるものとしての精密農業を発達させてきた．1990 年代からは，高い労賃対策や軽労化のために，システム化・自動化やロボット化を一層進

第1部　太陽光植物工場

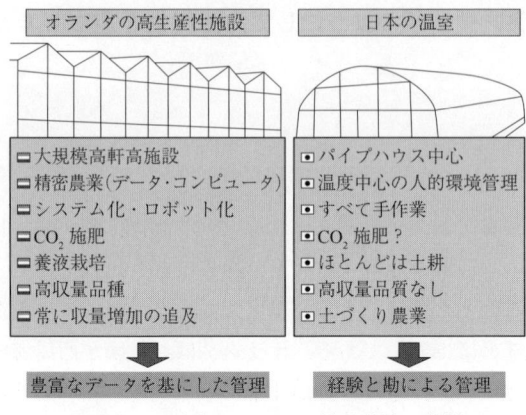

```
┌─────────────────────────┐  ┌─────────────────────────┐
│  オランダの高生産性施設  │  │       日本の温室        │
└─────────────────────────┘  └─────────────────────────┘

□ 大規模高軒高施設            ■ パイプハウス中心
□ 精密農業(データ・コンピュータ)  ■ 温度中心の人的環境管理
□ システム化・ロボット化      ■ すべて手作業
□ CO₂ 施肥                    ■ CO₂ 施肥？
□ 養液栽培                    ■ ほとんどは土耕
□ 高収量品種                  ■ 高収量品質なし
□ 常に収量増加の追及          ■ 土づくり農業

     ↓                              ↓
豊富なデータを基にした管理     経験と勘による管理
```

図9.1　日本とオランダの施設栽培の特徴

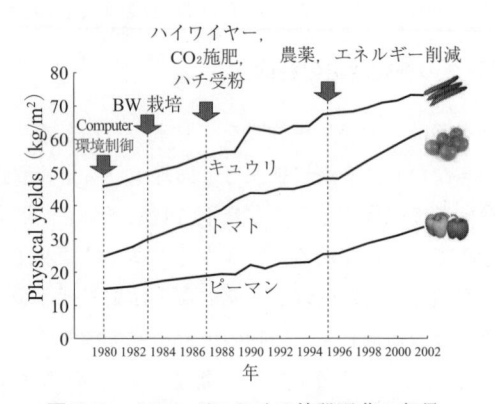

図9.2　オランダにおける施設野菜の収量

めている．近年は新しいエネルギー対策もさまざまに展開している．栽培施設は，今後閉鎖型あるいは半閉鎖型に向かい，エネルギー収集施設に変化する方向をたどっている．

　オランダの施設栽培は輸出産業である．常に国際競争を意識し，生産性の向上，収量増加，エネルギーの削減などが検討されている．図9.2に示すように，トマト果実の収量は1970年（20 kg/m²）からの30年間で3倍以上に

増加した．3割増加したのではない．このような急激な収量増加がどのようになされたのかを検証してみたとき，栽培を土に依存せずにロックウールを用いたことの効果は大きかったと考えられる．また，養液栽培用品種の開発や，ハウス軒高が高くなって光環境が改善されたことや，コンピュータの導入も大きな効果を発揮したと言われている．一言で言えば，オランダの施設栽培はサイエンスの塊である．

3. サイエンスに基づいた栽培技術を展開

1971年の10a当たりのトマト果実収量は年間21tであるから，今の日本のそれと同程度と評価できる．当時，オランダの施設園芸は土耕あるいは，有機培地としてのピートモスを用いた液肥栽培であった．ピートモスは，ミズゴケなどの植物類が寒冷地の低湿地で堆積し，長い時間をかけて泥炭化したものである．ピートモスは産出地によって理化学性はいく分異なるが，一般的には，脱水すると軽くて通気性の良い素材となる．ピートモスは吸水性や保水性がよいので，日本では鉢物などの培地として広く利用されている．1970年代の中ごろからは，ピートモスは乱獲から供給量が減少し，値段は高くなり，上質のものが入手しにくくなっていた．また，連作するためには1作毎に殺菌処理が必要で，それに代わるものとして1980年代にはロックウールの使用が進んだ．ピートモスの最大の特徴は，有機資材であり，経年変化が大きいことである．

(1) ロックウール（RW）栽培の普及

RWは最初デンマークで使用が開始され，オランダで急速に発展し，イギリスやフランスなどヨーロッパ諸国にも普及したが，現在では世界中で利用されている．RWは無機質培地であり，理化学性は植物生育のために好適で，この培地を栽培に用いるようになったことが，オランダの施設園芸が発展したひとつの理由と言えそうである．

RWは，植物の生育にとってもっとも理想的な培地と言えるかもしれない．土壌は，その起源や使用経歴，有機物の多少などによってさまざまな理化学性や生物性を有することになるが，RWは世界中のどこでも全く同質のもの

を使用できるだけでなく，RW は玄武岩などを高温で溶かして作成するために，新しいものについては根腐れ病などの病害が発生する心配はない．

RW は化学的には不活性であり，若干の Ca が溶出することはあるが，与えた培養液の組成が大きく変わることはない．また，素材の大部分が空隙であり，培養液や空気を保持し，それを作物の根に供給できる構造となっている．RW の物理性は高い安定性を保持している．バラ栽培などでは，培地を 5～8 年も使うことがあるが，その場合でも安定した生育を持続できると言われている．

RW は進化している．近年の RW の密度は，以前のものに比べて全般的に低下している．オランダでは，RW は熱殺菌をしたり繰返して使用したりすることは前提とせず，使い捨てにしている．RW の密度は，物理的な構造の維持と，水分移動の改良を意識して改善されてきたようである．すなわち，水分については上下方向と水平方向の毛管移動と水分分布が改善されてきた．土壌やピートモスと異なり，RW は非常に大きな空隙率を有しており，乾燥した製品の場合，空隙率は容積の 95％ 以上を占める．しかも，RW 内に保持される水分のほとんどは自由水であり，植物が吸収利用できるものである．

(2) 植物体管理

1980 年代のトマト栽培では，アンブレラ（雨傘）型（図 9.3）の仕立て方が主流であり，現在のようなハイワイヤー型ではなかった．つる降ろしをしないアンブレラ型は，植物が生長すると群落が大きくなり，上層の葉のみが光を利用でき，下層の植物が利用できる光は大幅に減少する．そのため，根元に植えられたトマト苗の生育は不良で，二世代連続栽培は失敗に終わった．一方，現在の主流となっているトマトのハイワイヤー栽培では，茎が伸びるにつれてつる降ろしをすると同時に，下葉を摘除する．

植物群落では上層（表層）部がもっとも強い光を受け，下層に移るにつれて光強度は急速に低下する．光補償点以下のところでは呼吸による消耗が光合成を上回ることになるので，そのような部分の葉は摘除する．下葉を摘除する効果は，光合成産物の転流や根から吸収されたミネラルの分布など，植物生理学的に見ても大きそうである．なお，病害がなければ摘除した葉は通

路に残して，天敵を保有すると同時に，室内の湿度調節をさせるなど，敷きわら的な効果を持たせる（図9.4）．

オランダの夏は日が長い．しかも，30℃を超えるような高温の日は一夏で数日間であるので，トマト栽培には非常に好都合の気候と言える．したがって，夏の間の果実収量は極めて多い．

図9.3 トマトのアンブレラ型栽培と根元に育つ次世代トマト苗（1984年）

近年のオランダでは，季節によって単位面積当りの茎数を変えている．すなわち，1 m^2 当りの茎数は定植時の12月から春に光が強くなるまでは1.8-2.0本であり，その後光量が増加するにつれて側枝を増やし，最大には4.0-4.2本にするのである．葉面積指数（LAI）を季節によって変えるという方法は，

図9.4 トマトのハイガター栽培とインタープランティング（2008年）

光を有効利用する賢い考えと言えよう．

これまでの作型では，前作が終了して，片付け，栽培準備，苗定植，開花・結実と進んで，収穫が開始されるまでの2ヶ月間余りは果実収穫ができないが，残りの10ヶ月間を休みなく収穫し続けることができる．しかし近年は，年間を通じての果実収穫を実現させつつある．

1980年代に一度試されたが実用化できなかったインタープランティングの技術が，近年改めて見直されている（図9.4）．それは，これまで以上に果実収量を増加させようとすると，1年間で10ヶ月間という果実収穫期間を通年にする必要があるからであった．インタープランティングが実用化でき

図9.5 高収量品種と閉鎖環境，補光などによって100 kg/m^{2}を達成した．

たのは，トマト栽培が当時は地面にうねを作っていたのが，現在はRWベッドが脇の下ほどの高さに設置されるハイガター方式になったことと，人工光の利用が可能になったことによると考えられる．インタープランティングと人工光の利用によって，年間果実収量は100 t/10 aを超えることができた（図9.5）が，栽培が連続するために病虫害も連続すること，冬季間は補光が必要になるがそのためにはコストがかかることなどの問題が残り，現在はまだこの栽培法が広く普及しているわけではない．

(3) ロックウール栽培用品種の作出

日本でのトマト栽培の基本は，栄養成長を抑制する（葉を大きくせずに茎も太くしない）ことで，そのための水管理や窒素施肥の方法が，栽培の上手下手を支配することになる．この方法はトマトに対していかにうまくストレスをかけるかという技術である．ストレスは，一般的には収量を低下させるので，日本式栽培では果実収量の飛躍的な向上は難しいだろう．

土壌はストレスの多い栽培環境であり，その中で育種・選抜された品種は，暗黙の了解であるが，'ストレス環境で一定程度よく育つもの'ということになる．それを水も肥料も潤沢に供給される養液栽培で育てると，栄養成長が非常に強くなって，葉は大きくなり，茎も太くなってしまう．それでは果実の収量を増加させられないし，品質も悪くなるので，栄養成長をいかにうまく抑えるかというストレス技術に向かうことになるが，これが日本式栽培法である．

＜高収量品種の特性＞

オランダでは，ロックウール栽培を普及させる過程で，ロックウール用品種，すなわち水や肥料を十分与えても栄養成長に強く偏らない品種を開発してきた．1980年代の中ごろに当時の温室作物研究所を訪問したときには，

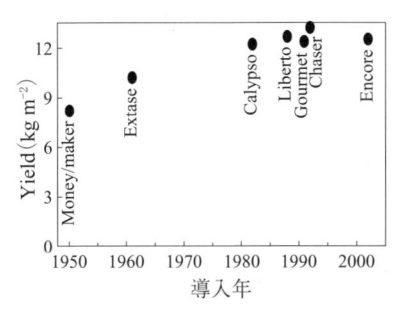

図9.6 年代別のトマト品種の果実収量（Higashide ら 2009）

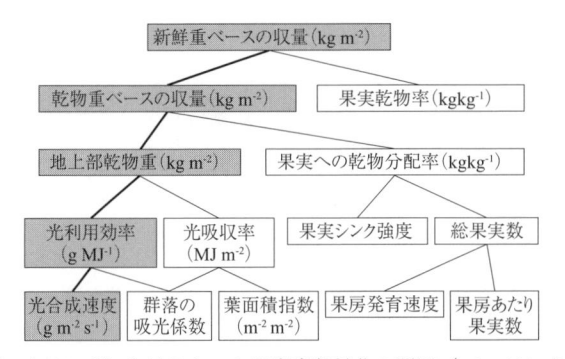

図9.7 オランダにおけるトマト果実高収量化の要因（Higashide ら 2009）

ロックウール栽培用品種の作出を進めていたハウスは見学を許可してもらえなかったことを覚えている．

　Higashide ら（2009）は，1950 年から近年までの代表的なトマト品種を，同時にロックウール栽培して果実収量の違いを明らかにし（図9.6），その要因を解析するための実験を行った．その結果，1950 年以降 40％ の収量増加が見られたが，その要因は主に光利用効率の増加にあると結論付けている（図9.7）．

　ロックウール栽培用品種として重要な課題は他にもある．一般の土耕では，根腐れなどの病害対策は重要である．しかし養液栽培では，土耕で問題になるような病害が必ずしも大きな障害とはならない．そのような場合には，育

種過程で根腐れ病に弱いという理由で捨てられたものを，再度選抜の対象とすることも可能になる．

最近はオランダでも接木が広く行われるようになってきた．オランダにおいては，長い栽培期間を通じて養水分吸収を持続できる強い台木の育種が求められている．

(4) 天敵や受粉昆虫の利用

ヨーロッパでは，1980年代の中ごろから普及が始まった天敵の利用は，その後急速に拡大し，殺虫剤を用いない栽培を実現できるようになった．通常は蛹を購入して植物群落内に置くと，それが孵化して成虫となり，害虫を捕食したり害虫に産卵したりするが，天敵をハウス内で飼育するためのバンカープランツの利用も盛んになった．

天敵と同じころに，トマトの受粉昆虫であるマルハナバチの利用も普及した．それまでは，トマトの受粉は振動方式を用いていた．すなわち，植物体を定期的にたたいたり，花房を特殊な棒で振動させたりすることで，振動受粉を行っていたのであるが，ハチを利用するようになって，この作業が不要となったことと，着果が確実になった効果は大きい．

(5) かけ流しから循環給液管理への変化

培養液は，それまでは給液量の20～30%を排液とするかけ流し式で管理されていたが，環境対策として，2000年から閉鎖系での栽培が義務付けられて，培養液のかけ流しはできなくなった．それにともなって，培養液管理の方法が大きく変化した．かけ流し式では，一定の組成・濃度の培養液をベッドに供給して，根圏の状態をいつも良好に保つことができたが，循環方式になってしばらくは培養液の濃度や組成を維持する方法に問題が残り，さらに生育抑制物質の蓄積などによってそれまでよりも植物体の生育が抑制されるようになったことがある．

培養液を循環利用する際には，根腐れ病などの病害の蔓延を防ぐために，ベッドからの排液を殺菌して給液する必要性がある．これまでさまざまな殺菌法が試されたが，現在よく見られるのは紫外線殺菌法である．

(6) ハウス内環境の改善

　光環境の悪いオランダでよく言われることに'1% 理論'がある，すなわち，ハウス内に入射する光の量が1% 増えると，トマト果実の収量も1% 増加する，というものである．オランダのガラス室は，1970 年代以降，軒高を増すと同時に，ガラス1枚の大きさも大きくなって，ハウス内に入る光の量を増加させてきた．ハウスの光透過率は1980 年では約 65% であったのが，近年では約 78% に増加している．代表的な構造であるフェンロー型はもともと構造用鋼材を少なくして，ガラスによって強度を維持するものである．近年は，プッシュ・プル式で開閉する天窓のガラス板に金属枠のないものも見られ，軒の高さも7m を超えるものが出てきた．

　天井のカーテンは保温や遮光に使われるが，植物に影を作らないように，カーテンを開けた時には極めて小さく折りたためるようになっている．

　ガラス屋根が汚れると，当然ながら光の入射量は減少する．それを防ぐために，ガラスの清掃ロボットが開発されている．ローラーブラシを回転させながら，次々と屋根ガラスを掃除していく様は，見ていても面白い．

　栽培時に考慮する必要がある植物体情報と環境要因は多くある．これら個々の要因をコンピュータを駆使しながら，作物にとってのストレスを最小限に減らし，光合成の原料になる CO_2 と水を吸収させやすくし，光合成を促進し，さらに同化産物の転流を促進できる環境を実現しているのが現在のオランダ施設園芸といえよう．近年は，環境負荷軽減やエネルギー対策という点でも新しい手法が試されている．

1）炭酸ガス（CO_2）施肥の普及

　作物栽培とは，突き詰めて考えれば，CO_2 と水を原料にして，光エネルギーを利用して，葉で炭水化物を合成し，それと根から吸収されたミネラルなどとを組み合わせてアミノ酸やタンパク質，糖などを合成し，それらを果実や生長点，根などに転流させる行為である（図 9.8）．したがって，光合成の原料である CO_2 や水をできるだけ多く植物に吸収させるということは，栽培技術として極めて重要である．葉による CO_2 の取り込みは気孔を通じて行われるが，気孔内部への移動は濃度差による拡散に依存している．した

(200) 第1部 太陽光植物工場

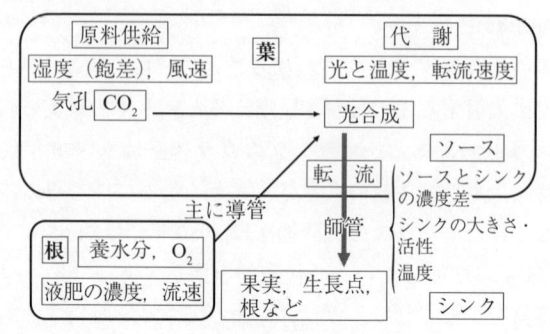

```
┌─────────────────────────────────┐
│  ┌原料供給─────┐ ┌代 謝────────┐│
│  │湿度(飽差),風速│ │光と温度,転流速度││
│  │気孔 CO₂      │→│光合成        ││
│  └──────────────┘ └──┬───────────┘│ ソースとシンク
│          葉         転流          │ の濃度差
│                     師管          │ シンクの大きさ・
│          主に導管    ↓           │ 活性
│  ┌根─────────────┐ 果実,生長点,   │ 温度
│  │養水分,O₂      │ 根など         │
│  │液肥の濃度,流速│                │ シンク
│  └──────────────┘                │
└─────────────────────────────────┘
```

図9.8 高収量を目指した施設環境調節法並びに栽培法の開発

がって，空気のCO_2の濃度を高めること（CO_2施肥），その空気を葉の表面に積極的に供給すること（風），そして気孔を開かせる湿度管理（飽差）は，同時に行われないと効果的ではない．

　光合成を効率的に行わせるためには，光強度や気温（葉温）を好適に維持することも大切であるが，葉で合成された炭水化物を効率よく他の器官・部位へ転流させることも重要で，そうしないと葉に過剰な炭水化物が溜まってしまい，フィードバック制御で葉の光合成を抑制することになる．転流はソース，シンクの関係で考えられているが，両者の炭水化物の濃度差や，シンクの活性，大きさ，気温（植物体温）なども強く影響する．なお，補償点以上の光強度があれば葉は光合成をするのであるから，早朝や午前中といった限られた時間だけでなく，CO_2施肥は日中のほとんどの時間で行われるべきである．

　2）ハウス内湿度管理

　前述のように，気孔を開かせるという意味で，湿度（飽差）管理は極めて重要である．わが国の施設栽培でCO_2施肥の効果がしばしば確認できないのは，湿度管理ができていないことが理由と考えられる．気孔を開かせるのによい飽差は 1.5-7.5 g/m^3 とされているが，それを満たす相対湿度は**表1**に示すようになり，気温25℃では70-90%の，30℃では80-95%の相対湿度を必要とする．オランダでは，気温のみならずCO_2濃度維持と湿度管理

表 1 相対湿度と気温との関係から求められる飽差 (g/m³)

気温℃	相対湿度（%）								
	95	90	85	80	75	70	65	60	55	5
16	0.7	1.4	2	2.7	3.4	4.1	4.8	5.5	6.2	6.7
17	0.7	1.5	2.2	2.9	3.6	4.3	5.0	5.8	6.5	7.2
18	0.8	1.5	2.4	3.1	3.8	4.6	5.4	6.2	7.0	7.7
19	0.8	1.6	2.5	3.3	4.1	4.9	5.7	6.5	7.4	8.2
20	0.9	1.7	2.6	3.5	4.4	5.2	6	6.9	7.8	8.7
21	0.9	1.8	2.7	3.7	4.6	5.5	6.4	7.4	8.3	9.3
22	1.0	2	2.9	3.9	4.9	5.7	6.8	7.7	8.8	9.7
23	1.0	2.1	3.1	4.2	5.2	6.3	7.3	8.3	9.3	10.3
24	1.1	2.2	3.3	4.4	5.5	6.5	7.7	8.7	9.8	10.9
25	1.2	2.3	3.5	4.7	5.8	6.9	8.1	9.3	10.4	11.5
26	1.3	2.5	3.7	4.9	6.1	7.4	8.5	9.8	10.9	12.2
27	1.3	2.7	3.9	5.2	6.4	7.7	9.0	10.3	11.6	12.9
28	1.4	2.8	4.2	5.5	6.7	8.2	9.5	10.9	12.3	13.6
29	1.4	2.9	4.4	5.8	7.3	8.6	10.1	11.5	13	14.4
30	1.5	3	4.7	6.2	7.6	9.1	10.6	12.1	13.6	15.2

＊好適範囲といわれるのは 1.5〜7.5 g/m³ の範囲で，灰色の部分である．

が施設環境管理の重要な課題であり，除湿のために加温しながら天窓を開くような場合もある．筆者らがわが国の栽培ハウスで測定した結果では，特に冬季に異常乾燥注意報が発令されているような気象条件では，ハウス内の湿度もかなり低くなっており，気温や光強度は十分な状態でも，飽差が大きいために気孔は閉じている可能性が高い．

　湿度は作物の生育のみならず，病害などの発生にも強くかかわっている．特に，夜間は結露するような湿度にしないことが，病害発生を抑制するために重要である．

3) ハウス内空気循環

前述のように，植物群落内の空気を動かすことは重要である．従来は，ハウス内の上部に設置したかく拌扇を利用して横方向に空気を動かしていたが，近年では垂直方向に空気を動かすファンを設置したり，栽培ベッドの下にダクトを設置したりする例が多くなっているようである．

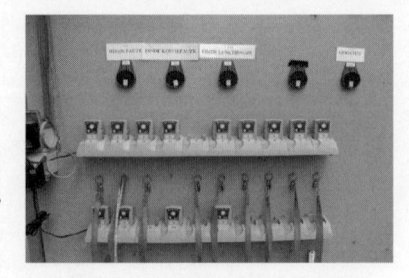

図9.9 作業者が持つ入力端末

4) 統合環境制御とコンピュータの利用

オランダでは，1980年代に入ってコンピュータの利用が急速に普及した．それ以前はON-OFF制御が一般的で，ハウスを訪問すると，給液装置や換気，暖房機などは別々に操作され，個別の操作盤が壁面を飾っている光景をよくみたものである．しかし，小型のハウス環境制御用コンピュータが開発されて普及すると，気温，湿度，天窓，カーテン，給液法などについて統合的に制御され，栽培環境は植物生育に好適に維持されるようになり，さらに省エネの環境制御もできるようになった．現在のコンピュータでは，使用者が設定する項目は数百に及ぶ．

最近，コンピュータは作業管理にも広く利用されるようになってきた．以前はテンキーでの入力法が使われていたが，言葉のわからない外国人労働者を雇って作業させるようになった現在，作業者一人ひとりに入力端末を持たせ（図9.9），作業のたびに端末のスイッチを押させるのである．果実収穫，つる降ろし，下葉摘除などの作業にかかる時間がわかり，作業者ごとの能率を判断できるとともに，うねごとの果実収量もデータ化できる．

(7) 移動式植物栽培（Walking plant）

オランダで経営者が支払う労賃は約3,000円／時間と，わが国のそれと比べるとかなり高い．これをいかに低減させるかは経営者の大きな課題である．ロボットの導入は解決策のひとつになるが，高価なロボットを導入するには経営規模がある程度大きいことが条件となる．オランダでは規模拡大とロ

ボット化が同時に進行している．

　植物体を移動させる栽培は，まさしく植物工場である．鉢物の移動は瓶詰め工場のようであり，バラやユリでのベッド移動式栽培は，新時代の到来を実感させる．植物体の移動は平面であったり上下であったり，あるいはそれらを組み合わせたものであったりする．1 鉢ずつベルトコンベアに乗るもの，数百個体をまとめてコンテナで移動させるもの，さまざまである．植物体移動式栽培は，コンピュータを駆使して成り立っている．3 方向から見たカメラによる画像解析は 70 項目もの評価をこなせるという．これとソーティングマシンとの組合せが，鉢物栽培での生産性を大幅に向上させた．

(8) コジェネ／トリジェネの普及

　オランダの施設栽培では，うね間に配管したパイプに温湯を流して暖房する温湯暖房が主流である．特にトマトやパプリカなどの栽培では，温湯パイプは作業車のレールとしても利用されている．

　オランダでは，日本に比べて室内の設定温度が高い．トマトが高温性作物であることを考え，トマトにストレスとならないような気温を設定するならば，オランダのようになるのかもしれない．しかし，そのために消費するエネルギーは膨大である．これまでは，天然ガスを燃料としたボイラーでお湯を沸かす方式であったが，このところ広く普及しているのは，マイクロガスタービンで発電をし，電気も熱も排ガスも利用しようとするいわゆるトリジェネである．しかし，これらをバランス良く利用するのは難しい．オランダでは売電単価が高く，天然ガスの農業用単価が安いのでこの方式が普及したが，自国産天然ガスの埋蔵量に不安が出ている今，この方式がこれからも主流になるかどうかはわからない．

図 9.10　長波放射を反射する資材の開発

(9) 省エネから創エネへの移行

　オランダの施設栽培にとってもエネルギー対策は最重要課題である．これ

図9.11　高温対策と新しいエネルギー利用を目指して建設された試験ハウス

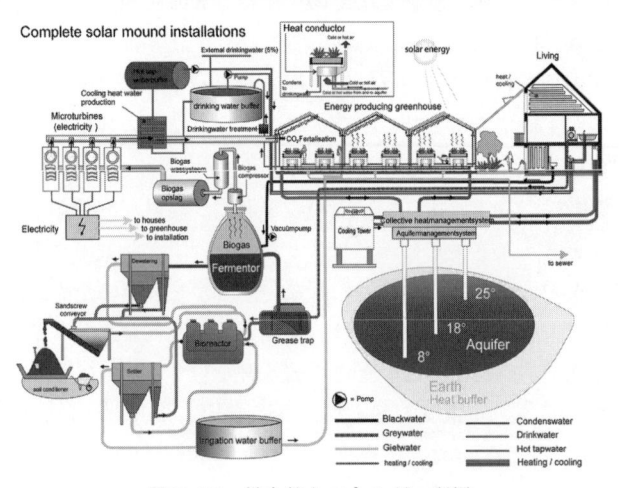

図9.12　総合的なエネルギー利用

までは，省エネあるいは効率的エネルギーの利用を目指してきたが，最近はガラスハウスを太陽エネルギーの収集場所と捉えて，'創エネ'の技術を開発している．ひとつはハウスの高温対策として，ハウス内部に長波（熱線）が侵入するのを抑制する長波反射技術の開発であり，もうひとつは室内で植物生産に必要な量を上回るエネルギーを地下に貯めて，再利用あるいは民生用として利用しようとするもので，実証試験が既に始まっている．前者は長波を反射する資材の開発（図9.10）であり，反射した長波を集めて発電に利

用しようとする技術の開発である（図9.11）．一方後者は，エネルギーを捕集するために，栽培施設を閉鎖型あるいは半閉鎖型にして，ヒートポンプを利用する技術の開発である（図9.12）．

＜半閉鎖型ハウス＞

栽培施設を閉鎖型に近づけるほど，植物の生育環境としては調節しやすくなる．病害虫の進入を防ぐことができるだけでなく，ハウス内の湿度やCO_2濃度は維持しやすくなる．ヒートポンプの稼働時間が長くなると，熱交換のための空気の動きを持続させることになり，そのような意味でも作物の生育環境は改善され，2008年にはついに年間の果実収量が100 kg/m^2を超えた（図9.5）．驚くべき数字である．

日中に栽培施設で集められた熱エネルギーは地下の静水帯に蓄えられ，それは夜間あるいは冬季に利用される．エネルギーはバイオマス由来のものもあり，総合的に利用されている（図9.12）．

(10) 分業化

オランダの施設栽培では，規模拡大が進む中で分業化も進んできた．トマト苗の育成は，育苗業者に委託するのが一般的である．病害虫は日々の管理作業の中で見つけられるが，それを評価してどのような対策を立てるかについては，定期的に施設を訪れる専門家の提案があり，栽培管理者が決断することになる．

トマト栽培では，つる降ろしや葉かきが定期的な管理作業となるが，それらだけを専門的に行う業者もいる．そのほか，栽培が終了した時につるを片付けるのも業者に委託する．

定期的に培養液の無機要素濃度を分析したり，植物体や葉を分析したりして（汁液分析：sap analysis）診断するのは，専門機関が有料で対応している．

(11) 科学的栽培技術を利用できる人材の育成

高度な栽培技術を駆使して生産を行うためには，良く教育された生産者がいなければならない．

オランダの子供たちは，12歳で小学校を卒業すると，科学準備教育，高等一般継続教育，中等応用準備教育のいずれかに進む．それぞれは将来，大

学あるいは高等職業教育，中等応用教育を経て労働市場へ進むことになる．なお，オランダでの大学進学率は 30% 程度で，それよりも早く社会へ出て，労働を開始する例が多い．学歴よりも'職人'あるいは'仕事ができる'ということが社会の中で高く評価されるようである．2010 年に筆者らがオランダを訪問して行った「オランダにおける人材育成」の調査結果は以下のようであった．

①国の教育機関は，科学教育機関と職業訓練的教育機関で構成される．
②職業訓練的教育機関では，就業時に求められる知識・技術を教えている．また講義だけでなく，インターンシップ等の実践の機会が十分に与えられている．
③科学教育機関においても，就業時を想定したインターンシップ（単位取得可能）やコンサルタント訓練の機会を用意している．
④国の教育制度に基づいた機関の他に，実務訓練を代行する民間教育機関等が存在する．
⑤教育機関以外の研究施設でも，生産者やコンサルタントへの最新技術等の情報発信により，生産者の知識・技術レベル等の向上に貢献している．
⑥民間メーカーにおいても，生産者への研修機会を設けたり，生産者への情報提供・情報共有の機会を設けたりしている．
⑦教育機関，研究機関，民間メーカーとも，Greenhouse での栽培においては，最も重要な知識は「光合成・植物生理」であるとの認識が一致している．

(12) グリーンポート

グリーンポートは 2040 年を目標に，計画されている．グリーンポートという考え方は，ある地域に高い密度で同じ農業（生産者）と，セリ市場，輸送業者，生産関連資材の供給者などを集中させることで，情報の迅速な伝達（栽培技術の普及），雇用，消耗品の供給，収穫物の選別・梱包・出荷，エネルギー利用などを行い，輸出産業としての農業を効率よく発展させようとするものである．その中にはしばしば，教育的な仕組みも取り入れられている．

オランダには 5 つのグリーンポートがある．すなわち，Westland/Oostland

（世界最大の Greenhouse 栽培地帯），Venlo（オランダ第 2 の規模を誇る園芸地帯），Aalsmeer（切り花・球根類などの花卉類の生産地帯，世界最大規模の花市場がある），Duin en Bollenstreek（球根生産の中心，Keukenhof のチューリップ公園は有名），Boskoop（樹木類生産の中心）である．

(13) その他

近年オランダでは，Tomato world や Improvement center，Greenport などといった新しい組織が動き出している．Tomato world は，オランダの子供たちに向けたトマトの生産に関する展示・広報施設である．Improvement center は研究成果を実用に移す前の実証機関のようなもので，実用規模でさまざまな研究を行っている．これらに共通していることは，極めて多数の企業が参加していることで，官民あげて施設栽培の新技術の開発・普及に取り組んでいることは注目すべきである．

オランダの施設栽培で急速に生産性が向上した背景には，図 9.13 に示すような，研究者と生産者，関連企業の密接な協力があったと考えられる．生産者は売り上げの一定割合を研究費として提供する．研究者は，組織が変わらない限り転勤はなく，現場も良く知っている．したがって，データの蓄積が可能である．企業と研究者は生産者も含めて絶えず情報交換をしながら，新しい技術や資材を開発している．開発された技術や資材はすぐに生産現場で試され，必要があればさらに改良される．生産者同士は緊密な情報交換をしており，技術情報の週刊誌もあるほどで，生産者の新しい情報についての獲得欲求は極めて強い．

私たちは農学原論で，作物・品種と栽培技術，栽培環境の三つの要素がそれぞれ最も良くなった時に，作物の生育あるいは収量も最大になると学んだが，オランダの施設栽培はまさしくサイエンスとしてこれを追求してきたと言える．

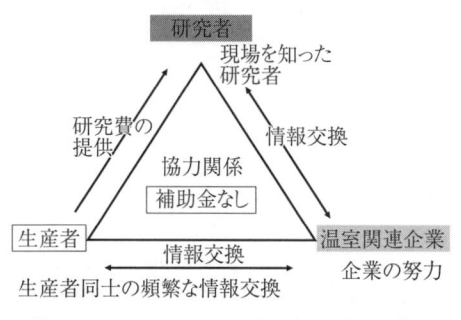

図 9.13 オランダにおける収量増加の背景

4. おわりに

　筆者は1980年代からたびたびオランダやそのほかのヨーロッパ諸国を訪問して，展示会を見，試験研究機関や企業，個人生産者を訪ねて聞き取り調査を行ったが，オランダの生産現場では見るたびに新しさに気づく．言葉の問題もあり，オランダ農業のすべてを理解しているかどうかは自信がない．したがって，ここに記したことは，オランダ農業における一場面と理解していただくほうがよいかもしれない．

　オランダの施設栽培は，短期間に急速に生産性を向上させた実例である．今後，日本における施設栽培での生産性を向上させるために，オランダに見習うべきことは多くあるように思われる．本校がそのために少しでも役立つなら大変うれしい．

〈参考文献〉

1) 池田英男：植物工場ビジネス ―低コスト型なら個人でもできる―．日本経済新聞出版社．東京，2010．
2) 池田英男：知能的太陽光植物工場の新展開〔2〕―わが国における太陽光植物工場の現状と今後への期待―．農業および園芸 85(2)：294-303, 2010．
3) 池田英男：太陽光利用型植物工場の現状．植物工場ビジネス戦略と最新栽培技術．pp. 48-57．技術情報協会，2009．
4) 池田英男，星　岳彦，高市益行，後藤英司：低コスト植物工場導入マニュアル，日本施設園芸協会，2009．
5) 池田英男：高生産性オランダトマト栽培の発展に見る環境・栽培技術．日本学術会議公開シンポジウム「知能的太陽光植物工場」講演要旨集：32-41, 2009．
6) 池田英男：わが国における太陽光植物工場の現状と今後への期待．日本生物環境工学会2009年福岡大会講演要旨：347-354, 2009．
7) H. Ikeda : Environment-friendly Soilless Culture and Fertigation Technique. Proceedings of 2009 High-Level International Forum on Protected Horticulture, 245-252. China, 2009.
8) 古在豊樹（編著）：太陽光型植物工場．オーム社．東京，2009．
9) Higashide, T and E. Heuvelink : Physiological and morphological changes over the past 50 years in yield components in tomato. J. American Soc. Hort. Sci. 134(4)：460-465, 2009.

第2部

拠点大学の現状

第10章　大阪府立大学　農業インフラとしての植物工場

村瀬治比古

1. はじめに

　我が国の社会資本 700 兆円の 14％ 程度が農林水産業で，今回の震災で 2 兆円もの被害となった．災害復旧は社会資本の維持と並んで重要なカテゴリーである．もう一つ重要なカテゴリーが社会資本の更新であり，農業機械化推進事業などで構築されたシステムも 50 年を経て更新あるいは再構築が必要な時期となった．社会資本という観点から新たな食料生産システムの構築がまず少なくとも技術的可能性として存在しうることを実証しておく必要がある．今日まで農地やため池その他農業関連施設などが農業を支える社会資本として位置づけられているが改めて農業における新たな社会資本の考え方について述べる．

2. インフラクライシス

　図 10.1 は，野村総合研究所の調査結果で日本国内の社会インフラの建設にこれまで投入された金額と将来の推計額を示している．図は日本経済の高度成長期に蓄積された社会インフラがその寿命を迎え，それに伴う維持・更新費用が急速に増大していることを示している．推計では 2030 年ごろにはその維持・更新に年間 10 兆円ほどの予算措置が必要となる．国や自

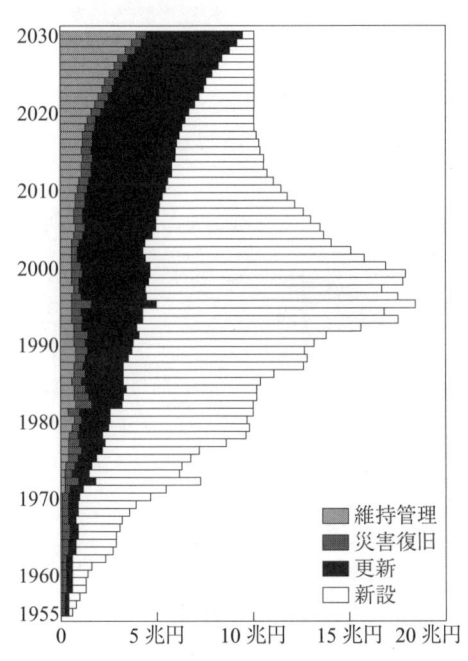

図 10.1　社会資本の蓄積と維持・更新

治体にこれだけの財政負担を背負う余裕があるかどうかは疑問である．調査結果の考察において示されている社会資本危機（インフラクライシス）という状況認識は正しいと考えられる．今後予想される少子高齢化と経済活動の停滞による税収減は更に見通しを暗くする．

3. 農業インフラストラクチャー（農業インフラ）

　農林漁業関連の社会資本は平成14年で94兆円の蓄積（図10.2）があり，これまで毎年農業インフラ整備も進められている．ため池整備，広域農道など道路整備，ダムや用水排水施設整備，堤防および災害復旧など平成22年度も約2兆4500億円の整備予算が措置された（表10.1）．インフラ整備は維持管理あるいは更新さらに災害復旧も含まれ社会状況の変化に影響される．

　特に，インフラには寿命があり農業水利施設をはじめ50年程度で更新時期を迎えるものが多々ある．農業インフラでは高齢化による生産の限界，気象変動による不安定生産，水資源の枯渇など社会変化の中でインフラ整備を進めなければならない．

　1961年の農業基本法制定に続いて，1962年から農業構造改善事業が開始された．これは圃場整備，大型機械の導入利用，選択的拡大作目の導入をセットにして助成・融資するという画期的なインフラ整備であった．家計収支が上昇する中で農業経営を自立させるには面積規模の拡大，あるいは資本投下など集約度の増大が不可欠であった．これらを受け，1960年代から1970年代にかけては，トラクターの普及に伴って各種作業機，コンバイン等の輸入が急増するとともに，それらの国産機も開発され，次第に農家に浸透していった．このようにわが国の農業機械化体系の構築がインフラ整備そのもので50年を経て現在に至

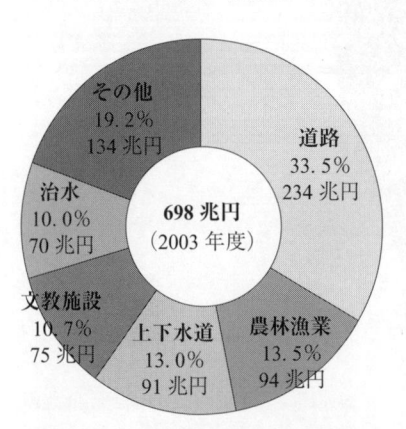

図10.2　日本の社会資本（内閣府）

698兆円（2003年度）
道路　33.5%　234兆円
農林漁業　13.5%　94兆円
上下水道　13.0%　91兆円
文教施設　10.7%　75兆円
治水　10.0%　70兆円
その他　19.2%　134兆円

表10.1　平成22年度農林水産関係予算の骨子

区分	21年度予算額（億円）	22年度概算決定額（億円）	対前年度比（％）
農林水産予算総額	25,605	24,517	95.8
1. 公共事業費	9,952	6,563	65.9
一般公共事業費	9,760	6,371	65.3
災害復旧等事業費	193	193	100
2. 非公共事業費	15,653	17,954	114.7
一般事業費	6,993	6,355	90.9
食料安定供給関係費	8,659	11,599	133.9

り社会変革の中で更新時期にさしかかっている．この旧システムを延命するような更新か社会変革に合わせた新規なシステムを整備するか大きな課題である．1960年の農業就労者平均年齢は49.3歳で今日では65.8歳である．この危機的状況のなかでインフラ更新の時期を迎えている．災害復旧もインフラ整備に含まれていることに鑑み，この度の震災復興についても旧システムの回復などのような短絡的な対応を避けて，インフラとしての1次産業の蘇生を目指すべきである．その手法として農商工連携や6次産業化を考えるにしても人類生存のための作物生産はあくまでも1次産業であるべきである．

社会資本は，国民生活および国家の存続に必要不可欠な財であるが，共同消費性，非排除性などの財の性格から，市場機構によっては十分な供給を期待しえないような財としてとらる考え方からすると，例えば，同じ機械化体系であってもIT利用の精密農業や植物工場などインフラとして考えることは妥当である．植物工場設備などはインフラとして整備して，その社会的活用は民間委託などによる．

図10.3は，完全人工光型植物工場（蛍光灯）でレタスを生産した場合のコスト構成を示したものである．その中で設備償却が40％を占めていることが大きな特徴といえる．ランニングコストを低減するためにLEDを導入するとこの設備コストが更に増大する．この場合，エネルギーコストを低減する努力が設備償却に組み入れられ，電気代は低減するが設備償却が増加し

生産コストの構成割合が変化するのみであり，生産コストそのものは変化しないか場合によっては初期設備費が非常に大きくなり，結局生産コストが結果的に増大する．このように，インフラであるべき生産設備が初期投資と位置付けられると一次産業としての使命を果たすことができない．この状況を容認する限り，植物工場は社会資本とはなりえないので，一次産業から除かれることになる．

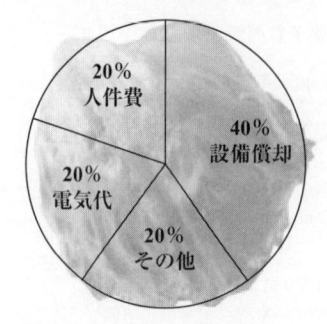

図10.3 レタスの生産コスト構成

4. 社会インフラとしての新たな視点

(1) 高齢者・障害者雇用

社会保障制度を充実し高齢者や障害者を国家が庇護していくことは必要である．同時に，できる限り高齢者や障害者が社会経済活動に参画し納税者となり国家を支える立場になりうるように支援することも必要である．植物工

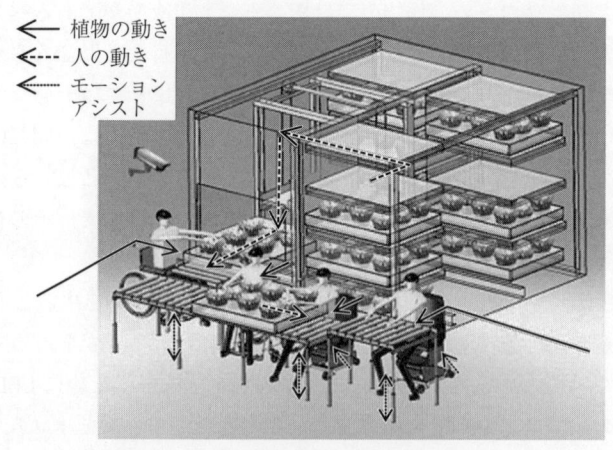

図10.4 社会福祉型植物工場システム

場を単なる作物生産システムと考えるのではなく，多様な労働力を一次産業に受け入れることを可能にした社会福祉性を備えたシステムでその出口を作物にしているという考え方も可能である（図10.4）．この場合に植物工場が生み出す価値は生産物のみならず，雇用という側面も価値であり，ここで価値の再配置が発生する．農業分野も含め少子高齢化が進む中で，植物工場を一次産業という側面から社会インフラと位置付けることで社会が抱える重要課題の解決にも繋がる．国家予算において社会保障費とインフラ整備費の再配分が発生する．

(2) ストレスケア

図10.5は，平成21年における自殺の概要資料（平成22年5月，警察庁生活安全局生活安全企画課）で，年齢構成と自殺原因を表している．図10.5から自殺者の37%が60歳以上で，その原因の半分は健康に関連している．中でもその20%はうつ病患者である．平成19年度の老人医療費のうち3400億円がうつ病治療である．65歳以上で今後うつ病を発症するであろう人口が250,000人と言われており，そのための医療費は6000億円に上るといわれている．

植物が人の精神活動に影響を及ぼすということは古くから知られており，その好適な効果を利用し，植物や園芸活動を媒体として精神的あるいは身体的機能回復に役立つ治療法として発展したものが園芸療法である．植物の生

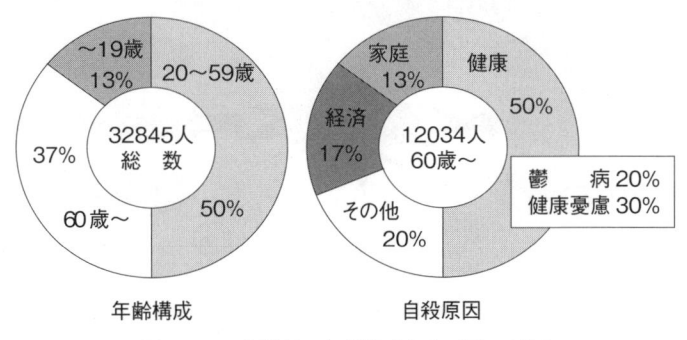

図10.5 自殺者の年齢構成およびその原因

長やその過程に合わせて、園芸活動、花や収穫物などを利用して行う園芸活動が数多くある．このような作業を通じて、身体を動かしたり思考を刺激したり、植物の生命に対する意識が高まる事などが期待できる．特に、閉鎖型植物工場では作物育成の場と作業場の環境をそれぞれ最適化して園芸療法を実施するに、より相応しい環境作りが可能である．この視点を念頭に社会福祉型植物工場を実現するための研究開発が必要である．このように園芸療法においても植物工場を活用した場合のプログラム開発や園芸療法を含んだ作業パターンの開発さらに園芸療法を取り入れる場合の植物工場のハードウェア・ソフトウェア開発が必要となる．

(3) 植物工場と災害

立地に関する制約が極めて少ない人工光型植物工場は GIS（地理情報システム）の活用や地域性などを考慮して、災害に対して強靭，地域産業の活性化，雇用創出，農商工連携のメリット，多様なエネルギーの活用，水などの省資源，安心・安全の確保，社会福祉への貢献などインフラとして大きなリターンが期待できる（図 10.6）．植物工場における最大課題の設備投資については社会資本として国民全体で担うことにより、民間等を介しての運営が可能となると考えられる．これまで計上されていた災害復旧予算などは激減し、基盤整備事業が単純化される．フードマイレージ、設備の稼働率および資源

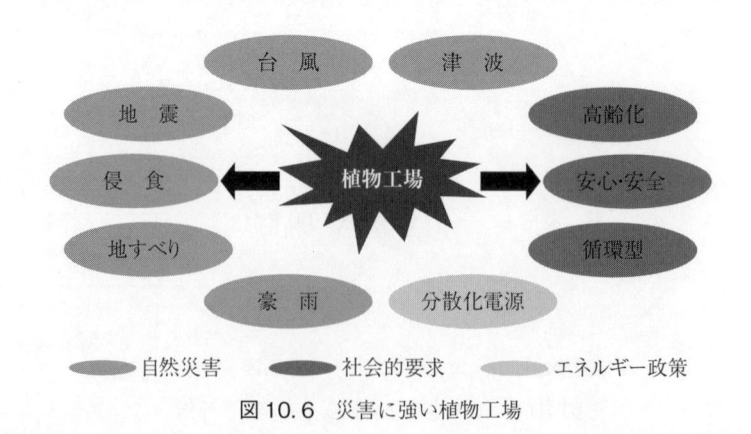

図 10.6 災害に強い植物工場

エネルギー利用の最適化など無駄の徹底的排除が可能なシステムの導入により総合的な費用対効果は自然依存の生産システムより大きな改善をもたらすと考えられる．設備コストやランニングコストの縮減については研究開発が進められている．また，ソーラー発電やLNG発電など小型分散電源と植物工場の組み合わせが必要になるが，その際に規制緩和の措置が必要となる場合が予見される．植物工場特区などを考えていく必要がある．

5. 先端的実証試験施設

大阪府立大学中百舌鳥キャンパス（堺市中区学園町1-1）には，平成21年度の「経済産業省植物工場基盤技術研究拠点整備事業」および農林水産省の「モデルハウス型植物工場実証・展示・研修事業」の両方の事業に採択された．その特徴は，両事業とも完全人工光型植物工場に特化している点である．また，完全人工光型植物工場は単なる植物生産システムではなく，環境，食料，資源，エネルギー，福祉および防災など将来的に多面的な活用価値を生み出すシステムであり，そのための新たな技術が求められ，新たな産業分野を創造する核となるシステムである．そこでは，新たな研究開発および技術

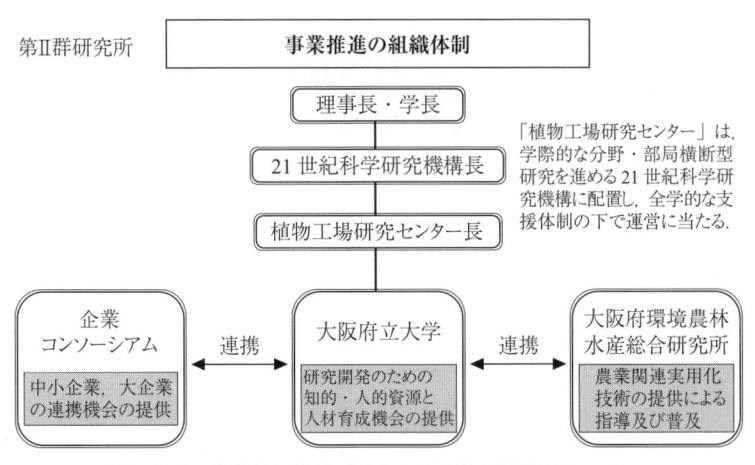

図10.7 全学的に位置づけられた植物工場研究センター

表10.2 植物工場研究センターにおける研究テーマ

研究領域	研究内容	共同研究テーマ案
1. 自動化システム	作業環境の自動化の検討研究 個別自動化システムの立証（ex.縦型スペーシング，ユニバーサルデザイン，ケアーセンサー，アシストロボット）	●ユニバーサルデザイン ●栽培ロボット
2. 光源システム	低コスト光源の開発 高効率光源の開発 最適照明法の開発 光質と生育因果関係の体系化 各種光源の体系的比較検討	●低コスト型LED照明
3. 計測・センサーシステム	低コスト・簡易環境計測・品質管理機器開発（ex.簡易菌数測定法，汚れセンサー・匂いセンサー・おいしさセンサー，簡易成分測定機，その他計測システムデバイス発掘やシステム開発）	●簡易菌数測定 ●簡易成分測定 ●匂いセンサー
4. 空調システム	省エネ・低コスト・コストをかけない均一化システム開発 個別のシステム開発（ex.省エネ空調システム，局所冷房システム，室内気流攪拌システム）	●室内気流攪拌 ●ガスヒートポンプ
5. 栽培システム	栽培システム・プラントシステム全体の最適化によるコストダウン検討 各種デバイスの開発・立証（培地，壁材，栽培棚，栽培システム，機能性野菜栽培法，垂直スペーシング，生育速度加速栽培法）	●機能性野菜
6. エネルギー	植物工場施設における省エネルギー化を徹底追及	●省エネシステムの開発
7. エコシステム	生分解性培地開発，植物残さ処理システム，環境負荷の少ない洗浄剤・消毒剤の開発	●植物残さ処理システム
8. 物流・販売システム	販売ルート開拓 植物工場生産品の用途開発 マーケティング戦略の検討 個別デバイスシステムの開発（鮮度保持包装材・輸送パッケージ開発，廉価な物流システム）	●販路開拓 ●調理メニュー開発 ●ハードウェアの販売
9. 情報システム	IT活用システム開発・運用評価 個別システム開発（ex.情報セキュリティシステム，従業員健康管理ソフト，異常警報伝達システム，遠隔画像診断システム，受注・出荷管理システム，生産管理システム，トレーサビリティシステム）	●情報セキュリティシステム ●受注・出荷管理システム
10. 生産	指定4品目 （レタス，コケ，ハーブ，アイスプラント）の生産コスト3割縮減を実証	●レタス ●コケ ●ハーブ ●アイスプラント

開発に携わる人材，テクノインテグレーションのスキル，システムマネジメントのスキルあるいはビジネスのスキルなどを有する人材などが新規に求められる．この観点から本事業が総合大学である大阪府立大学で実施されるにあたり全学的な取り組みが有効であり（図10.7），本事業推進のための，さらには新規産業分野で活躍する人材の育成を図るため大学の特徴を生かしたユニークなカリキュラムの構築を目指している．植物工場研究センターは分野横断型研究組織である21世紀科学研究機構に位置づけられ府内の公的研究機関とも協力して植物工場の基盤技術開発および実証試験を行う（表10.2）．

(1) ユニバーサルデザイン研究施設

図10.8は，高齢者や障がい者の就労の場として植物工場を活用することを目的として，植物工場の最適作業環境の構築および園芸療法も含めた最適作業プログラムの設計，さらに作業者の介助などを行うアシストシステムの研究開発等を行うための研究施設を示している．図の右部分は作物を育成する多段式自動栽培装置である．

(2) 解析ソフト開発研究施設

図10.9は，タワー型多段式自動化植物工場の環境制御シミュレーションを行うための多様なソフトウェア開発を目的に設計されたデータ収集システムである．作物育成中に育成空間内のほぼ任意の点における気温，湿度，照度，風向および風速を計測し各環境要素の実時間分布などが得られ，人工光

図10.8 植物工場のユニバーサルデザイン

図10.9 環境制御シミュレータ用データ収集

型植物工場の計算流体力学解析ソフトウェアなどの研究開発を支援する研究施設である．

(3) 施設型作業ロボット開発研究施設

図10.10は，これまでフィールドやハウス内を想定して開発が進められている栽培管理ロボットや装置などを人工光型植物工場用の施設型ロボットとして新たにあるいは再度設計開発するために，それらロボットの工場内におけるそれぞれの作業性能などの試験を行う施設である．マシンビジョンやSPAなどの技術開発を人工光型植物工場に関連するセンサ開発も含めて利活用可能な設備である．

(4) 直流給電および固体光源開発研究施設

図10.11は，今後予想される太陽光発電などを中心とした直流発電システムに対応し，植物工場におけるLEDなどの固体発光デバイスの活用の増加を予測した場合のエネルギー利用効率の改善を研究対象とする研究施設である．DCパワーコンディショナー，高電力DC/DCコンバータなどの直流給電システム開発や省エネルギー植物育成システムのためのレーザー光源などの新光源開発を支援する研究施設である．

(5) 機能性作物育成試験施設

図10.12は，人工光型完全閉鎖植物工場ならではの多様で広帯域な特殊育成環境を生成することが可能な作物育成施設である．水の完全リサイクル，固体光源の特殊利用，滅菌除菌システム，高帯域環境制御（時間，空間，養液）

図10.10 人工光型植物工場用ロボット開発支援

図10.11 直流給電および光源開発支援施設

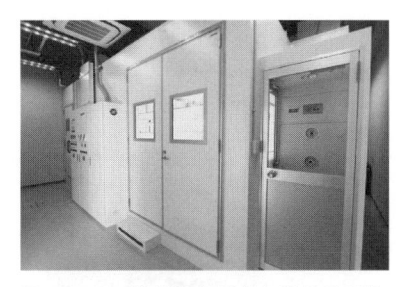

図 10.12　多元環境シミュレータ　　図 10.13　製剤室を備えた遺伝子組換作物育成施設

などが可能で，作物の機能性を高める，生育促進，形態調製などを行うための特殊な育成方法の開発および新規開発された，光源や養液管理システムあるいは衛生管理システムなどの試験を行う．

(6)　遺伝子組み換え作物育成試験設備

　レタスなどの高生産性作物にワクチンなどの高付加価値タンパクを産生する遺伝子を組み込んで，医薬品製造などに完全閉鎖型植物工場を利用する方法が開発されているが，製剤工程まで含めて医薬品製造のための遺伝子組換作物の育成実験が可能な P1P 仕様のクリーンルームタイプの施設でクラス 100,000 の栽培室，クラス 10,000 の収穫調製室およびクラス 1,000 の製剤室から構成されている（図 10.13）．

(7)　自動化多段栽培システム

　図 10.14 は，全高が約 7 m で 15 段の栽培棚を有するタワー型植物工場で，図 10.15 に示すように中央に搬送装置があり，24 時間スケジュールで上段の定植直後苗状態から下段の収穫適期状態の棚へ作物を順次移動していく．栽培期間は約 2 週間で，1 日約 250 株のレタスが収穫される．収穫物は出荷され，製造から販売までの全プロセスを実証するための施設である．壁には，品名ソーラーウォールという光源が設置され側面からの補光がある．空調の吹き出し口も側壁に広く設けられており，各棚全体へ空気が流れる工夫がなされている．栽培ベッドは移動式であるが，養液は上段から下段へ常に流れる循環式に設計されている．栽培室全体は空調システムに組み込まれたイオ

図 10.14　タワー型栽培装置

図 10.15　中央が栽培ベッドの搬送装置

ン発生装置で殺菌されている．

6. エネルギーシステム

図 10.16 は，当該植物工場研究センターの屋上に設置された，ソーラー・空調・コケ緑化のハイブリッドエネルギーシステムで，コケによる屋上緑化と発電容量 30 kW の太陽光発電システムを緑化と同じ屋上面上に設置したもので，本来競合関係にある太陽光発電と緑化を組み合わせることに成功した新しいシステムである．さらに，ソーラーモジュールと緑化面の間の空間にビル空調の室外機を設置することで空調の COP を 15% 以上と，飛躍的に改善することが実証されている．省エネを実現する原理の要は，コケ

図 10.16　ハイブリッドエネルギーシステム

の蒸散作用の活用で，コケからの蒸発散作用によりコケ面とソーラーモジュール下に冷温空気塊が発生し，その空気塊が空調室外機に吸引されることで空調のCOPが改善されることが明らかになっている．また，コケは強い直射日光にさらされるよりも日陰が好適であり，夏季の成長がみられる．

7. おわりに

植物工場を第1次産業の重要な担い手の1つとして社会インフラとしての位置づけを明確にすることで，社会貢献のシナリオが大きく展開できる．気象変動や黄砂の影響，エネルギー不安あるいは流動的な国際情勢などに翻弄されない食料生産システムを構築することは必要である．社会インフラとしての食糧生産システムの構築がまず少なくとも技術的可能性として実証する必要があり当該研究センターはそれを実践している．

［参考資料］
1) 「東日本大震災被災地の農業復興提言 ―宮城県施設園芸産地の視察調査報告と復興提言―」，佐藤光泰，野村アグリビジネス＆アドバイザリー株式会社，NAPAアグリビジネスレポート No.1（2011.5）．
2) 「安心・安全で活力ある農村づくり ―農地防災事業の内容―」，農林水産省，農村振興局，整備部，防災課（2009.4.1）．
3) 「社会資本の維持更新に関する研究」，長野幸司，南 衛，国土交通省国土交通政策研究所（2003.12）．

第 11 章　愛媛大学拠点を中心とした植物工場研究プロジェクト
―Speaking Plant Approach，知識ベース，環境制御に基づいた西南暖地型太陽光植物工場の高度化，普及・拡大を目指して―

仁科弘重，石川勝美，田中道男

1. はじめに

　平成 20 年 12 月に，経済産業省と農林水産省は，農商工連携研究会の中に「植物工場ワーキンググループ」を設置して，植物工場の普及・拡大に向けた課題の整理や支援策などの検討を行い，平成 21 年 4 月には報告書が出された．この報告書の趣旨に沿う形で，経済産業省，農林水産省とも平成 21 年度の補正予算でかなりの額の植物工場関連予算を確保し，経済産業省は「先進的植物工場施設整備費補助金」の交付によって，植物工場の発展・普及・拡大のための拠点を全国に 8 カ所に設置した．また，農林水産省の「モデルハウス型植物工場実証・展示・研修事業」では，全国 5 拠点が採択された．

　愛媛大学は，千葉大学，大阪府立大学とともに，経済産業省，農林水産省の両省に採択された拠点となり，植物工場の研究，技術開発，実証，人材育成，啓発，普及・拡大に関する重要な責務を担うこととなった．また，愛媛大学は，わが国の西南暖地に位置していることから，温暖化の進展への対応という意味も含めて，夏期高温時の環境制御を研究・技術開発の重点項目としている．さらに，愛媛大学に研究成果の蓄積がある Speaking Plant Approach（スピーキング・プラント・アプローチ：SPA）に関しても，太陽光利用型植物工場の知能化，高度化に向けた研究を進展させている．その他，実証，展示，研修・人材育成についても，取り組みを始めている．

2. 四国地域における植物工場研究の進展

(1) 四国地域における植物工場研究実績と各種の協力関係

　現在，植物工場をもっとも詳しく扱っている日本生物環境工学会は，2007

年1月1日に，旧日本生物環境調節学会（1964年創設）と旧日本植物工場学会（1989年創設）が統合して創設された学会である．四国地域は，以前から日本生物環境調節学会の活動が盛んであったが，日本植物工場学会に関しても，その学会創設と同時に発足した2つの支部の1つが四国支部であった．また，四国地域には，愛媛大学，香川大学，高知大学の3大学に農学部および大学院農学研究科（修士課程）があるが，これらを基礎とした大学院連合農学研究科（博士課程）が，愛媛大学を基幹校として昭和60年に設置された．この大学院連合農学研究科では，植物工場関係教員は「施設生産学連合講座」（現在は「施設生産学分野」）を構成し，大学院学生の研究指導，博士論文の審査などを協力して行ってきた．これらの学会活動や博士課程の共有によって，3大学農学部の植物工場関係教員の交流，共同研究などが促進されてきたために，各種競争的資金申請の場合にも，研究全体のテーマや分担テーマの設定をスムーズに行うことができた．さらに，わが国の太陽光利用型植物工場の約半分を建設してきた井関農機（株）の本社や研究部門が愛媛県の松山市，砥部町にあることも，この地域における植物工場研究開発のベースになっている．

(2) 愛媛大学植物工場研究プロジェクトの進展

愛媛大学農学部で，植物工場研究プロジェクトチームの教職員が所属している専門教育コース（学科）は，施設生産システム学専門教育コースである．この施設生産システム学では，育苗から，栽培，貯蔵，配送まで，食料生産に関するすべてのプロセスにおけるセンサ，環境制御，機械化（ロボット化），IT，さらに，植物生産の基礎となる環境植物生理学，植物育種学などに関する教育研究を行っている．また，愛媛大学農学部には，現在の「植物工場」をイメージさせる「制御化農業実験実習施設」が，昭和54年度に農学部附属施設として設置され，制御された環境下における植物生産に関する実験・実習に利用されてきた．平成17年には，わが国の太陽光利用型植物工場の約半分を建設してきた井関農機（株）との間で研究連携協定を結び，研究・開発を推進してきた．

第19期の日本学術会議農業環境工学研究連絡委員会（委員長：橋本　康日

本生物環境工学会名誉会長）の対外報告書の中に，提言として，「環境への負荷を少なくし」，「知能的植物工場」，「拠点形成」，「技術形成」というキーワードがある．愛媛大学植物工場研究プロジェクトチームは，この報告書の趣旨を理解し，太陽光利用型植物工場の知能化に必要な技術形成を行い，拠点を形成することを目標として，活動してきた．幸い，平成19年度の経済産業省「地域新生コンソーシアム研究開発事業」（課題名：自走式植物生育診断装置を含む知的植物工場システムの開発，代表者：仁科弘重（愛媛大学））で資金を得ることができ，その一部を使って，愛媛大学農学部構内に500 m^2 の太陽光利用型植物工場を設置し，太陽光利用型「知的」植物工場と名づけた．その後も，平成20年度の経済産業省「地域イノベーション創出研究開発事業」（課題名：知的植物工場のための植物生育モデル自己補正システムの開発，代表者：岡田英博（井関農機（株）））， JSTの平成20〜22年度育成研究（課題名：植物工場におけるスピーキング・プラント・アプローチで生育を担保した植物部位別温度制御システムの開発，代表者：仁科弘重（愛媛大学））にも採択され，研究・開発を進展させるとともに，太陽光利用型植物工場研究開発の拠点形成を目指してきた．これら3つの事業への申請および実施は，愛媛大学，井関農機（株），香川大学，高知大学，（独）産業技術総合研究所四国センター，愛媛県（産業技術研究所，農林水産研究所），地元中小企業の共同で行っており，四国という「地域力」の結集によって，植物工場研究開発の拠点化を進めてきた．本稿の筆者である石川は，「水培養液環境制御システムの開発と運転方法の検討」を担当している．また，田中は，「光環境—生育モデルの開発」とそれに基づいた「光環境評価システムの開発」を担当している．松岡孝尚高知大学名誉教授は，「近赤外分光法による樹上トマト果実の内成分情報のモニタリングシステム」の開発に携わった．なお，上記の3事業は，技術開発が主な目的であるため，特許の出願も期待されており，既に6件の特許を出願している．

　現在，愛媛大学植物工場研究プロジェクトチームは，愛媛大学の専任職員としては7人で構成されている．環境制御が専門の仁科弘重（教授），ITが専門の羽藤堅治（准教授），ロボット化が専門の有馬誠一（准教授），植物生体

情報計測が専門の高山弘太郎（講師），空気の流れ（流体工学）が専門の上加裕子（助教），データ解析・モデル化が専門の高橋憲子（助教），栽培管理担当の三好　譲（技術専門職員）である．6人の教員は基本的には「農業工学」に属するが，その中で各人の専門が多様であることが，このプロジェクトチームの強みである．また，平成17年から井関農機（株）との間で進めてきた研究連携をより強化することを目的として，井関農機（株）の寄附講座「植物工場設計工学（井関農機）」が平成22年4月に施設生産システム学専門教育コースに設置され，井関農機（株）の研究員3人が寄附講座教員（岡田英博寄附講座教授，多田誠人寄附講座准教授，坂井義明寄附講座助教）として発令され，植物工場に関する各種技術の事業化のための研究を推進している（研究連携協定も平成27年3月まで更新・延長）．

(3) 愛媛大学植物工場研究センター

　愛媛大学は，経済産業省の「先進的植物工場施設整備費補助金」に採択されたことによって，愛媛大学農学部構内に約1300 m^2 の太陽光利用型植物工場と研究・研修棟（2階建，延床面積約700 m^2）を，また，愛媛県西条市（（株）クラレ西条事業所内）に約500 m^2 の太陽光利用型植物工場を建設するとともに，農学部附属の「制御化農業実験実習施設」を「知的植物工場基盤技術研究センター」に改組した．

　また，愛媛大学が農林水産省の「モデルハウス型植物工場実証・展示・研修事業」に採択されたことによって，宇和島市津島町の愛媛県有地（南レクアグリパーク）に「愛媛大学植物工場実証・展示・研修センター」を設置した．ここには，約7000 m^2 の太陽光利用型植物工場，育苗施設（約1500 m^2），貯蔵施設（倉庫），研修施設（管理棟）が設置された．

　経済産業省による拠点と農林水産省による拠点では，公募の段階からその設置目的が異なっており，経済産業省拠点では「植物工場に関する基盤技術の開発」が期待され，また，農林水産省拠点では「植物工場の実証，展示，研修」が期待されていた．両省の拠点として採択された愛媛大学としては，Speaking Plant Approach を中心とした植物工場研究の蓄積があった農学部に「知的植物工場基盤技術研究センター」を設置し，また，第一次産業が中心

となっている宇和島市に「植物工場実証・展示・研修センター」を設置した形になっている．「植物工場実証・展示・研修センター」については，このセンターの役割には，単なる研究，技術開発，教育・人材育成だけではなく，地域農業，地域産業の活性化を通した地域社会への貢献も含むと考えられたことから，農学部附属ではなく，愛媛大学附属（社会連携推進機構）として設置した．現在は，筆者の仁科が2つのセンターのセンター長を兼任しており，有馬准教授が農学部附属知的植物工場基盤技術研究センターの副センター長を，また，羽藤准教授が植物工場実証・展示・研修センター副センター長を兼務している．

　農林水産省拠点では，植物工場の運営，実証を，企業グループによるコンソーシアム方式によって行うことが期待されており，植物工場実証・展示・研修センターでも，JAを始めとした地元企業によって構成されている8つのコンソーシアムによって運営，実証が行われている．また，このセンターでは，連携拠点である大阪府立大学拠点とともに，「植物工場に適した品種の選抜と対象品目の拡大」が期待されている．

3. 太陽光利用型植物工場であるが故のSpeaking Plant Approachと知能化

(1)　制御の流れから考える太陽光利用型植物工場

　太陽光利用型植物工場における制御の流れを図11.1に示す．図中の「栽培環境」とは，光量，光質（波長分布），気温，湿度，気流速度，CO_2濃度など，植物の生育に影響を与える環境要因のことである．養液栽培の場合は，EC（または各イオン濃度），pH，溶存酸素濃度，養液温度なども含まれる．また，「生育状態」とは，概念的に「生育の良否」と解釈してもよいが，具体的には，光合成速度，蒸散速度，クロロフィル蛍光，葉温などである．最後の「収穫量」は，収穫物の量だけではなく，品質，成分なども考えてもよい．

　太陽光利用型植物工場は，周壁は厚さ3～4 mmのガラス板であり，日射（太陽光）が入射してくる．そのため，環境制御機器で設定値を維持することができず，栽培環境が変動してしまうことが多い．栽培環境の変動が生育状態の変動を招き，収穫量にも影響を与える．すなわち，生育状態も収穫量も，

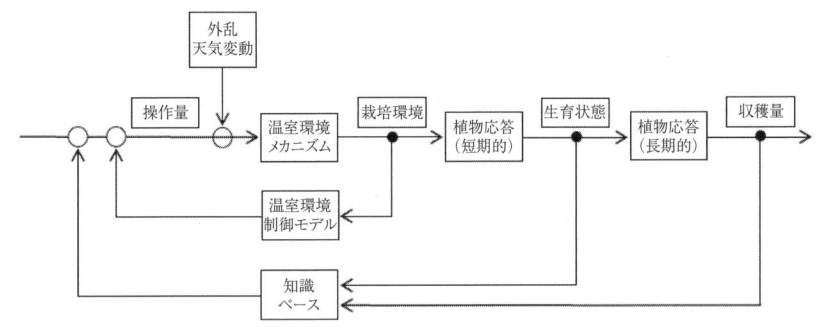

図 11.1 太陽光利用型植物工場における制御の流れ

「どの作でもほぼ同じ」はあり得ない．太陽光利用型植物工場は，日射を入射させること，周壁がガラスであることのため，大容量の環境制御機器を装備したとしても，栽培環境を設定値に維持することはほぼ不可能である．そのため，栽培環境，生育状態，収穫量のすべてが変動するため，より最適な（収穫量が多く，品質が高い）環境制御を行うためには，栽培環境，生育状態，収穫量のデータを計測し，環境制御の操作量にフィードバックさせる必要がある．

(2) 太陽光利用型植物工場であるが故の Speaking Plant Approach

太陽光利用型植物工場では，人工光利用型植物工場とは異なり，外界の気象条件の短期間的および日々の変動によって，栽培環境が変動するだけではなく，生育状態も変動する．この栽培環境の変動と生育状態の変動は，太陽光を利用している以上不可避であり，この変動に対応して収穫量を維持・増大させることが，太陽光利用型植物工場発展のキーポイントとなる．栽培環境および生育状態の変動による影響を軽減するにはさまざまな環境制御が必要となるが，効果的な環境制御を行うためにも，まず，植物の生育状態の診断が不可欠である．また，この植物生育診断は生産の場で行うことになるため，破壊計測は不可であり，できれば接触計測も避けたい．

植物生育診断，および，その結果に基づいた環境制御については，Speaking Plant Approach という考えが提唱されている．SPA は，物言わぬ植物の生

体情報を各種センサで計測し，その情報に基づいて，植物の生育状態・ストレス状態を診断し，その診断結果と知識ベースに基づいて生育環境を適切に制御することで，愛媛大学農学部では20年以上前から橋本 康教授（当時：現在，名誉教授）が中心となって研究を進めてきた．生体情報の計測は非接触・非破壊で行えることが望ましく，具体的な植物生体情報には，植物のA. カラー画像，B. 熱画像（葉の温度），C. 茎径，D. クロロフィル蛍光画像，E. 光合成速度，F. 蒸散速度などがある．このうちA～Dは非接触で計測が可能であり，また，植物の水分状態（水ストレス）に関わるものがA, B, C, Fであり，主に生育状態や光合成機能に関わるものがA, D, Eである．これらのSPAに利用可能な各種センサも，この10年間位で，高性能化とともに低価格化が進展したため，生産の場への導入も可能となった．

(3) SPA技術と知識ベースによる知的植物工場

植物生育診断結果に基づいてどのような環境制御をするかについての判断を行うのに必要なのが，さまざまな知識，データ，ノウハウが蓄積されてい

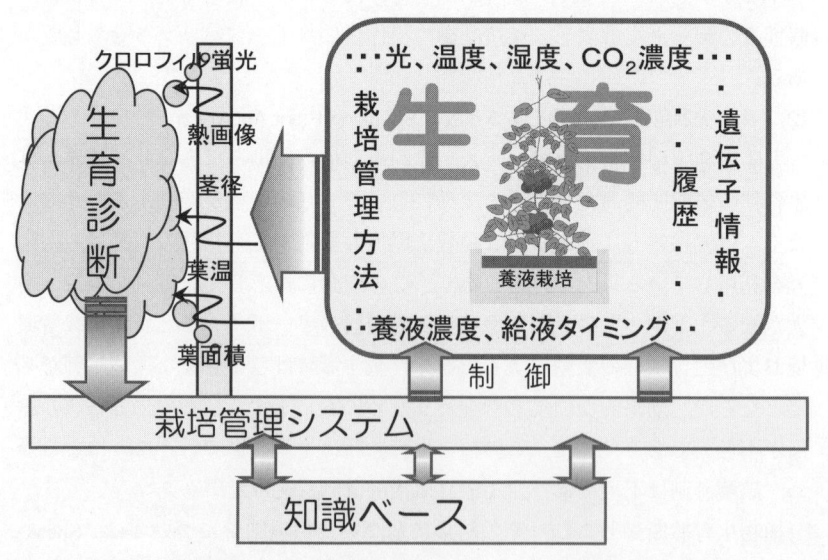

図11.2 SPA技術と知識ベースによる知的植物工場

る「知識ベース」である．言い換えれば，SPA と知識ベースを組み合わせることによって，生育状態の変動に対応した収穫量増大，品質向上が可能となる．私どもは，このことを「植物工場の知能化」，「知的植物工場」と呼んでいる（図11.2）．さらに，植物生育診断や環境制御の情報は蓄積され続けるため，これらデータから新たな関係式，生育モデルなどを抽出，作成できる．すなわち，知識ベースは，充実，進化し続けることができ，この知識ベースの充実，進化までも含めて，私どもは「知的植物工場」と考えている．

4．太陽光利用型植物工場の発展・普及のための SPA 技術の開発

愛媛大学植物工場プロジェクトでは，太陽光利用型植物工場における SPA 技術の重要性を考え，農学部構内の「知的植物工場基盤技術研究センター」を中心として，SPA 技術の開発などの研究を行っている．

(1) 光合成機能診断のためのクロロフィル蛍光画像計測システム

植物は光合成色素で吸収した光エネルギーを用いて光合成を行うが，吸収したすべての光エネルギーを光合成に利用できるわけではない．光合成に使われなかった余剰な光エネルギーは，熱として捨てられる（熱放散）か，吸収した光よりも波長の長い光として再発光される．この再発光された光がクロロフィル蛍光であり，683 nm 付近にピークをもつ遠赤色光である．し

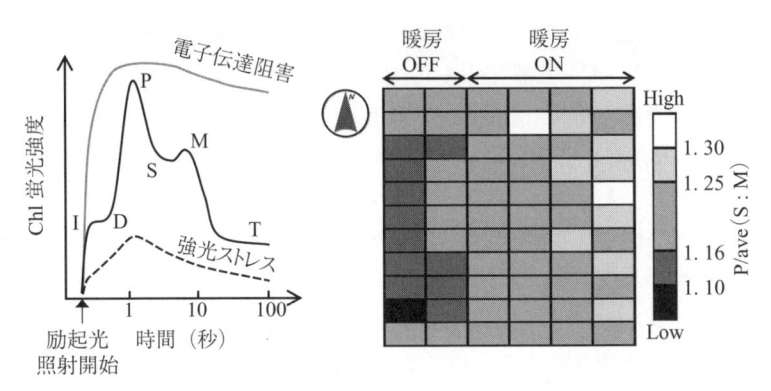

図11.3 クロロフィル蛍光強度の変化パターンとクロロフィル蛍光指標の値の分布

がって，クロロフィル蛍光を正確に計測することによって，光合成反応に関する情報を非破壊かつ非接触で得ることができる．

クロロフィル蛍光は，図11.3の左の図のように，励起光照射開始後，その蛍光強度が時間的に変化する（I→D→P→S→M→T）．この変化のパターンがその時の光合成機能の状態によって変わることを利用して，光合成機能を診断することができる．電子伝達阻害や強光ストレスを受けた場合の変化パターンも，図中に示した．現在，変化のパターンを特徴づけるさまざまな指標を検討している．図11.3の右の図は，P/ave(S：M)（Pの値を，SからMまでの平均値で割った値）という指標を求め，植物工場内の平面分布を表したものである．この測定時には植物工場の一部で暖房をOFFにしていたが，P/ave(S：M)の分布をみると，夜間気温の差による光合成機能の違いをクロロフィル蛍光によって認識できていることがわかる．

(2) 蒸散機能診断のための葉温測定システム

葉温は，基本的には，その瞬間の吸収日射量，葉面と空気と間の顕熱伝達量，蒸散による潜熱伝達量，葉面と周囲物体との長波放射交換量の収支によって決定される．このうち，蒸散による潜熱伝達量は周辺空気の湿度と気孔抵抗によって影響を受けるが，気孔抵抗は，植物の蒸散機能が低下してくると，大きくなる．したがって，日射量，気温，湿度と葉温を測定すれば，蒸散機能が低下している植物体を判別できる．次式は，日射量（X_1：kW・m^{-2}），気温（X_2：℃），飽差（X_3：kPa）から，正常な蒸散を行っている葉の温度（Y：℃）を推定する式（実験式）である．次式で推定された葉温より温度が高い葉は，蒸散機能が低下している可能性があると考えてよい．

$$Y = 13.04X_1 + 1.016X_2 - 0.2663X_3 - 3.2 \qquad R^2 = 0.98$$

上記の式と，私どもが開発した「自走式植物生育診断情報収集装置」（後述）によって得られる植物工場全体の葉温の分布（マップ）から，蒸散機能が低下している植物の識別が可能となった．

(3) 水ストレス状態診断のための投影面積測定システム

高糖度トマトを生産するためには，給液（養液の供給）を制限し，トマトに適度な水ストレスをかけることが必要であるが，水ストレスが過度になっ

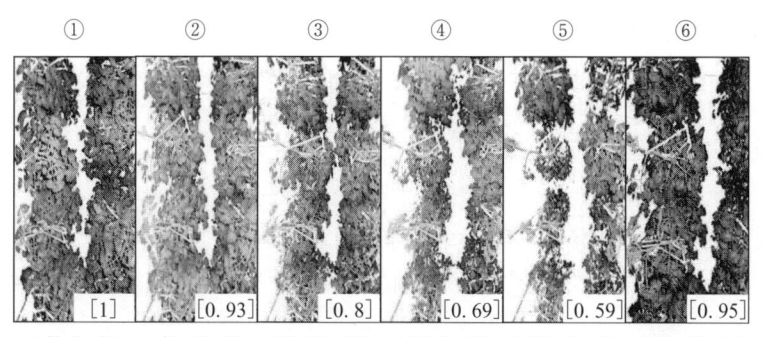

第 11 章　愛媛大学拠点を中心とした植物工場研究プロジェクト　(233)

①　　　②　　　③　　　④　　　⑤　　　⑥

[1]　　[0.93]　　[0.8]　　[0.69]　　[0.59]　　[0.95]

1/7 9:00　1/8 10:00　1/9 12:00　1/10 9:00　1/10 12:00　1/10 22:00

図 11.4　植物群落上部から撮影した投影面積の変化

てしまえば，生育障害が発生する．そのため，給液を制限する場合は，植物の水ストレス状態を連続的に計測・推定し，その推定結果によって給液を行うという一連の制御システムが必要となる．

　水ストレス状態の計測・推定方法としては，熱画像（葉温），茎径，蒸散量，萎れなどがある．このうち，萎れは，短時的な環境変動の影響を受けにくいという長所がある．植物は，水ストレス状態になると葉に張りがなくなり，葉は垂れ下がってくる．この現象を利用するために，トマトの個体または群落のカラー画像を撮影し，そのカラー画像中の緑色のピクセル数（3次元的に考えれば，植物の投影面積）を求めることによって，萎れを定量化している．また，カラー画像を群落の上から撮影した方が，萎れの早期診断が可能となることが明らかになったため，現在は，デジタルカメラは群落の上に設置している．図 11.4 は，群落上から撮影された 8 株の植物体の投影面積の 3 日間の変化を示す．例えば，③（1 月 9 日 12 時）では弱い水ストレス状態であったが，⑤（1 月 10 日 12 時）では強い水ストレス状態になっている．

　この給液制御システムでは，投影面積がどこまで低下したら給液するかの設定値を変えることによって，トマトにかける水ストレスの程度の調節が可能であることも特長である．

(4) 植物生育診断情報および収穫物情報のマッピングシステム

栽培環境，植物生育診断，生産物（収穫量，糖度など）の情報の平面分布を収集するために，自走式植物生育診断情報収集装置（図11.5）と収穫物情報収集装置を開発し，マッピングシステムも開発した．自走式植物生育診断情報収集装置には，クロロフィル蛍光画像計測装置，葉温計測システム，3次元画像計測装置が搭載されており，また，温室内の位置情報を把握しながら，事前に入力されたプログラムに応じて自律走行できる装置である．クロロフィル蛍光画像計測装置は，励起光照射用のLEDパネル光源，ロングパスフィルタを装着したCCDカメラ，計測対象部位の高さに合わせて画像計測部を昇降させる駆動部などから構成されている．葉温計測システムは，放射温度センサと距離センサの組み合わせが，高さ方向に4点かつ両側に取り付けられており，同時に8点の葉温が計測できる．なお，距離センサは，放射温度センサが葉以外の物体の温度を計測しないようにするための判断に用いられている．3次元画像計測装置は，約40 cm離れた位置に取り付けられた2台のCCDカメラであり，2つの2次元画像からコンピュータ上で3次元画像を作成する．収穫物情報収集装置は，果実の糖度，酸度，大きさ，形状などを計測できる．

これらによって，栽培環境，生育診断，収穫物の情報のマップ（平面分布）を得ることができる．これらのマップのデータを解析し，新たな知見やモデルを導出することによって，知識ベースを充実させることができる．

図11.5 自走式植物生育診断情報収集装置

(5) 知識ベースのための植物生育のモデル化

知識ベースの構成要素の一つに，植物生育モデルがある．その中でも，花芽分化時，開花時，収穫時などを予測するモデルは，栽培管理にとっても重要である．一般的に，花芽分化，開花，収穫の予想には積算温度が用い

られているが，日射量が少ない時期では，積算温度だけでは時期の予想精度が悪くなる．そこで，温度を積算する時の係数を日射量によって変えるモデルを作成したところ，予想精度はかなり向上した．このような生育モデルを利用することによって，生育の良否（遅れなど）の診断が可能となる．

5. 環境制御に基づいた西南暖地型太陽光植物工場の高度化

太陽光利用型植物工場は，気象条件の影響を受けるため，その地域によって，必要となる環境制御技術が異なる．例えば，日射量の少ない日本海側の

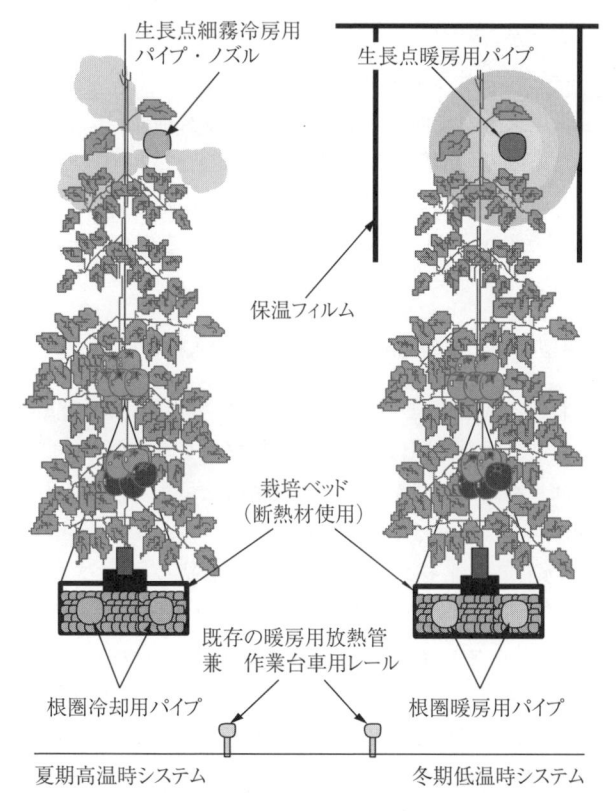

図 11.6　部位別環境制御システム

地域では人工光を併用することが必要となる可能性もあり，また，冬期の外気温が低い北日本では保温性の向上（暖房負荷の低減）が重要である．これに対して，四国地域が属するわが国の西南暖地では，夏期を中心とした高温への対策が最も重要な課題となる．

これに対しては，現在，JST育成研究の「植物部位別温度制御システムの開発」によって，夏期の高温対策のための環境制御法を中心に，研究・開発を進めている（図11.6）．具体的には，夏期には，高温に弱い成長点を冷却するための微小水滴成長点局所噴霧の実験と，根腐れによる養水分吸収の低下を防止するための根圏冷却の実験を行っている．冬期には，成長点暖房と根圏暖房を行いながら温室全体の温度は下げ，温室全体としての暖房負荷を低減（省エネルギー）させる実験を行っている．

さらに，経済産業省の先進的植物工場施設整備費補助金によって愛媛県西条市に整備した太陽光利用型植物工場では，工場廃熱とMH（水素吸蔵合金）冷凍を組み合わせることによって得られる多量の冷水を利用して，根圏冷却だけでなく冷房やCO_2施用も含めた環境制御による生育促進の実験も行っている．

6. 太陽光利用型植物工場の発展・普及のための人材育成

植物工場における栽培管理，機器管理，運営，経営に必要な知識，知見，技術は，ある程度公的な機関による人材育成プログラムが必要である．従来の農業であれば，例えば「親から子への技術の伝承」が可能であったが，植物工場という形態ではそれは不可能に近い．

愛媛大学植物工場研究センターでは，人材育成プログラムを，A～Fのコースに分けて，実施している．Aは「中級栽培管理者養成コース」，Bは「SPA技術者養成コース」，Cは「植物工場技術者養成コース」，Dは「植物工場経営管理者養成コース」，Eは「栽培管理実習コース」，Fは「インターンシップ」としている．各コース間に関連はあるが，ニーズに合わせてコースを選択して受講できるようにしている．平成22年度は，表11.1に示すAコースとBコースを実施した．平成23年度以降は，Cコース，Dコース

表 11.1 愛媛大学植物工場研究センターにおける人材育成プログラム

A：中級栽培管理者養成コース

日　程	内　容	講　師
10月30日（土）	植物工場の現状と課題	仁科弘重・有馬誠一（愛媛大学農学部）
10月31日（日）	温室環境工学	仁科弘重（愛媛大学農学部）
11月 6日（土）	植物生理学	荒木卓哉（愛媛大学農学部）
11月 7日（日）	温室環境制御	仁科弘重（愛媛大学農学部）
11月13日（土）	園芸学総論	田中道男（香川大学農学部）
11月14日（日）	光合成蒸散論	高山弘太郎（愛媛大学農学部）
11月27日（土）	植物工場施設・資材	番三千郎（ネポン（株））・久枝和昇（日東紡）
11月28日（日）	植物工場栽培論	多田誠人（井関農機（株））
12月18日（土）	養液栽培システム	羽藤堅治（愛媛大学農学部）
12月19日（日）	養液調整	石川勝美（高知大学農学部）
12月25日（土）	植物工場管理論	清水公健（（有）CBC予子林）・西田哲也（JA香川県）
12月26日（日）	育苗生産学	山口一彦・瓦　朋子（ベルグアース（株））
2月12日（土）	植物病理学	山岡直人・西口正通・小林括平（愛媛大学農学部）
2月13日（日）	植物工場経営論	村田　武（愛媛大学社会連携推進機構）

B：SPA技術者養成コース

日　程	内　容	講　師
1月22・23日（土・日）	植物生体計測法	高山弘太郎（愛媛大学農学部）
1月29・30日（土・日）	植物画像計測法	羽藤堅治（愛媛大学農学部）
3月6日（日）	植物診断総論	大政謙次（東京大学大学院）
	知識ベース論	羽藤堅治（愛媛大学農学部）
3月19・20日（土・日）	植物水分生理学	野並　浩（愛媛大学農学部）
3月26・27日（土・日）	自動情報収集論	有馬誠一（愛媛大学農学部）・岡田英博（井関農機（株））

を加えて，A～Dコースを開講する．Eコース，Fコースは，受講希望者があった場合に，植物工場実証・展示・研修センターや他の太陽光利用型植物工場で実施する予定である．

7. 今後の抱負と使命

愛媛大学の植物工場研究センターでは，今後の研究・開発テーマとして，次のようなものを計画している．

（1）生産性向上（SPA）：生育診断装置（ポータブルSPA装置），知識ベースの拡充，セルフチューニング，植物部位別温度制御，高酸素養液，補光用光源

（2）省エネルギー化：植物部位別環境制御，MH冷凍装置，フィルム素材

（3）高品質化：給液制御アルゴリズム，樹上トマトの糖度予測，植物工場用品種，栽培資材

（4）対環境性向上：給液制御システム，オゾン水洗浄装置，廃液処理システム

（5）他品目への展開：キュウリ収穫ロボット，イチゴ収穫ロボット，選果ロボット

農業就業者の急速な高齢化，耕作放棄地の増大など，わが国の農業はかってない危機を迎えている．この時期に，国の政策としても，植物工場という第2の食料生産システムに重点を置き始めたことは，当然のことであろう．私どもは，経済産業省，農林水産省の両省に採択された3拠点の1つとして，植物工場，特に太陽光利用型植物工場の発展・普及・拡大のための責任を負っていると感じざるを得ない．今後も不断の努力をする決意をするとともに，関係各位のご協力をお願いする次第である．

本稿の校閲をお願いした，橋本　康氏，野口　伸氏，野並　浩氏，位田晴久氏に感謝する．

参考文献

1) Hashimoto : Computer control of short term plant growth by monitoring leaf temperature. Acta Horticulturae, 106, 139-146（1980）

2) 仁科・山下・羽藤：高糖度トマト生産のための養液栽培における横から見たトマトの投影面積による給液制御指標の検討．農業環境工学関連 4 学会 2004 年合同大会講演要旨集（2004）
3) 高山・仁科：施設園芸における植物診断のためのクロロフィル蛍光画像計測．植物環境工学，20(3), 143-151（2008）
4) 高山・仁科・山本・羽藤・有馬：デジタルカメラを用いた投影面積モニタリングによるトマトの水ストレス早期診断．植物環境工学，21(2), 59-64（2009）
5) 仁科：太陽光利用型植物工場の知能化のための Speaking Plant Approach 技術．日本農業工学会創立 25 周年記念シンポジウム講演要旨（2009）
6) 仁科：地域拠点型「知能的太陽光植物工場」の進展．日本学術会議農学委員会・食料科学委員会合同農業情報システム学分科会主催公開シンポジウム講演要旨（2009）
7) 仁科：太陽光利用型植物工場の知能化のための Speaking Plant Approach 技術―愛媛発の概念による植物工場のイノベーション―．日本学術会議農学委員会・食料科学委員会主催公開シンポジウム講演要旨（2009）
8) 仁科：生物環境調節からみた太陽光植物工場．日本生物環境工学会 2009 年大会講演要旨（2009）
9) 仁科・高山：知能化のための Speaking Plant Approach 技術―愛媛大学植物工場における 1 年間の研究成果を中心として―．日本生物環境工学会 2009 年大会講演要旨（2009）
10) 高山・水谷・仁科・有馬・羽藤・三好：クロロフィル蛍光画像計測によるトマト群落を対象とした健康状態モニタリング．日本生物環境工学会 2009 年大会講演要旨（2009）
11) 有馬：生育診断ロボットによる情報化農業．日本生物環境工学会 2009 年大会講演要旨（2009）
12) 宮田・羽藤・山下・仁科：太陽光利用型知的植物工場におけるトマトの成長シミュレーションモデル．日本生物環境工学会 2009 年大会講演要旨（2009）
13) 仁科・田中・石川・松岡：知能的太陽光植物工場の新展開 (3)―植物工場研究開発拠点の先行例と技術形成・人材育成－農業および園芸，85(3),（2010）

第12章 千葉大学における省資源・環境保全型植物工場の展開

丸尾　達，古在豊樹

1. はじめに

　本章では，千葉大学における植物工場研究開発に基づく実証，普及，研修事業の概要および進行中の栽培学的研究課題，さらには今後の統合環境制御のあり方を述べる．まず，野菜生産を取り巻く社会状況について簡単に触れ，次いで，千葉大学における植物工場の設置の経緯，組織の概要，その特徴および活動状況を述べる．また，進行中の栽培学的研究開発課題について述べる．最後に，資源利用効率と速度変数情報を考慮した環境制御法について述べる．

2. 野菜生産を取り巻く日本および中国・韓国の状況

　近年，気象変動と農薬・放射能にかかわる安全性問題などに起因して，野菜供給が不安定となっている．例えば，2010年夏は高温であったため，業務加工用仕向けの野菜の調達が困難であった．2011年には東日本大震災と大雨の影響で，野菜栽培と流通に大きな影響が出ている．このように，気象変動や災害による野菜価格の変動と品薄状態が常態化している．

　他方，野菜の業務と加工に関わる業界では定時・定量・定品質・定価格の4定を担保した安定供給が求められ，また消費者も価格安定と安全を期待しているので，野菜の周年安定安全供給体制の確立が必要とされているが，現在の社会的・気象的状況および生産システムでは，その実現が困難な面がある．

　農業センサスによると，2006年では農業就業者のうちの60歳以上が全体の69%で，40歳以下は5%（105,000人）に過ぎず，他産業に比べて高齢化と就業人口の減少が進んでいる[1,2]．2022年における農業人口は2012年の約3分の1に減少し，高齢化がさらに進み，篤農家技術が消失してしまうという試算がある．農水省では2020年の農業生産力は2005年に比べて25%減

と試算している．農家人口の減少と高齢化は日本だけの問題ではなく，中国や韓国でも農村部の優秀な人材が村を出て都会に出るなど，若い農業人口が急速に減少している．

　植物工場は，野菜生産に関する上述の課題の一部を解決すると考えられる．日本での植物工場事業を展開するにあたって，日本国内のマーケットのみを考えると投資リスクが高い面がある．他方，日本の施設園芸・植物工場産業に国際競争力を付けて，野菜や生産施設を輸出することが可能になれば，パイが広がり，施設園芸作物を国内の消費者にも安定的に安く提供することが可能になる．そのためには，世界水準の生産性を達成し，コストの大幅な縮減を行い，国際競争力を高める必要がある．それには，車やパソコンなど他産業と同じように世界的なマーケットを考えて研究開発や生産体制を整える必要がある．世界水準の植物工場とするには，単純な従来型の施設園芸の改善ではなく，新たな概念，方法，技術に基づいて開発するものでなくてはならない．

3．農林水産省植物工場・千葉大学拠点

(1) 設置の経緯

　植物工場とは，一般に，「環境および生育のモニタリングを基礎として，光・温度・養分などの生育環境を高度に制御することにより，季節や天候に左右されず，野菜などを計画的・安定的に生産できる施設」[1]と定義される．施設を高度に制御するには，それなりのコストと資源が必要になることから，コスト・資源の節減と増収・品質向上が不可欠となる．

　千葉大学では従来から施設園芸・植物工場に関する栽培育種から環境制御まで幅広い教育研究を多面的に展開し，多くの実績を挙げると同時に，関連分野に人材を輩出してきた．その実績を踏まえて，大学院園芸学研究科および環境健康フィールド科学センターは，都市園芸に関する教育研究をいっそう推進する目的で，2009年4月には，学内に「都市園芸研究推進委員会」を設立した．

　この時期に，農林水産省の平成21 (2009) 年度補正予算で「モデルハウス

型植物工場実証・展示・研修事業」の公募があった．これまでの研究の蓄積と人的資源を積極的に活用し，研究成果等を社会に還元する目的で，千葉大学では直ちに同委員会が中心になって同事業に応募し，採択された．なお，千葉大学は経済産業省が公募した植物工場研究開発補助事業にも採択されたが，本稿では農林水産省の植物工場補助事業についてだけ述べる．

(2) 事業概要と特徴[3,4]

　農林水産省植物工場千葉大学拠点でのプロジェクトでは，柏の葉キャンパス（千葉県柏市柏の葉）内の北東部分に床面積1.2ha強の植物工場，研修施設などを設置して，実証・展示・研修の各事業を行っている．プロジェクトには2011年7月現在，約60社の企業などが9つのコンソーシアムのメンバーとして参画し，現在でも多くの企業が参加を希望している．

　太陽光型植物工場にかかわる5つのコンソーシアムでは，トマトの高効率多収生産により生産コストを30%以上縮減することを目標としている．人工光型植物工場にかかわる2つのコンソーシアムでは，リーフレタスと結球レタスを低コスト・高効率生産により生産コストを30%以上縮減することを目標としている．

　千葉大学の植物工場拠点事業の特徴は，高品質・高収量および革新的栽培法の確立と同時に，雨水利用，重油暖房機原則不使用，節水栽培，植物残さ利用，夜間電力利用，無農薬・減農薬などによる，省資源・省エネ・環境保全・資源循環・安全・安心に力を入れている点である．また，物質・エネルギーの収支を自動記録し，データベースとして，効率改善に役立てるためのコンピュータ・ネットワークが構築されている．

　農水省の拠点事業は平成23年度で一旦終了するが，事業の最終的な目標は，東日本大地震から復興・日本農業の再生への貢献に加えて，輸出産業の増大，日本の植物工場ブランドの浸透などである．さらには，アジア，乾燥地帯，塩類土壌地帯，極寒・酷暑地帯における野菜生産のリーダーに数年以内になることを目指している．事業が順調に進めば，数年以内に，日本および世界の植物工場研究開発のセンターになることが期待される．

　本事業のイメージは，「住宅展示場」を例にすると理解しやすい．これは，

拠点内に7つの異なる植物工場システムを設置し，実際にトマト生産，レタス生産を実証・展示することで，来場される生産者・技術者・研究者が，「いずれのシステムがより安価・省資源・環境保全型で高品質の野菜を安定的に多収生産できるか」を実感する．加えて，拠点が収集する各種の客観的データをもとに評価する．各植物工場システムで栽培・実証・展示するのは，参画企業からなるコンソーシアムであるが，個々のコンソーシアムは，設計段階から，各種施設性能（換気回数，光透過率，冷暖房負荷）や収量だけでなく，ヒートポンプなど内部装置の性能など極めて多面的に評価されることで，協調的な競争環境に置かれている．実際，隣り合ったコンソーシアム同士が，同じ作物を同じ環境下で栽培する，極めて公平な競争的環境に置かれることで，システムの性能，コストだけでなく，コンソーシアムメンバーの技術開発の意識は日々高まっていることが，本事業の最も有意義な点である．

　また，千葉大学独自の取組みとして，前述の8つコンソーシアムにおける気象環境，作物栽培，植物生理に関するデータをコンソーシアム横断的に分析・利用して，植物工場の合理的設計方法や診断方法を開発し，各種効率を向上させるために，横断的コンソーシアムを組織しており，コンソーシアム間の競争かつ共生的環境をサポートしている．

　さらに，人工光型植物工場の持つ多面的な機能の一つである「設置場所を問わない」ことを応用して，街中や学校，公共施設などに簡易に設置可能な超小型植物工場を開発し，需要に応じた生産や食育への応用，植物工場の多機能化，アミューズメント化を志向する取組みなどを行う「街中植物工場コンソーシアム」を設置している．

(3) 研修会・視察会

　千葉大学拠点では，実証・展示事業と連動させる目的で研修施設を建設して，新しい植物工場技術を用いた作物生産システムを広く普及させるために，人材育成事業や視察会を積極的に行っている．

　これは，単に実証・展示にとどまって技術開発・研究開発を行っても，実際に植物工場を経営・運営する生産者・担当者の技術レベルと大きな乖離があれば，優れたシステムでも十分なパフォーマンスは発揮できないからであ

る．今回の事業における研修はその意味で極めて特徴的で重要な要素である．

千葉大学では，事業申請時から「植物工場勉強会」を2009年10月に自主的に立ち上げ，2011年12月現在，約45回の植物工場に関わる研修・視察会を行っている（現在はNPO植物工場研究会に継承）．拠点としては，22年度中から，既存の施設等を利用して，①植物工場基礎講座，②植物工場専門知識研修講座，③農業改良普及員研修を開催するなど，多彩で充実した研修事業を実施した実績がある．

また，実際に拠点の植物工場の施設が完成した23年度からは，実際の植物工場および関連施設を利用して充実した研修を実施しており，さらに幅広い研修事業を計画している．23年度以降の展示・研修事業については，千葉大学で受託した文部科学省の「日中韓等の大学間交流を通じた高度専門職業人育成事業」とも連動させ，より効率的で充実した事業を国際的な展開も含めて進めていく計画も進行中である．

本事業に関する情報を広く社会に提供・公表し，その理解を促進し，さらには，市民の意見を収集して本事業にフィードバックするために，研修施設内の1階に常設の展示室を設けて，公開・普及・展示の場としている．この展示に関しては，先に触れた文科省の事業や小規模植物工場に関する街中植物工場コンソーシアムも協力して実施する体制を整えている．

(4) 環境にも人間にも快適な植物工場

本事業では，高収量と低施設コストの達成に加えて，植物工場運転時における環境制御機器や資源・エネルギーの効率的利用，具体的には雨水利用やCO_2排出量削減・ごみ排出量の削減などを，省資源・環境保全・運転経費削減の視点から重要視している．その際，暖冷房・温度制御，CO_2施用時などにおけるエネルギー利用率向上とCO_2排出量削減のためには，電気式ヒートポンプの多面的利用が社会的にも必須であると考えた．加えて，作業量・使用資源・資材量などの適正な管理が，経営分析・経営診断におけるコスト管理・安全管理の観点からも重要である．そこで，本事業全体にかかわる以下の共通的基盤を整備し，施設利用効率の向上等を推進することとした．

1) エネルギー，資材，作業にかかわる使用量の時系列データを体系的に

蓄積し，経営にかかわる分析と診断をする際に利用できるデータベースと関連ソフトウエア．
2) 植物工場内外環境条件と環境制御機器運転状況に関するデータを体系的に蓄積し，経営にかかわる分析と診断をする際に利用できるデータベースとソフトウエア，および環境センサー，電力計を含む機器稼働状況センサー．
3) 雨水利用システム，植物残渣処理．
4) 電気式ヒートポンプの効率的な多目的利用システム．

千葉大学拠点では，モデルハウス型の事業の目的に沿った形で，まずコンソーシアムを立ち上げて，それぞれのコンソーシアムの自主的な独自性と特徴を発展させて来た．平成 23 年度に本格的栽培が開始され，それまでに回数を重ねてきた会議・議論の中から，各コンソーシアムメンバーの植物工場に対する考え方が大きく変わってきており，構成員の知識レベルやノウハウが向上・蓄積し，より高度な議論が加速度的に進行するようになった．

4. 栽培的課題への取り組み

植物工場では多収と安定生産，コスト縮減が同時に求められている．また，環境負荷の低減も必要不可欠であり，いずれも従来の施設園芸の枠組みを越えた目標の設置が必要である．例えば，トマト果実 40〜50 t/10 a の高収量を 30% 低いコストで生産することが求められている．そのためには，多面的な研究開発が必要になる．栽培学的には，光合成能を高める栽培システム・栽培環境の確立，株や群落の光合成能を最大限高める栽植方法，好適な温度・湿度・CO_2 環境を経済的に創出する統合的な環境制御方法（統合環境制御）[14] を確立することが重要になる．そのため，千葉大学拠点では以下の栽培学的課題について集中的に取り組んでいく必要があると考えている．

(1) 密植栽培

多収を実現するためには，群落の光合成速度を高めることが重要であるが，単位面積内の植物体の数（ひいては果房数，果実数）を増やすことにより，群落の総光合成量を増大させることが重要である．そのためには，単位面積あ

たりの栽植株数を極限まで高めることが求められる．例えば低段密植栽培により，栽培ベッドを可動型にすることが可能になれば，定植直後無駄な通路を減らすことが実現し，この時期の単位面積あたりの光合成速度を大幅に向上させることが可能になる．可動型の栽培ベッドは長期多段栽培では実現困難な技術であり，低段密植栽培ならではの技術であるといえるが，専用の灌水技術や補光システムの開発も含め，今後の開発が期待される．

(2) 生育制御

密植条件下では，当該栽植密度における光合成速度を最大限にする葉の群落構造が重要になる．下層の葉にも必要最低限の光合成を行わせるためには，葉面積の制御が重要になる．逆に低段密植栽培であれば，葉面積の制御が比較的容易であることから，密植条件下の最適な葉面積・群落構造を栽培学的に決定することが出来る．また，生育制御により，側枝の発生程度を制御可能であることから，本技術の栽培的・経営的な意義は，専用品種の育成同様に極めて大きい．オランダ型の長期多段栽培では植物にストレスを与えることを極力避けて，ノンストレス状態で栽培することから，基本的に生育制御する概念は希薄である．つまり，ストレス付与による生育制御技術は我が国が得意とするものであるので，これを科学的に解析し，安定的した制御技術を確立することが重要である．

(3) 植物工場専用品種の育成

植物工場は従来の栽培様式とは異なり，生産技術の再現性が高いことから，植物工場専用品種が育成されれば，より低コストで安定的に目標達成が可能になる．育成には若干の時間が必要であるので，早い段階からの取り組みが求められている．しかしながら，種苗メーカーに積極的に植物工場専用品種の選抜・育成に取り組む姿勢は殆ど見られていない．例えば，トマト1段密植栽培の場合，10,000株／10a以上の栽植密度で，年間4回転の栽培を行う．従って，年間40,000株／10aの苗が必要になり，長期多段栽培の20倍の苗を要する．つまり10aで長期多段栽培の2ha分の種子・苗が必要で，種苗メーカーでも十分開発を検討する価値があると思われる．また，低段密植栽培では，ブロック分け栽培が標準で，年間作付け回数は20回以上と多くな

るため，季節毎に品種を使い分けることが可能で，将来的な可能性は極めて大きいと考えている．

(4) 培地の少量化

植物工場では，育苗培地・栽培培地の少量化が環境面，コスト面，作業面から求められている．大幅な少量化は灌液管理や環境制御の精度向上が極めて重要な課題となる．また，培地素材には環境負荷が小さく，品質は安定しているが，栽培終了後の処理が容易で，低コストのものが求められる．

(5) 培養液完全循環型

環境負荷・コスト低減の目的から，完全培養液循環型システムの確立が求められている．しかしながら，後述する生理障害・病害の制御を含めて低コスト安定栽培が前提であり，大規模化する植物工場では，病害のリスク管理技術が重要になるので，これまで以上に斬新的な取り組みが必要である．

(6) 生理障害の回避

植物工場により生育速度を最大限に高めると，トマト尻腐れ症やレタスチップバーンの回避・制御が重要である．これらの生理障害は生育速度が高まると発生リスクが急速に大きくなるからである．しかしながら，当該生理障害の発生が全く認められないような生育速度では，収量面の課題が解決されないことが多い．従って，専用品種の育成・選定も含めて，生理障害発生リスクを最低限に抑えて栽培・管理する総合的（統合的）な技術開発，システム開発が必要である．

(7) 病虫害の耕種的回避

人工光型植物工場では，農業害虫だけでなく衛生害虫・不快害虫を異物としてカウントされることから，徹底的に害虫の侵入を回避する工場設計，運用管理が求められる．他方，太陽光利用型植物工場では，低農薬栽培が求められていることから，被害レベルを経済的許容範囲以内に安定的に抑えて栽培する IPM 管理技術の確立が急がれる．栽培期間が長い長期多段栽培では，化学農薬の散布回数が制限される問題があり，他方，低段密植栽培では，ブロック栽培が原則であるため，常に施設内に作物が栽培されているので，病害虫の根絶が困難である．つまり植物工場では，いずれの場合も，安定的な

病虫害防除技術の確立が必要不可欠であるが，環境制御性能が高い植物工場では，相対的に耕種的な病害虫回避技術の果たす役割が増すと思われる．

5. 資源利用効率と速度変数情報を考慮した植物環境制御法

(1) 分析・診断・効率向上システム

千葉大学の植物工場研究開発拠点においては，分析・診断・効率向上システムが導入されている（図12.1）．このシステムを利用して，統合環境制御システムの研究開発が進められている．この統合環境制御システムでは，速度変数，投入資源利用効率，ヒートポンプ，コスト・パフォーマンス，多目的評価関数という概念が導入されている．このシステム開発では，①植物の基本的機能と成長の諸側面の理解，②生体・環境情報と投入資源利用効率・速度変数の見える化と制御，③統合環境制御とコスト・パフォーマンスの概念と手法の導入，④ヒートポンプを利用した省資源・環境保全的環境制御，の4点が考慮されている．以下では，②と③の概要を紹介する（①と④については，引用文献[5~7]を参照されたい）．

(2) 投入資源利用効率と省資源・環境保全との関係

植物生産システムへの投入資源量 A に対する，植物体の生産量または価値創出量 B の比（B/A）は，投入資源利用効率（E）と概念的に定義される[6]（図12.2）．ここで，物質としての B は，植物体に同化または保持されているとする．両者の差（A－B）は植物生産システム内に残留する量 C とシステム外に環境汚染物質として排出される量 D に分けられる（A－B＝C＋D）．

一定量 B を生産する際の投入資源利用効率 E を高めれば，投入資源量 A と残留量・汚染物質量（C＋D）が共に節減されるので，E の向上は省資源と環境保全に寄与する．また，省資源は生産コストの節減となり，同時に環境汚染物質排出量の節減は環境保全コストの節減となる．

(3) 統合環境制御によるコスト・パフォーマンスの向上[7]

コスト・パフォーマンスは，コストに対する価値創造量の比と定義される（図12.3）．コストには，投入資源量に関するコストだけでなく，環境汚染物・植物残さを処理するためのコストおよび安全性・トレーサビリティを確

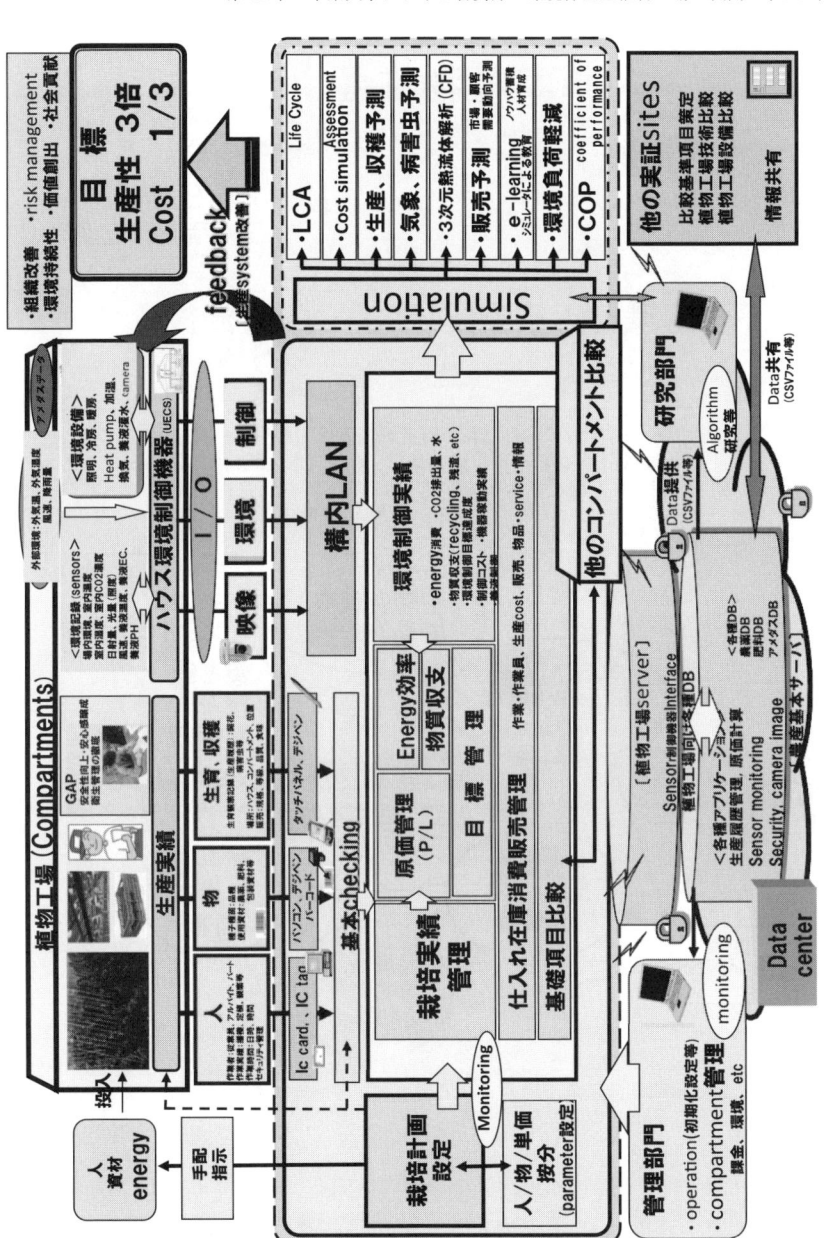

第12章　千葉大学における省資源・環境保全型植物工場の展開　（ 249 ）

図 12.1　千葉大学・植物工場に設置された，分析・診断・効率改善システムの概要

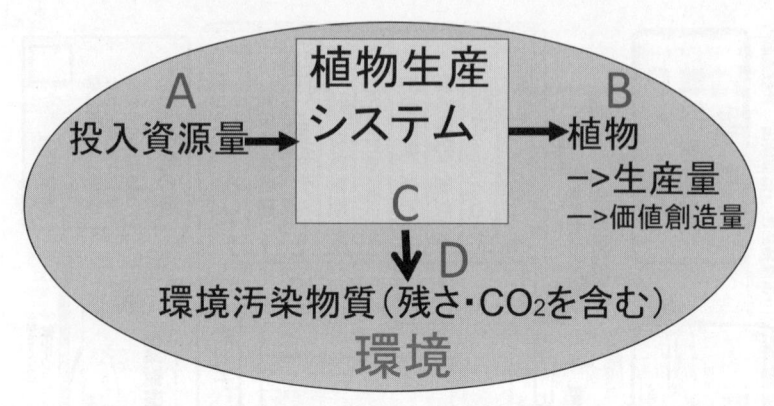

図 12.2 植物生産システムにおける投入資源利用効率（$E=B/A$）を示す模式図
投入資源利用効率 E の可能最大値は，CO_2，水，肥料では 1.0，光エネルギーでは，0.1 程度である．

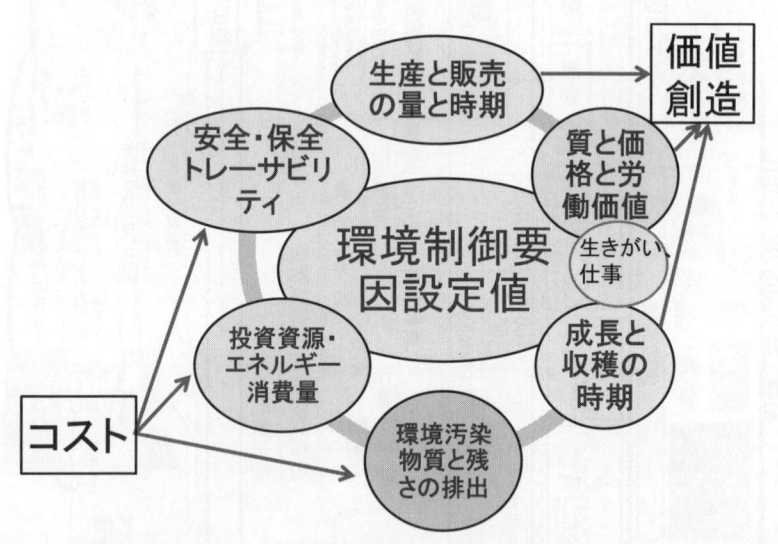

図 12.3 統合環境制御によるコストパフォーマンス（価値創造／資源・安全・環境保全コスト）の向上を示す模式図

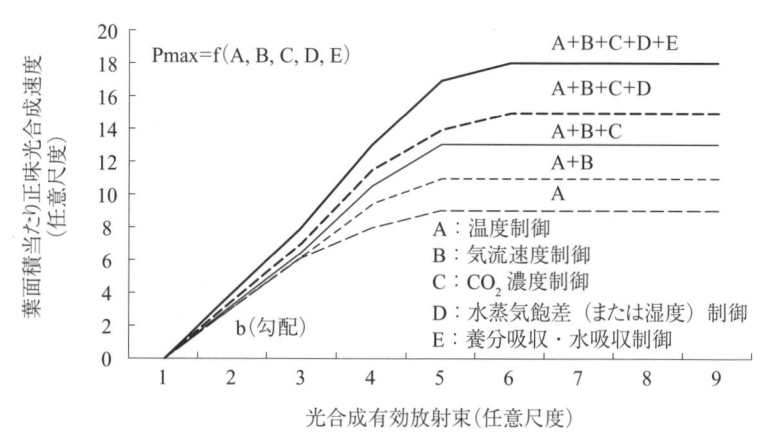

第12章　千葉大学における省資源・環境保全型植物工場の展開　(251)

（グラフ：縦軸 葉面積当たり正味光合成速度（任意尺度）0〜20、横軸 光合成有効放射束（任意尺度）1〜9）

$P_{max} = f(A, B, C, D, E)$

曲線：A+B+C+D+E、A+B+C+D、A+B+C、A+B、A

b（勾配）

A：温度制御
B：気流速度制御
C：CO_2濃度制御
D：水蒸気飽差（または湿度）制御
E：養分吸収・水吸収制御

図12.4　複数の環境要因を統合環境制御した場合の正味光合成速度の段階的増大を示す模式図

ー最大の価値創造を最小の資源と環境汚染物質量で達成するー

多目的評価関数

環境要因情報
生体要因情報
生態要因情報
気象・市場・病害虫情報
担い手情報

環境制御設定値

投入資源情報（量・質・コスト）
収量・価値
CO_2排出量
残さ・廃棄物

投入資源利用効率

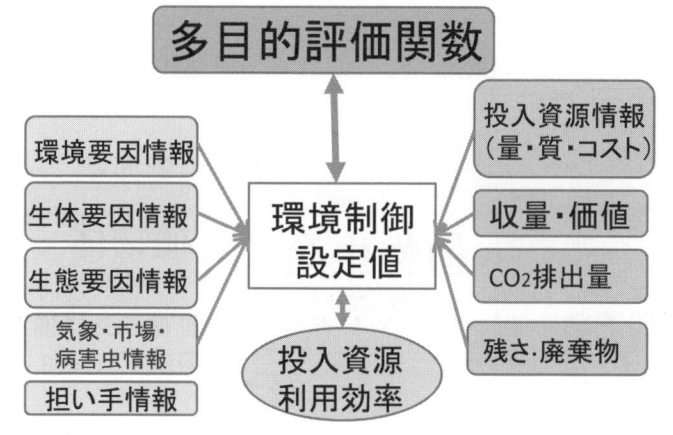

図12.5　多目的評価関数による統合環境制御設定値の決定を示す模式図

保するためのコストが含まれる．また，価値創造量には，生産量・生産額に加えて，就業機会・労働意欲・生きがい，環境保全機能の増大が含まれる．
　植物工場における環境制御の主目的は，コスト・パフォーマンスの向上で

ある。その向上には、コスト・パフォーマンスが最大になる環境要因設定値の組み合わせを見出す方法論が必要になる（図12.4）。その方法論は未だ具体化および実用化されていないが、今後、多目的評価関数を用いて決定することになろう（図12.5）。

本稿では、上述の方法論にもとづく環境制御を統合環境制御と呼ぶ。今後、統合環境制御システムの開発を進めるには、①投入資源利用効率の算定と向上[6]、②生体情報の計測と環境制御への応用[6,7]、③速度変数の計測と制御[7]、④データベース管理から知識ベース管理への進化[11,12]、が重要である。統合環境制御システムが開発されれば、食料・環境・資源の3すくみ問題の同時並行的解決に貢献することができる。

(4) 必須投入資源とそれらの利用効率

投入資源利用効率の概念をより明確にするために、植物の光合成による成長だけをまず考える。植物の種子または苗が光合成で成長するのに必須な資源は、光エネルギー、水、CO_2、無機肥料（チッソ、リン酸、カリ等）および熱（適切な温度）だけである（図12.6）。これら必須資源に関して、光エネルギー利用効率 E_L、水利用効率 E_W、施用 CO_2 利用効率 E_c、無機肥料利用効

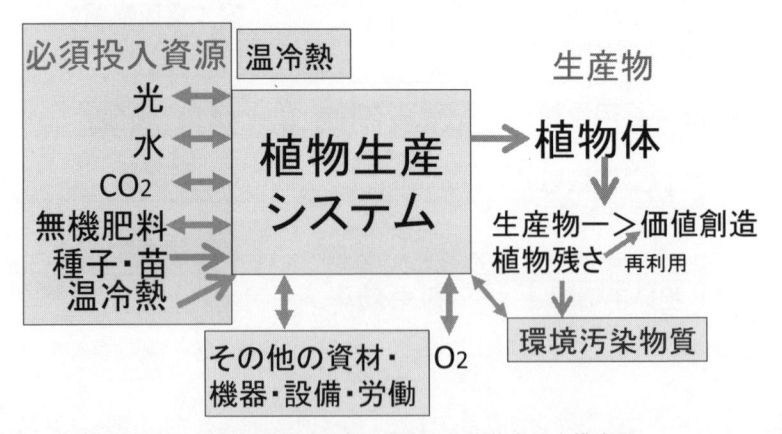

図12.6 植物生産システムにおける投入資源と産出物を示す模式図
　　　　最小の投入資源量で最大の価値を安定的・計画的に創造すると、結果的に環境汚染物質の排出量が最小になる。

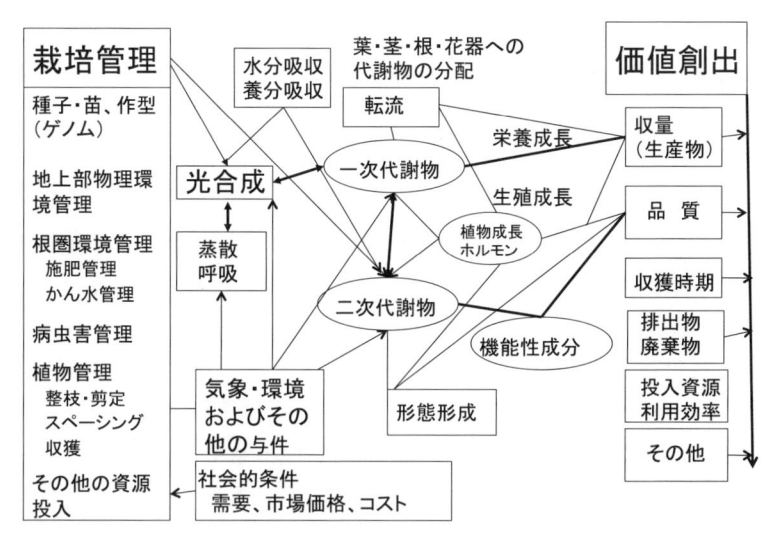

図12.7 栽培管理による価値創出においては，光合成だけでなく，植物の生理生態特性全般の理解，計測および制御が必要とされる

率 E_f が定義できる．無機肥料に関しては，チッソ，リン酸，カリなどの各成分に関する利用効率が定義される．E_L，E_W，E_c および E_f の利用効率の最大値は1である．他方，E_L の最大値は0.1程度である（後述）．これら利用効率の数値例に関しては，後述する．

上述の必須資源以外の追加資源（農薬，支持材，機械・機器，受粉昆虫など）は，病虫害の予防，労働の軽減，成長制御などに有効な場合にのみ投入される．これらの追加資源に関する利用効率は別途議論する必要がある．

なお，実際には，植物工場における環境制御を含む栽培管理においては，光合成だけでなく，その他多くの生理生態作用を考慮しなければならない（図12.7）．

6. 速度変数の計測と制御

(1) 速度変数と状態変数

速度変数とは，その単位に時間の次元を含む変数を言う．植物生態に関す

る速度変数には，正味光合成速度，暗呼吸速度，蒸散速度，吸水速度，養分吸収速度，出芽速度，開花速度，茎伸長速度が含まれる．システム特性に関する速度変数には，換気回数，床面熱流速度，壁面熱貫流速度が含まれる．管理者が制御し得る速度変数あるいは設定値にもとづき自動的に制御される速度変数には，CO_2施用速度，かん水・養液供給速度，消費電力，燃料消費速度が含まれる．物理環境要因に関する速度変数には，気流速度，光強度・放射束，蒸発速度が含まれる．

他方，状態変数とは，単位に時間の次元を含まない変数を言う．物理環境要因に関わる状態変数には，気温，水蒸気飽差（湿度），CO_2濃度，養液のpH，EC（電気伝導度）が含まれる．生態に関する状態変数には，草丈，葉面積，色，重量，草姿，群落構造が含まれる．生体情報に関わる状態変数としては，葉の温度，クロロフィル蛍光，含水率，水ポテンシャル，植物組織の成分組成が含まれる．

(2) 状態変数だけにもとづく環境制御の問題点[6,7]

従来，植物工場の環境制御においては，状態変数の計測と制御が主流であった．つまり，速度変数の計測あるいは速度変数の値に基づいて状態変数の設定値を決定することは少なかった．そして，たとえば，状態変数である気温，CO_2濃度あるいは水蒸気飽差の設定値は，管理者が，過去のデータ，経験と勘に基づいて，オフラインで決めてきた．

結局，速度変数の計測値を環境設定値の決定に利用することは殆どなく，また環境制御の効果を速度変数の計測値で評価することもなかった．さらに，速度変数そのものを設定値とすることはなかった．正味光合成速度最大化に関する研究[15]が数少ない例外であるが，実用化にはいたっていない．

最近，生体計測の技術が大幅に進展し，その環境制御への応用に関する研究開発が勢力的に行われている．これらの生体計測の結果を，環境計測の結果と共に，速度変数の制御にいかに利用するか，あるいは速度変数の計測値といかに関係させるかは今後の興味ある課題である．もう一つの問題は，状態変数の計測と見える化に比して，速度変数の計測と見える化が十分にされてこなかったことである．以上を踏まえて，現在の環境制御法の問題点と解

決の方向性を要約すると表1のようになる.
(3) 速度変数の計測と見える化

　上述の速度変数の中で，園芸施設一般では，比較的計測が困難であるのは，植物群落の正味光合成速度，暗呼吸速度，蒸散速度，吸水速度，養分吸収速度である．他方，計測が容易な速度変数は，CO_2施用速度，かん水速度・養液供給速度，消費電力，燃料消費速度である．また，局所の計測は容易であるが，空間的なバラツキが大きく平均値を算定しにくい速度変数は，床面熱流速度，壁面放熱速度，気流速度，光強度である．

　さて，植物工場の殆んどは養液栽培であり，また床面における土壌微生物の呼吸によるCO_2の放出が無い．また，換気窓を閉じている時間帯が長く，比較的密閉性が高い．特に，人工光植物工場は気密性が高い（換気回数が小さい）．さらに，人工光植物工場の壁は断熱性が高く，壁面を貫流する熱流が少ない．

　植物工場の上述の特徴を考慮すると，速度変数の計測と制御が，比較的容易になる．そこで，速度変数の計測およびそれらの計測値を用いて算定した投入資源利用効率の見える化とそれらの数値を用いた環境要因設定値の自動決定が比較的容易になる．そこで，以下の具体例を通して，統合環境制御システム開発の方向性を考えてみよう．

(4) 正味光合成速度P_nと施用CO_2利用効率E_cの算定[5, 6]

　1) P_n, E_cおよびCO_2損失速度L_cの関係

　植物工場では，植物の光合成を促進するために昼間はCO_2施用をしばしば行う．その結果，室内のCO_2濃度C_{in}が室外のCO_2濃度C_{out}より高いと，CO_2の損失（室外への漏出）が生じる（図12.8）．

　図12.8において，CO_2供給速度をS_c，CO_2損失速度をL_c，植物の正味光合成速度をP_nとすると，植物工場では，床面または培地におけるCO_2交換速度は無視できるので，定常状態を仮定すると，P_nは式（2）で表され，施用CO_2利用効率E_cは，式（3）で表される．

$$P_n = S_c - L_c \quad (2)$$
$$E_c = P_n/S_c = (S_c - L_c)/S_c \quad (3)$$

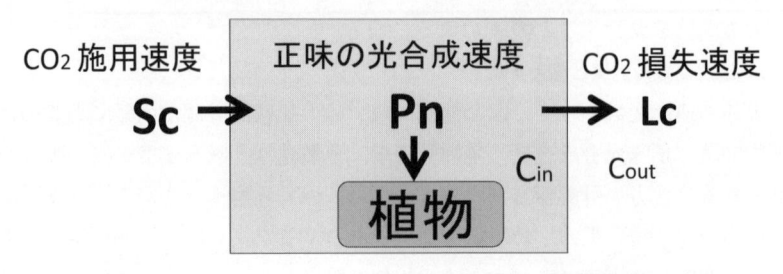

図 12.8 CO_2 施用のコストパフォーマンスを最大にするための室内 CO_2 濃度（C_{in}）の決定.
施用 CO_2 利用効率 $= P_n/S_c = (S_c - R_c)/S_c = (Sc - k \cdot N \cdot V \cdot (C_{in} - C_{out}))/Sc$
k：変換係数，N：換気回数（＝時間当たり換気量／空気容積），V：空気容積，C_{in}：室内 CO_2 濃度，C_{out}：室外 CO_2 濃度.
最適 C_{in} 濃度は，「P_n の増加による価値創造／（S_c のコスト＋ax 罰則コスト）」で決められる.

なお，$C_{in} < C_{out}$ で CO_2 無施用（$S_c = 0$）でも，C_{in} が CO_2 補償点（およそ 100 ppm）以上であれば，$P_n > 0$ であり得る．なお，$S_c = 0$ の時，E_c は定義されない．

2) ゼロ濃度差 CO_2 施用法[5, 17]

CO_2 無施用（$S_c = 0$）で $P_n > 0$ の場合，$C_{in} < C_{out}$ となる．そこで，$(C_{in} - C_{out}) = 0$ となるように S_c を調節（CO_2 施用）すると，$S_c = P_n$ となり，$L_c = 0$ となる．この時，CO_2 供給速度 S_c を計測すれば，それは正味光合成速度 P_n を測定したことになる．この CO_2 施用法をゼロ濃度差 CO_2 施用法と呼ぶ[5]．この場合，施用した CO_2 のすべてが植物に吸収されるので，$E_c = 1$ である．

ゼロ濃度差 CO_2 施用法は，換気窓が開放された状態で，$S_c = 0$ とすると，C_{in} が C_{out} より 100～150 ppm（μmol mol^{-1}）程度低くなる場合に行うと効果的である．なお，$S_c > 0$ で，$C_{in} < C_{out}$ であれば，常に $E_c = 1$ となる．植物工場における本方法の適用に際しては，CO_2 濃度の空間分布を考慮した測定方法，平均時間の決め方などが課題となる．

3) CO_2 損失速度の算定

一般に，$C_{in}(>C_{out})$ が増大すれば，P_n と L_c の両方が増大する．L_c は式

(4) で算定できる．

$$L_c = k \cdot N \cdot V \cdot (C_{in} - C_{out}) + V \cdot \Delta C_{in} / \Delta t \qquad (4)$$

ここで，k は CO_2 の容積を質量に変換する係数（$kg\ m^{-3}$），N は換気回数（h^{-1}），V は植物工場の空気容積（m^3），ΔC_{in} は時間 Δt における C_{in} の変化である．k と V は定数，C_{in} と C_{out} は連続測定が可能であるので，N が算定出来れば，L_c を算定することができる．すると N と E_c を連続的に算定することができる．なお，$S_c = 0$ の場合は，一般に，$C_{in} < C_{out}$ となり，その時の P_n は式（4）の L_c の絶対値で表わされる．

4）E_c におよぼす換気回数 N と正味光合成速度 P_n の影響

E_c は N と P_n に大きく影響される（図12.9）．一般の園芸施設および太陽光植物工場の N は換気窓と出入り口を閉めている状態で，$0.3〜0.5\ h^{-1}$ であるので，$C_{in} = 1000\ ppm$ の時，P_n が大であっても，E_c は $0.6〜0.8$ である．苗の定植後などで P_n が小さい時は，施用した CO_2 の大半は室外に漏出する．したがって，太陽光植物工場では，CO_2 施用時の N を小さくする（密閉度を

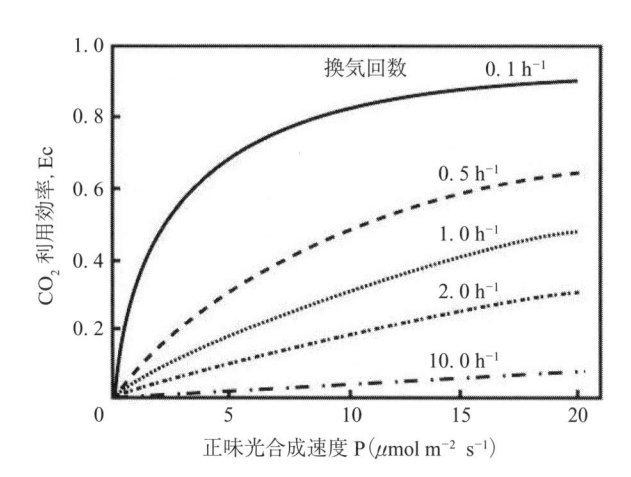

図12.9　CO_2 利用効率 E_c におよぼす正味光合成速度と換気回数の影響
　　　　床面積：$1000\ m^2$，空気容積 $3000\ m^3$，換気回数：0.1，0.5，12，$10\ h^{-1}$，CO_2 濃度：室内 1000，室外 $350\ \mu mol\ mol^{-1}$，室内外気温：27℃，培地の微生物呼吸速度は無視できると仮定[11]．

高め，$0.2\,h^{-1}$ 以下にする）ことが E_c を高める上で重要である．人工光植物工場では N は $0.01 \sim 0.02\,h^{-1}$ 程度であるので，施用 CO_2 利用効率は，正味光合成速度が大であれば 0.9 前後となる．

5） CO_2 施用のコスト・パフォーマンス

CO_2 施用の光合成促進効果は，S_c による P_n の増分を ΔP_n とすれば，$\Delta P_n / S_c$ となる．CO_2 施用の光合成促進に関するコスト・パフォーマンスは，$\Delta P_n / (S_c + L_c)$ の各変数のそれぞれに対応する単価を乗じれば得られる．L_c の単価は，CO_2 を大気に漏出することによる罰則コストである．非定常の場合に対しても，上記の方法を容易に拡張することができる．

コスト・パフォーマンスを考慮すると，苗の定植直後は C_{in} を比較的低くし，植物が成長するにつれて C_{in} を高くする CO_2 施用法が好ましいことになる．

暗期に関して，式（4）を用いて上述と同様の方法を適用すれば，暗呼吸速度が容易に算定できる．

6） 換気回数 N の連続推定

$C_{in} > C_{out}$ の場合の CO_2 損失速度 L_c の算定精度は，換気回数 N の算定精度に大きく左右される．人工光植物工場の N は小さく，また気象条件の影響を受けにくい．また，S_c に対する L_c の割合は一般に小さい．

他方，太陽光植物工場の N は風速，風向，内外気温差（圧力差）に影響される．李・古在ら（未発表）は，Dayan ら（2004）[18] の方法を応用して，植物工場の水収支と CO_2 収支にもとづいて，蒸発散速度，換気回数 N および正味光合成速度 P_n を一定時間毎に算定する方法を開発した．その手順の概略は以下のとおりである．

① 1つまたは複数の栽培ベッドへの給液速度と栽培ベッドからの排液速度から，その栽培ベッドにおける蒸発散速度を算定する．この値から植物工場全体の蒸発散速度を算定する．多くの場合，蒸発速度は無視できるほど小さい．

② 蒸発散速度と室内外の水蒸気濃度差から植物工場の換気速度を算定する．

③ 換気速度を栽培室の空気容積と換算係数で除して，換気回数 N を算定する．

④式 (1) を用いて，CO_2 の室内外交換速度を算定する．
⑤施用 CO_2 速度および CO_2 室内外交換速度 L_c を用いて正味光合成速度 P_n を算定する．
⑥室内で人間が作業している場合は，人間の呼気による CO_2 発生速度 R_h で P_n を補正する．この N の推定方法は，CO_2 施用の有無に関わらず適用できる．

7. 水利用効率[5, 16)]

水利用効率 E_w は，給水（かん水）水速度 W_s に対する植物または培地がその時間に保持した水量（保持水量変化速度）W_i の比（W_i/W_s）として定義される（図12.10）．この E_w の定義は，生態学における定義と全く異なる．

(1) 人工光植物工場

人工光植物工場では，照明時，ランプからの発熱を除去するために，ヒー

ヒートポンプ（エアコン）除湿

除湿回収水量 W_R : 2,000 kg

植物からの蒸散水
培地からの蒸発水
2058 kg

水利用効率 E_w ＝ (2100－58)/(2100) ＝0.97

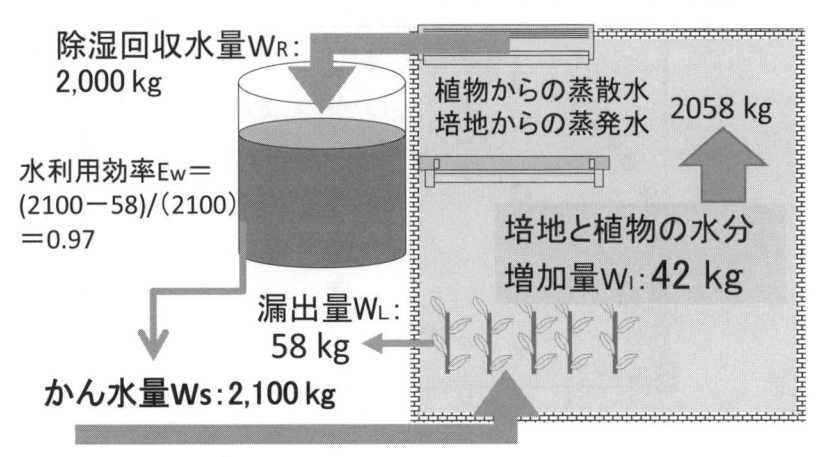

培地と植物の水分増加量 W_i : 42 kg

漏出量 W_L : 58 kg

かん水量 W_s : 2,100 kg

図 12.10　閉鎖型（人工光）植物生産システムにおける水利用効率の実測例
太陽光植物工場や一般の温室では蒸発散した水は回収できないので，水利用効率 E_w は（2100－2058)/2100 kg ＝ 0.02 となり，閉鎖型の E_w ＝ 0.97 の 1/48 となる[24)]．

トポンプ（エアコン）で冷房するのが常態である．冷房すると空気中の水蒸気が冷却面で結露してドレン水となり，かん水用に再利用される．このドレン水の回収速度を W_R とすると，栽培室における正味の水使用量は，$(W_s - W_R)$ となる．したがって，栽培室の E_w は $(W_s - W_R - L_w)/W_s$ と表わされる．L_w は室内から室外に漏出する水蒸気のり損失速度で，式（4）と同形の式（5）で表わされる．なお，通常，栽培室からの排水量はゼロである．

$$L_w = k \cdot N \cdot V \cdot (H_{in} - H_{out}) \tag{5}$$

ここで，k は，水蒸気容積あたりの質量，N は換気回数，V は空気容積，H_{in} と H_{out} は，それぞれ，室内外空気の水蒸気濃度（$kg\,kg^{-1}$）である．

E_w は LAI（葉面積指数）および換気回数に大きく影響される（図12.11）．人工光植物工場の N は，通常，$0.01 \sim 0.02\,h^{-1}$ 程度であるので，LAI が3以上であれば，E_w は 0.95 以上となる．

(2) 太陽光植物工場

太陽光植物工場においてもヒートポンプ冷房する場合は人工光植物工場の

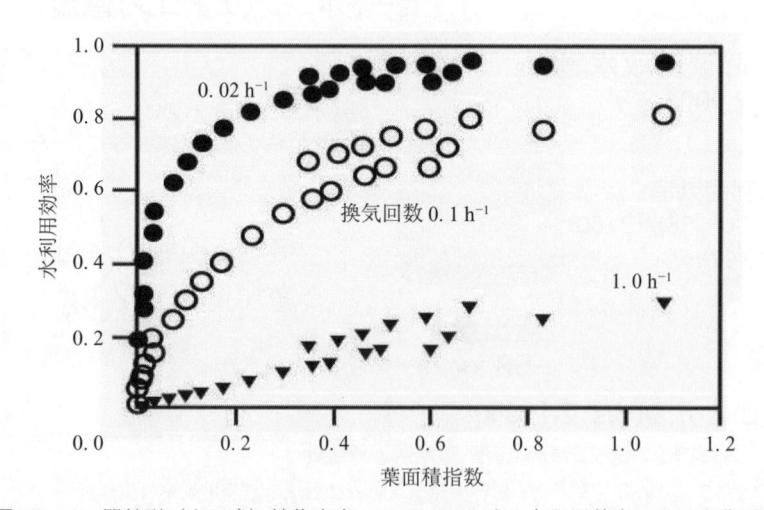

図12.11 閉鎖型（人工光）植物生産システムにおける水利用効率に及ぼす葉面積指数と換気回数の影響
室内外の水蒸気密度は，それぞれ 16 および 6 g m^{-3}，と仮定[11]．

場合と同様である．他方，ヒートポンプが稼働していないで，太陽光植物工場内の蒸発散水はすべて換気窓から漏出する場合，$W_R=0$ なので，E_c の値は，一般に，0.05 以下となる．人工光植物工場の E_w は太陽光植物工場の E_w の約 20～50 倍となる．図 12.10 の例では，48 倍である．なお，太陽光植物工場においても，換気窓を閉じて冷房すれば，$W_R>0$ となるので，E_w は向上する．

8. チッソ肥料およびリン酸肥料の利用効率

植物工場においては養液栽培が原則である．養液栽培には培地を用いないタイプと用いるタイプがあるが，いずれも栽培ベッドは地面と隔離されている．供給された養液の一部が排液となるタイプがあるが，その排液は循環利用されるのが原則である．ただし，一作が終了した後では排液を適切に処理した上で下水に廃棄することがある．以上により，植物工場における無機肥料利用効率は 1 ではないにしても，1 に近い値である．平均的には，0.9 程度であろう．

他方，露地野菜栽培におけるチッソ利用効率の平均値は 0.52，土耕の施設野菜栽培では 0.43 である[20]．露地野菜栽培におけるリン酸利用効率はさらに低い．また，土地面積当たりの肥料投入量を増やすと，利用効率が低下する[20]．この利用効率[20] に際しては，有機肥料に含まれるチッソ肥料成分量を無機態チッソ量に換算している．以上より，植物工場における肥料利用効率は土耕栽培におけるそれの 2 倍弱であると言える．

9. 光エネルギー利用効率[21-24]

光エネルギー利用効率は，植物生産システムに投入された光（光合成有効放射）エネルギーに対する植物体構成物質として固定された化学エネルギーの割合として定義される．植物の光合成特性により，光エネルギー利用効率の理論的最大値は 10% 程度である．植物が光合成で 1 mol の CO_2 を炭水化物の化学エネルギーとして固定するには，少なくても 8 つの光合成有効光量子が必要である．実際には，0.5～1.5% 程度だと考えられる（表 12.2）．

表 12.1 投入資源利用効率の向上によるコスト・パフォーマンスの向上方策

番号	問題点	解決の方法または方向
1	初期コストが高すぎる	環境制御機器の稼働率と性能が低い
2	運転コストが高すぎる	環境制御機器の運転法が非効率である
3	運転コストの効果を評価しにくい	環境制御の効果を速度変数でも評価する
4	運転コストが高い割に収量・品質が低い	投入資源利用効率を算定し，コスト・パフォーマンスで評価する
5	速度変数の計測が困難である	速度変数の計測法を開発する
6	統合環境制御法が確立していない．生体情報を環境要因設定値の決定に反映しにくい．	多目的評価関数による方法を開発する
7	投入資源利用効率が低い	合理的な範囲で閉鎖型とする
8	データベースから知識ベースへの転換がしにくい．	野口（2011）を参照．

表 12.1 の各段階における利用効率を向上させることが，全体の光エネルギー効率を高める上で重要である[5]．高度な環境制御を行う太陽光植物工場における光エネルギー利用効率の年間平均は，田畑におけるそれの 10 倍程度，通常の温室におけるそれの数倍になり得る．

植物体の化学エネルギーとして固定されなかった光エネルギーは熱エネルギーに変換される．植物体の乾物に含まれる化学エネルギーは約 20 MJ/kg DW（メガジュール／キログラム・dry weight）であるので，これに乾物重量を乗じた値が，植物に固定された化学エネルギー量である．乾物重量として植物体全体，収穫物，生産物のいずれを選択するかは，その利用目的による．

なお，葉に含まれる光エネルギー利用効率は赤と青の波長で極大となる．他方，個葉では緑の波長も光合成にかなり利用される．しかし，緑の波長は

表12.2 光エネルギー利用効率に係わる諸要因と代表的数値例

項目	個別百分率	累積百分率
日射透過率	70%	70%
光合成有効放射比率	50%	35%
植物受光比率（期間平均）	70%	25%
葉面受光比率	80%	20%
葉面吸光比率	85%	17%
化学エネルギー固定比率（酵素活性，PS活性）	20%	3.4%
光呼吸・暗呼吸損失率	50%	1.7%
商品化率	50〜90%	0.85〜1.53%

日射エネルギーから植物の炭水化物に含まれる化学エネルギーへの変換百分率の試算例（概算値）
8要因の個別百分率を10%ずつ向上させると，累積百分率は$(1.1)^8 = 2.1$倍になる．

葉で反射および透過されるので赤の波長より利用効率がやや低い．ところが，植物群落となり，葉が空間的に重なる状態になると，赤や青の波長の光は上層の葉で吸収されて下層の葉に届かない．他方，緑の波長の光は上層の葉で透過・反射され下層の葉まで達する．結局，葉面積指数が3〜4になると，植物群落としての光エネルギー利用効率，したがって正味光合成速度は緑の波長の光が一定の比率で含まれている方がやや高いことが指摘されている[24, 25]．今後，さらに究明すべき課題である．

追記：本稿の「5. 資源利用効率と速度変数情報を考慮した植物環境制御法」以降は，古在・李・全（2011）の一部の再掲である．再掲を許可して下さった関係者に謝意を表する．

引用文献

1) 丸尾 達：「サイエンス農業」植物工場で世界に挑戦を，AFCフォーラム2009（7）（2009）
2) 池田 英男：知能的太陽光植物工場の新展開（2）わが国における太陽光植物工

場の現状と今後への期待，農業および園芸 85(2)(2010)
3) 後藤英司・丸尾 達：知能的太陽光植物工場の新展開（14）千葉大学における太陽光利用型植物工場の技術開発と実証事業，農業および園芸 86(2)(2011)
4) 丸尾 達：新しい時代の植物工場（2）モデルハウス型植物工場での実証・展示・研修 千葉大学での植物工場の実証と展示・研修，農耕と園芸 66(1)(2010)
5) 古在豊樹・星岳彦：太陽光型植物工場，オーム社（2009）
6) 古在豊樹：知能的太陽光植物工場の新展開（13）省資源・環境保全と高収量・高品質を両立させるサステナブル植物工場，農業および園芸，86(1), 41-50 (2011a)
7) 古在・李 明・全宇欣：生体・環境情報に資源利用効率・速度変数情報を統合した植物環境制御法，日本生物環境工学会 OSAKA フォーラム 2011, 37-54（2011）
8) 古在豊樹他 5 名，環境制御による薬用植物の効率的生産と将来性，漢方と最新治療，20 (2): 125-130（2011）
9) 古在豊樹：世界における植物工場の現状と将来性，農林水産研究ジャーナル，34 (2), 4-9 (2011b)
10) Kozai, T., K. Ohyama, Y. Tong, Tongbai and N. Nishioka, Integrative environmental control using heat pumps for reductions in energy consumption and CO_2 gas emission, humidity control and air circulation, Acta Horticulturae, 893, 445-452（2011 c）
11) 高山弘太郎・野並 浩：知能的太陽光植物工場の展開（5），農業および園芸，85(5), 563-571（2010）
12) 仁科弘重・田中道男・石川勝美・松岡孝尚：知能的太陽光植物工場の展開（3），農業および園芸，85(3), 388-396（2010）
13) 野口 伸：知能的太陽光植物工場の展開（10），農業および園芸，85(10), 1037-1044（2010）
14) 古在豊樹：閉鎖型苗生産システムの開発と利用，養賢堂，pp. 199（1999）
15) Takakura, T. : Plant growth optimization using a small computer. Acta Hort. 46 : 147-156（1975）
16) 横井慎悟・古在豊樹・長谷川智行，全 昶厚・久保田智恵利：閉鎖型苗生産システムの CO_2 および水利用効率におよぼすトマト実生個体群の葉面積指数および換気回数の影響，植物環境工学，17(4): 182-191（2005）
17) Ohyama, K., T. Kozai, Y. Ishigami, Y. Ohno, H. Toida and Y. Ochi : A CO_2 Control System for a Greenhouse with a High Ventilation Rate, Acta Hort. 691（Greensys 2004）: 649-654（2005）
18) Dayan, E., Presnov, J. Dayan and A. Shavit : A system for measurement of transpiration, air movement and photosynthesis in the greenhouse, Acta Hort 654. ISHS, 123-131（2004）
19) 大山克己・古在豊樹・久保田智恵利・全昶厚・長谷川智行・横井慎悟・西村将

雄：閉鎖型苗生産システムに配置した家庭用エアコンの冷房時成績係数，植物工場学会誌，14(3), 141-146 (2004)
20) 西尾道徳：農業と環境汚染，農文協，80-82, 438 pp (2005)
21) 渋谷俊夫・古在豊樹：温室内におけるトマトセル成型苗個体群の光利用効率および水利用効率，生物環境調節，39(1), 35-41 (2001)
22) 横井慎悟・古在豊樹・大山克己・長谷川智行・全　昶厚・久保田智恵利：閉鎖型苗生産システムにおけるトマト実生個体群の葉面積指数がエネルギー利用効率に及ぼす影響，植物工場学会誌，15(4), 231-238 (2003)
23) Kozai, T. : Improving utilization efficiencies of electricity, light energy, water and CO_2 of a plant factory with artificial light. Proceedings of 2011 the 2nd high-level International Forum on protected horticulture（Shouguan, Sandong Province, China, April 19–22, 2011), 2-8 (2011 a)
24) Kozai, T. : Improving light energy utilization efficiency for a sustainable plant factory with artificial light, Proceedings of Green Lighting Shanghai Forum 2011, 375-383 (2011 b)
25) Kim, H-H., G. D. Goins, R. M. Wheeler and J. C. Sager : Green-light supplementation for enhanced lettuce growth under red-and blue-light- emitting diode. HortScience. 39 (7) : 1617-22 (2004)
26) 寺島一郎：個葉の光合成システム構築原理と環境に依存した可塑性，日本生物環境工学会生物環境調節部会編，2010，光合成：植物工場発展のキーワード（スプリングフォーラム 2010，東京大学，3月10日），7-18, 74 pp.
27) Tong. Y., Kozai, T., Nishioka, N., Ohyama, K. : Greenhouse heating using heat pumps with a high coefficient of performance (COP), Biosystems Engineering, 106 : 405-411.
28) 古在豊樹・Tong Yuxin・西岡直子・大山克己：ルーム（家庭用）エアコンを用いた温室の環境調節，農業電化，63(6), 2-8 (2010)
29) 大山克己・藤原雅哉・古在豊樹・全　昶厚：閉鎖型苗生産システムのナスセル成型苗育成時における電気エネルギおよび水消費量，植物工場学会誌，13(1), 1-6 (2001)
30) 古在豊樹：輸出産業としての可能性を探る（第5章），植物工場大全，日経BP社，142-161 (2010)
31) 古在豊樹：世界における植物工場の現状と将来性，農林水産研究ジャーナル，34(2), 4-9 (2011 a)
32) Kozai, T., K. Ohyama, and C. Chun : Commercialized closed systems with artificial lighting for plant production, Acta Horticulturae, 711 (Proc. Vth IS on Artificial Lighting) : 61-70 (2006)
33) 大政謙次：アグリバイオイメージングと植物工場，日本生物環境工学会生物環境調節部会編，2010，光合成：植物工場発展のキーワード（スプリングフォー

ラム 2010, 東京大学, 3月10日), 19-34, 74 pp (2010)
34) 古在豊樹・後藤英司・富士原和宏編著:最新施設園芸学, 朝倉書店, 2006年, pp. 231 (2006 a)
35) 古在豊樹・栃木利隆・岡部勝美・大山克己:最新の苗生産実用技術, 農業電化協会, pp. 150 (2006 b)

第 13 章 琉球大学における亜熱帯型植物工場

川満芳信, 上野正実, 近藤義和, 今井 勝

1. はじめに

　亜熱帯気候に属する沖縄は, 冬春季の温暖な気候を利用した園芸が盛んで, 他府県の端境期を活かして東京などの大市場への出荷を中心に展開してきた. 近年の低いエネルギーコストに支えられた施設栽培が全国的に展開する中で, このような地の利はやや薄れた感があるが, 昨今の原油価格の高騰および 2011 年 3 月 11 日の福島第一原発事故により計画停電や節電などを余儀なくされ, 沖縄農業の有利性を再認識させるものである. 一方, 夏場を中心とする時期の大半は高温, 干ばつ, 台風など露地野菜栽培には不向きな要因が多く, ゴーヤ, ヘチマ, ナス, オクラ, エンサイなど一部の作目に限られる. 流通の発達により, スーパーマーケットには夏季でも多種類の野菜が陳列されているが, 全般に葉菜類が乏しい状況は変わらず, 大半を県外からの移入と輸入に頼っているのが実状である. 県民人口 (約 138 万人) と観光客 (約 600 万人) が増える中で, 野菜の需要は増している. しかしながら, 県民への供給だけではなく, 観光客の多い夏場の野菜需要に生産サイドが応えられない状況にある. したがって, 夏場の野菜生産増は, 沖縄農業の振興のみならず, 農業と観光との連携にも顕著な効果を発揮するものと期待されている. このような期待に応えるために, 一部の従来施設において養液栽培による野菜生産が試みられてきたが, 高温のために施設の温度制御が難しく, 順調に生産を継続している農家はほとんどない. 「沖縄の厳しい環境下で計画的に野菜を生産するには, 完全人工光型もしくはそれに近い植物工場しかない」と, 水耕栽培で 20 年間悪戦苦闘してきた農家の言葉が印象的である. 従来型施設では温度を野菜栽培に適した気温にまで下げることができなかったことが主原因である. 沖縄に空輸・海輸されている野菜の輸送過程で排出される CO_2 も相当量にのぼり, フードマイレージ低減や低炭素社会実現のために改善が求められている. 本章では, 亜熱帯沖縄における野菜栽培の課題を

概観し，その解決策となる植物工場開発・普及への取り組みについて紹介する．

2. 太陽光との決別—液化天然ガス（LNG）冷熱を利用した「デージファームプロジェクト」

　夏場の沖縄は，干ばつにより飲料水すら不足する場合もある．これは晴天が多いことを意味し，この間，強烈な太陽光線に曝される．サトウキビのような C_4 作物にとっては好適であるが，葉菜類にとっては過酷な環境である．冬場は大陸の高気圧の縁にあって，曇天もしくは小雨の日が続くため，年間日射量は宮崎県や高知県よりやや低い．しかしながら，夏場の日射強度は他府県に比べて極めて高く，高温を伴っている（図13.1）．

　沖縄における野菜生産の課題としては，観光産業が伸びていく過程で，農業との連携の重要性が認識され，夏場の野菜生産が論じられるようになった．沖縄における施設を利用した野菜生産は，ハウス内を適温に調節すれば可能であるので解決策は単純であるが，莫大なエネルギーを要し，コストが過大になる欠点がある．ハウス内を低コストで冷やすために，細霧冷房，夜間冷房，部分（培地）冷房などが試みられた経緯があるが，久米島にある沖縄県海洋深層水研究所の試験ハウス（図13.2）でも培地冷却以外は単なる試験

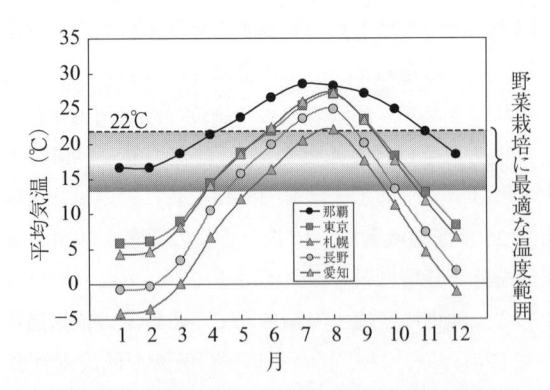

図13.1　那覇市および他地域の気温の年間変化

第 13 章　琉球大学における亜熱帯型植物工場　(269)

図 13.2　沖縄県海洋深層水研究所の試験ハウス

で終わっている．川満ら[1]も，太陽光や風力のような変動性エネルギーの有効利用法の一つとして，農業への活用技術を検討した．この中でリンゴの栽培も試みたが，研究段階に留まり実用化には程遠い状況であった．このように，いくつかの取り組みが試みられたものの，従来型ハウスを冷やす方式は莫大なエネルギーを要するためにほぼ不可能と思われていた．もちろん，「植物工場」の情報も入ってはきたが，それ自体が実証段階であったこともあり，沖縄では単なる話題に留まっていた．

この閉塞的な状況を打ち破る朗報をもたらしたのが，沖縄電力（株）の液化天然ガス（LNG）発電所建設計画のニュースである．LNG を気化させる時に −162℃ の冷熱が発生するが，発電所ではその量も大量である．これを利用すれば，ハウス冷房はもちろん，より本格的な植物工場設置の可能性もでてくる．このアイデアは数カ所で検討され，発電所の建設地である中城村（なかぐすくそん）でも，冷熱エネルギーの農業利用が検討された．しかしながら，「冷熱エネルギーの農業利用は難しい」ということで，アイデア倒れ

の状態であった[2]．

　筆者らの研究チームは，上記の変動性エネルギー利用研究の継続も含めて，2001年に冷熱を利用した植物工場に関する調査研究をスタートさせた．これは，農業生産にIT技術，機械化技術などを導入し，高度な農業生産システムを構築する「デージファームプロジェクト」の一環として位置づけられる[3]．本プロジェクトは，「植物工場の概念を，サトウキビのような大規模圃場生産に導入する」ことをモットーにしている．サトウキビに始まってマンゴーなどへ適用対象が拡大する中で，具体的な植物工場が浮かび上がってきた．太陽光と決別し，高温障害対策と無尽蔵に得られる冷熱エネルギーを利用した「完全人工光型植物工場」が検討の主対象となった．琉球大学の中期計画達成推進経費の支援もあって，植物工場の先進事例の調査を進めることができた．LNG火力発電所建造地域の農家グループから支援要請のあった「農商業を中心とした地域おこし構想」もその推進に一役買った．研究成

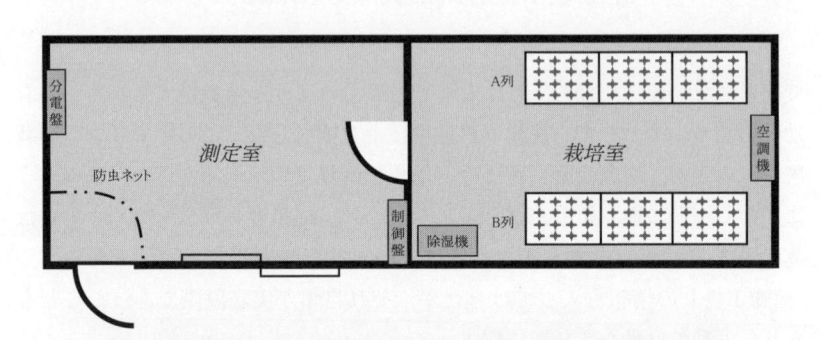

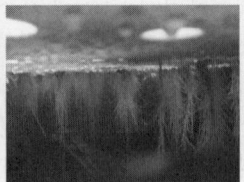

図13.3　コンテナ利用のミニ植物工場

果の一つとして取りまとめたのが「冷熱利用中城デージファーム構想」である[4]．本構想では，3階建ての建物の1・2階部分を完全人工光型植物工場とし，3階部分には太陽光利用型植物工場を配置している．栽培システムは基本的には養液方式を採用するが，一部に沖縄の特徴的な土壌を用いた土耕方式も実施する．

　この構想を基に，琉球大学，沖縄電力（株）中城村，沖縄総合事務局などの関係者で勉強会がもたれた．その中で，建設中の発電所の1・2号機の設計変更は難しく，具体的に検討できるのは3号機からという情報がもたらされ，プロジェクトチームを落胆させた．首尾よく植物工場が実現するとしても10年くらい先になるからである．そこで，冷熱利用から一旦引いて別の方法を探ることになった．

　幸いなことに，琉球大学のキャンパス内にコンテナ利用のミニ植物工場（図13.3）が設置でき，サラダ菜，レタス類の栽培試験を通じて様々な技術課題を抽出できた[5]．

3．沖縄における植物工場の技術的課題

　亜熱帯島嶼環境にある沖縄の自然条件と社会条件を考慮すると，植物工場の技術的課題は次のように整理できる．

(1) ハード面の課題
- 島嶼環境におけるコスト高と不安定要素を含む化石エネルギーシステムに替わる新エネルギー中心の自立度の高い低炭素型エネルギーシステム，特に太陽熱利用システムの開発
- 低コスト・省エネルギー型照明システムの開発
- 高温・多湿な沖縄における冷房と調湿を中心とする低コスト・省エネルギー環境制御技術の開発
- 耐風性，耐食性（耐塩性）などに優れた低コスト工場の建設技術，部材などの開発
- 沖縄の環境および野菜の種類に適した栽培システムの開発（葉菜＋沖縄特産野菜の栽培）

- 停電等に強い安定的な養液供給システムの開発
- 施設内空間の高度利用技術の開発
- 省エネ・精密環境制御および品質管理に向けたモニタリング・コントロールシステムの開発

(2) ソフト面の課題
- 夏場・台風時など厳しい環境下における葉菜類の低コスト安定生産・安定供給技術の確立
- 新規参入希望者への対応も考慮した栽培管理技術のマニュアル化
- 生育モニタリングと生育予測による高度栽培管理による品質管理技術の確立
- 栽培管理技術者及び工場の運転管理技術者の養成
- 野菜への機能性の付与技術の開発とその医学的評価，高付加価値植物および沖縄の伝統的"島やさい"の栽培技術の確立
- 市場（特に県内市場）と連動した栽培・出荷・経営計画およびその評価・改善手法の確立
- 露地野菜が出回る冬場における露地野菜との競合回避
- 大きなマーケットが期待される観光産業，医療・健康産業との連携，医農商工連携および消費者交流による野菜消費拡大と健康維持・長寿への貢献
- 農商工連携による沖縄の植物工場ビジネスの振興および地域定着化

4. 太陽光との再会—太陽光可変利用型植物工場

　これらの課題は他府県のものと共通点も少なくないが，亜熱帯島嶼環境においては，低コストエネルギーの確保が最初で最大の課題である．LNG冷熱エネルギーが当面期待できない中にあって，新エネルギー，特に，太陽エネルギーとバイオマスエネルギーの利用を検討した．前述のように，夏場の強烈な太陽エネルギーは，ハウス栽培や植物工場にとっては"厄介者"であるが，太陽エネルギーを活用する技術があれば，それを"救世主"に変えることができる．

第 13 章　琉球大学における亜熱帯型植物工場　（ 273 ）

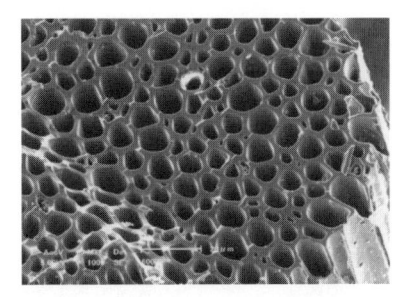

図 13.4　バガス炭化装置　　図 13.5　バガス炭のハニカム状微細孔

　太陽エネルギーと言えば，真っ先に最近流行の太陽電池を思い浮かべるが，コスト面の問題が十分に克服されていない．ところが，植物工場への太陽エネルギーの活用技術がバイオマス研究からもたらされる可能性がでてきた．筆者らの研究チームは，1998 年頃からバイオマス利用，特に，サトウキビの搾りかす（バガス）を炭化し，非焼却利用することによって温暖化対策と地域活性化を目指す「バイオ・エコシステムプロジェクト」を推進してきた[6,7]（図 13.4）．バガス炭の土壌改良材などへの利用は，大気中の CO_2 を効率的・長期的に吸収・固定する効果がある．これは，バイオマス利用の効果とされる「カーボンニュートラル」を超える概念の「カーボンリダクション」を具現化するものであり，最近注目されている CCS（炭素貯留技術）よりはるかに単純で低コストの方法として注目されている．

　バガス炭の性状（図 13.5）の解明と用途開発が進む過程で，この粒子を溶液中に分散させて，太陽光の集熱剤として利用する技術を開発した[8]（図 13.6）．従来の集熱装置（ソーラーシステム）は，黒色の外殻容器の中に溶液を流動させるのであるが，筆者らの方式では，吸熱剤であるバガス炭を溶液中に分散させる点に大きな特徴がある．太陽光を熱に変換する「光─熱変換」メカニズムは，バガス炭のハニカム状の微細孔（図 13.5）における吸収によって発生する．バガス炭 0.5％ の分散液は厚さ 5 mm でも太陽光をほぼ 100％ 吸収して熱に変換し，光を透過させない特性を有する（図 13.7）．バガス炭分散液が獲得した熱エネルギーは，熱交換器を通して吸着式冷凍機あ

太陽エネルギー＝2200 μ mol m^{-2} s^{-1}

バガス炭層 5mm厚
真空層 5mm厚
アクリル板 5mm厚

熱エネルギー
2000 μ mol m^{-2} s^{-1}

透過エネルギー＝200-300 μ mol m^{-2} s^{-1}

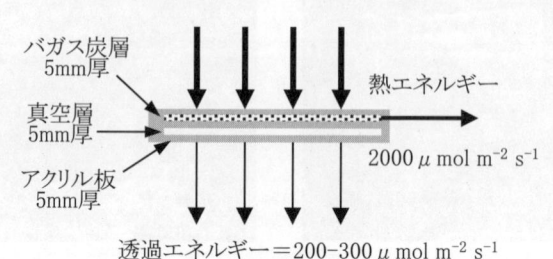

図13.6　バガス炭分散液による集熱

分散濃度：1%
分散濃度：0.5%
分散濃度：0.1%

バガス炭 0.1%
バガス炭 0.5, 1.0%

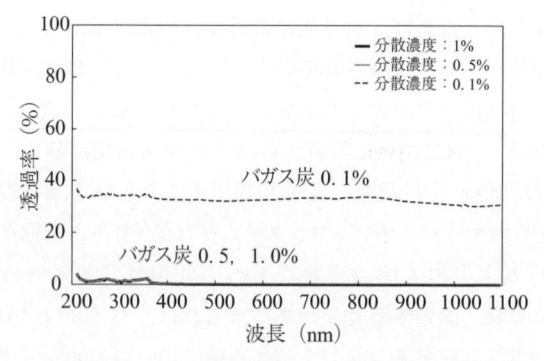

図13.7　バガス炭分散液による光の透過特性

るいは吸収式冷凍機を駆動させて施設冷房に利用でき，このシステムを植物工場に組み込めば，温度調節が可能になる（図13.8）．冷房が最も必要となる夏場は太陽エネルギーが豊富にあるので，この方式は非常に好都合である．"太陽熱で冷やす"「光－熱変換システム」はまさしく熱帯・亜熱帯地域で最も求められている技術を提供できる．太陽熱が不足する場合には，バイオマスの燃焼により温水の温度（温度差）を維持できる．

この研究の過程で，バガス炭を活用した太陽エネルギーの利用は，温度調節に止まらず照明にも利用できることが明らかになった[9]．上記のシステムは，分散濃度を変えれば太陽光の透過率を自在に調節できる特徴をもっているので，野菜の栽培に必要な光強度（200～300 μmol m^{-2} s^{-1}）の太陽光を透過さ

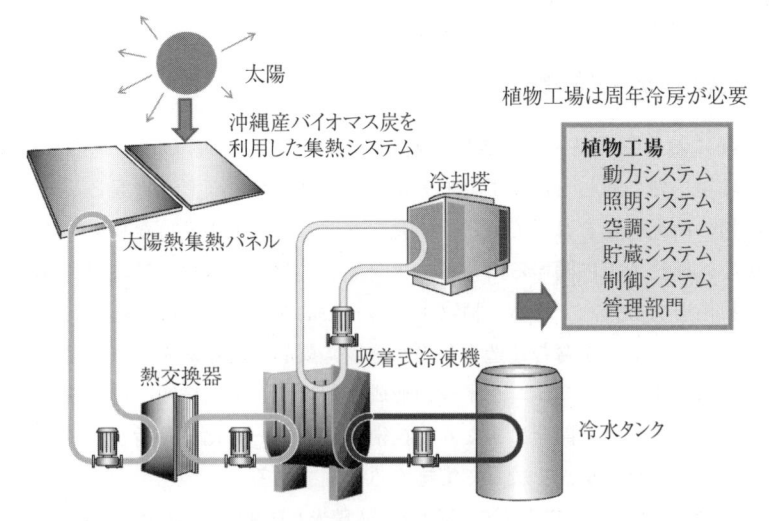

図13.8　太陽熱利用冷房システム

せて照明に利用し，残りを熱エネルギーに変換することもできる．これは，従来の太陽熱利用システムとは根本的に異なる発想である．具体的には，日射量に応じて分散液の濃度を変化させ，光の透過量は一定とし，残りを熱変換するシステムを構築すればよい．すなわち，「太陽光可変利用型植物工場」の構想である．太陽光を利用するか否かで植物工場を「人工光型」と「太陽光利用型」に分類しているが，太陽光可変利用型は両者を併せて発展させたシステムである．

　これを実用化するには，いくつかの検討課題があるが，時々刻々と変化する日射強度をモニターもしくは予測して，分散液の濃度を変えるシステムの応答性や安定性もその一つである．作物に応じて，最適な光強度に設定する方法も可能である．さらに，光ダクトを使用して，透過波長の選択を行うタイプの太陽光利用システムも検討している．このように，上述の「光―熱変換システム」と，光強度調節および色調節，すなわち「光―光変換システム」を効果的に組み合わせると，太陽エネルギーにこだわった熱帯・亜熱帯向きの低コスト植物工場ができあがる．これらの技術には検討事項も少なく

ないが，現在，開発・実証中である[10]．

5. 琉大パッケージの開発

　沖縄における野菜生産の課題を解決するために，筆者らは沖縄の自然条件・環境条件に適した植物工場モデル「琉大パッケージ」を提案し，その基盤技術の研究開発を行っている．研究内容としては太陽光可変利用システムを中心に植物工場に関するハード，ソフトおよびユースウエアに関する総合的な技術を含む概念である．植物工場の一般的な研究開発の範疇に加え，エネルギーシステムを含む建造物と内部施設，製品の流通販売さらには加工，観光や医療を含むコミュニティーの形成などに関して，農商工連携さらには医農商工連携で研究開発にあたり，技術のパッケージ化を目指している．当面，次の5項目に重点を絞って実施する計画である．

(1) 太陽光利用型から完全人工光型まで，太陽光を自在に調光できる「可変利用型植物工場」の開発

　夏場の厳しい条件下で，野菜を安定的に生産することを主眼に，太陽光を調節（調光）して人工光への依存を軽減したシステムを開発する．冷房は太陽熱を利用して行うが，調光により太陽熱の大半を遮断して冷房負荷を大幅に節減する．

(2) 太陽熱を中心とする新エネルギー利用による低炭素型エネルギーシステム（空調・照明・動力）および環境制御システムの開発

　太陽熱を高効率で回収するシステムを調光システムと組み合わせ，熱エネルギーで吸着式冷凍機を駆動させて工場内の冷房（空調）を行う．併せて，太陽光発電・風力発電・バイオマスエネルギーを連携させた低炭素型ハイブリッドエネルギーシステムを開発する．

(3) モニタリング・リモートコントロールシステムを備えたICT高度栽培管理システムの開発

　植物工場内の光・温度・湿度・CO_2・風などの環境制御，および養液管理を生育段階に合わせて高精度に行う光モニタリングシステムおよびコントロールシステムを適用する．本システムでは，生育状態・品質も含めてモニ

タリングし，植物（作物）生理学に基づいた知能的コントロールを実施する．さらに，遠隔離島での栽培を考慮して，インターネットを利用したリモートコントロールシステムの開発を行う．

(4) 高付加価値化・機能性付与型栽培技術の確立

野菜の安定栽培に加えて，植物工場における栽培品目（特に沖縄の"島やさい"）の拡大を目指すとともに，野菜に特定成分や機能性を付与する栽培技術を開発する．また，ハーブ・きのこ・薬草等の栽培技術も開発し，自然界で育つものより高い価値を付与する．

(5) 沖縄の原料・バイオマスを利用した培地・養液等の低価格栽培素材の開発

栽培品目を増やすには，養液栽培だけでなく培地の利用も必要である．ユニークな特性をもつ沖縄の土壌を基に，バイオマス資材等を加えた培地を開発する．また，糖蜜からのバイオエタノール蒸留廃液等を利用した栽培養液の開発を行う．

6. むすび

亜熱帯拠点における植物工場の最大の課題はエネルギーであり，豊富な太陽エネルギーを調節ならびに照明に利用するシステムを提案した．植物工場の動力部分には，太陽光，風力およびバイオマス等の再生可能なエネルギーの有効利用を検討する．「琉大パッケージ」は，エネルギーシステムを中心にハード，ソフト面の技術的課題の解決を目指したもので，実証体制を早急に整備しながら普及に向けた取り組みを「医農商工連携」で推進したい．

環境条件の厳しい沖縄で利用可能な植物工場が実用化できれば，海外の熱帯・亜熱帯地域への展開も可能である．また，太陽エネルギー利用システムは植物工場への利用のみならず，一般家屋・建築物への応用も可能であり，低炭素型地域社会構築・地球温暖化問題解決の基盤技術を与えるものと確信している．

最後に，総務省の地域ICT利活用広域連携事業により琉球大学と沖縄型植物工場研究会が取り組んできた成果の実証と植物工場の管理・運用システムのための基盤システムの確立を目指した植物工場「中城デージファーム」

図13.9 中城デージファーム（沖縄型植物工場）の開所式と栽培工場内部

が2011年7月に中城村内に完成した．地デジ・ICT・植物工場による「デージファーム」を社会的弱者の社会参加・地域コミュニティー造りの基盤システムとして，社会的弱者の自立と生きがいの創出，社会との交流や子供の食育など公共の福祉サービス向上に効果の高いシステムの構築にも取り組むのである．とりわけ，地デジ活用ネットワーク，クラウドコンピューティングシステムを活用して安定生産のための植物工場管理システム，e-ラーニングおよびe-コマースの構築と植物工場を中心とした地域コミュニティー造りを目指しており，新しい沖縄の産業として発展させたい．

引用文献

1) 川満芳信・松島卯月・菊地 香：平成13年度沖縄電力受託事業報告書「変動性エネルギー（新エネルギー等）を有効利用した農業に関する基本検討」(2002)
2) 財団法人南西地域産業活性化センター：平成16年度 沖縄電力特別受託事業「LNG導入に伴う新規事業創出等に関するF/S」(2005)
3) Masami Ueno, Yoshinobu Liya Sun, Eizo Taira, Kenjiro Maeda : Combined Applications of NIR, RS, and GIS for Sustainable Sugarcane Production, Sugar Cane International, The Journal of Cane Agriculture, Vol. 23. No. 4, 8-11 (2005)
4) 平成19年度 琉球大学中期計画達成プロジェクト経費報告書「琉大ブランド創出に向けた冷熱エネルギー利用による新植物工場と高品質生産システムの開発」(2008)
5) 沖縄農業研究会編：植物工場シンポジウム資料「新しい野菜生産システムとしての沖縄発―ハイブリッド型植物工場―展開の可能性」(2009)
6) 上野正実・川満芳信・小宮康明：サトウキビを主体にした島嶼農業の再生とバガスの炭化，特集「バイオエネルギー資源の生産・製造とその展開」，農業機械

学会誌，68(3), 13-17,(2006)
7) 上野正実・川満芳信・小宮康明・東江幸優：沖縄のバイオマスが熱い！ ―島嶼社会からのチャレンジ．BIOCity（ビオシティ），No. 37, 50-55 (2007)
8) 平成20年度NEDOエコイノベーション推進事業報告書「バイオマス由来のバガス炭の太陽熱吸収能力及び発電能力等の調査」(08008537-0)
9) 特願2009-053818「新規な吸熱・蓄熱材料およびこれを利用した吸熱・蓄熱構造体」，2009-252587「太陽光（熱）吸収・調光資材及びこれを利用した農業・園芸施設並びに住宅・建築物」
10) 沖縄型植物工場モデル「琉大パッケージ」研究チーム（上野正実）：植物工場…天下の夢または天地人，琉大ニュースレター，Vol. 8, 4-5, 2009. 10（琉球大学公式ホームページ http://www.u-ryukyu.ac.jp/）．

第3部

今後に向けて

第4章
"公衆に向けて"

第14章 園芸学からの話題（1） 園芸の技術形成

田中道男，奥田延幸

1. はじめに

　園芸作物（野菜・果樹・観賞植物）の生産性と品質の向上を目指して，新品種の育成と増殖技術を開発し，さらに様々な環境条件下での植物体のレスポンスに関する膨大なデータベースの蓄積などに園芸研究者の弛まない努力が続けられてきた．その結果，今日の生活において，私たちは四季を問わず多種多様な高品質の野菜や果物を食卓に並べ，鮮やかで珍しい花を観賞して楽しめるようになった．しかし，人々の嗜好や要求は時代とともに移り変わり，園芸作物においても消費される種類や品種，数量は大きく変化している．この移りゆく人々の嗜好や要求に応えるために，園芸生産では大きく分けて三つの技術を発展させてきた．すなわち，一つ目は有用な遺伝子型を持った品種を育成・選定する技術で，二つ目は優良な種苗の生産技術，三つ目は植物としての機能を最大限に発揮させる栽培管理技術である．ここでは，我が国における園芸作物の生産技術形成に関する話題について述べることにする．

2. 園芸作物の生産技術

（1） 品種の育成と選定

　園芸作物の生産技術は，栽培環境に適合した品種の育成と選定が基盤となる．これまで，我が国では，園芸愛好家の技術を受継ぎ，世界最高水準の育種技術とバイオテクノロジーを用いて，多くの品種を育成してきた．しかし，日本では夏季の高温と冬季の低温が栽培にとって過酷な条件であることもあり，例えばトマトではオランダの収量に遠く及ばない．これは我が国では収量性より食味を重視したピンク系トマトが嗜好されてきたが，オランダではロックウール栽培の普及に伴い養液栽培用トマト品種の開発を推進しており，養液栽培に適応した品種の有無が収量増加に大きく影響していることが一因であるとされている[1]．そのため，植物工場の領域でも近年は「植物工場専

用品種」の育種に関して強く言及されるようになった[2]. とはいえ，施設園芸における育種目標は長年にわたって病虫害耐性とハウス生産物の高品質・高収量ということに重点が置かれているので，植物工場の普及・拡大に係るイノベーション創出が急務とされている現在では，じっくりと新たな品種の出現を待つことは難しいであろう．だが，育種現場には数多くの遺伝子資源が存在しており，この中から「省エネルギーのためにラフな環境制御を行った場合の温度変動や低日照に耐える品種」や「周年生産を達成させるため複数品種をシリーズ化する」という選抜育種として，育種圃場ではなく栽培プラントを模したファイトトロン等の制御環境下でスクリーニングを行うことで，この目標を達成できるのではないだろうか[3]. 大規模な植物工場では省エネルギーでの周年安定生産を主眼とし，食味は多少劣っても収量が得られる赤色系の育種，あるいは低段密植栽培専用品種の開発などの視点も求められる．それらの品種の特性を最大限発揮させるべく，環境制御技術や栽培管理技術の開発を進める必要があることは言うまでもなく，これまでの園芸学データベースを活用することが出来るであろう．

　一方，食品としての機能性を重視した品種選抜・育成についても今後は検討が必要である．例えば，Saitoら[4]は，機能性成分のγアミノ酪酸(GABA)に着目して，在来栽培品種，野生種および野生種派生系統におけるトマト果実内のGABA含量を評価している．これによると，作型・作期によらず安定して高濃度のGABAを蓄積するトマト品種を選抜することができ，この品種はGABA高含有品種育成の母本として有望であるとしている．

　また，通常の養液栽培と自動化の進展した植物工場での栽培では，作業性や栽培管理上において異なる点も多い．この相違点を補完する目的で品種の育成や選定が重要になる．例えば，我が国におけるトマトの一般的な生産では，非単為結果性トマトを用いる場合が多い．非単為結果性トマトの栽培では十分な受粉が得られないと着果が不良になり，生産性が著しく低下する．このため非単為結果性トマトの栽培では，着果の安定化を目的としてセイヨウオオマルハナバチなどを導入して受粉の促進を図っている．しかし，知能的太陽光植物工場においてはこのような昆虫の管理が困難になる場合があり，

図 14.1　単為結果性トマト品種 'ルネッサンス'
（写真提供：アグリベスト（株））

より確実に着果する品種の選定においては受粉の有無に関係しない単為結果性の特徴も重要な項目の一つとして挙げられる．近年育成された単為結果性トマト'ルネッサンス'は（図14.1），訪花昆虫や人工受粉，植物成長調節剤処理によらず優れた着果性と安定した果実肥大特性を有することから，栽培適応性が広く生産性の高い栽培が可能な品種として注目されている[5]．

以上のように，知能的太陽光植物工場における園芸作物の栽培においては収量性や品質面はもとより，グリーンハウス・オートメーションによる作業性や栽培管理上の特性に配慮した品種の選定，あるいは品種の育成も極めて重要であると考えられる．今後は，我が国における知能的太陽光植物工場栽培に適合した品種選抜と育成が本格的に進展することが望まれる．

(2)　種苗の生産技術

有用な遺伝子型を持った種苗を育成して大量増殖することは，洋ランのような高級品の生産コスト低減にも繋がる．クローン苗の生産コストを低減する目的で，培地交換やガス環境がマイクロコンピュータで制御された自動植物培養システム，クローン苗を無菌的，自動的に移植できるメリクロン・ロボットなど，さまざまな自動化システムが提案されている．また，ガス透過性や光透過性に優れたクローン苗生産用の密閉培養容器「Vitron」による無糖 CO_2 施用培養（光独立栄養成長培養法）も開発されている[6]．

クローン苗生産は，一般に25℃前後に調節された培養室内の，蛍光ラン

プを光源とした多段の培養棚上で行われるので，電力消費量（照明＋空調）が多いことが問題となっている．蛍光ランプにかわって最初に開発されたクローン苗生産用の省電力新光源は，低発熱，低消費電力，長寿命などの特徴を持った発光ダイオード（LED）である[7]．クローン苗の生育には赤色80％＋青色20％のLED混合比が最適であることが明らかにされている．その他にLEDと同様の特徴を持ち，液晶テレビなどのバックライトとして実用化されているCCFL（冷陰極蛍光ランプ，図14.2）もマイクロプロパゲーション用光源としての有用性が実証され，すでにクローン苗生産現場で用いられている[8]．

図14.2
CCFL光源ユニット下のCO_2チャンバー内で培養中の洋ランクローン苗
10,000 ppmのスーパーCO_2施用で生育促進

最近，種苗工場・植物工場用光源として蛍光灯を用いて新たに開発された省電力新照明方式（サイドライトホローシステム，SILHOS）が注目されている．SILHOSは，培養棚面の均一照明が可能となる構造であり，従来法に比べてクローン苗の生育が促進され，しかも電力消費量は，従来法と比べて単位棚面積当たりで約60％以上低減される．このSILHOSを用いることにより，クローン苗低コスト生産が図られている．一方，知能的太陽光植物工場においては大量の均一な優良苗を要することから，「SILHOS」のような人工光・閉鎖型苗生産システムが非常に有用であり，育苗用省電力新光源としてすでに生産現場に導入されている（図14.3）．

(3) 品質向上のための栽培管理技術

園芸作物の栽培では量的増加を示す「成長」と質的変化を示す「分化」を伴って進行している．この成長と分化は環境要因をシグナルとして遺伝的にプログラムされた反応特性により現れるため，栽培時期に応じた最適環境条件下におくことが管理技術として重要である．

図14.3 省電力新照明方式（サイドライトホローシステム(SILHOS)）-養液栽培システムによる高品質トマト苗生産

図14.4 イチゴの高設栽培（香川県三木町）

例えば，我が国におけるイチゴの栽培技術は世界最高水準である．これは，環境条件とイチゴの生理生態との応答関係が我が国で同定され，これを栽培技術に応用・普及していった結果である．私たちが普段利用しているイチゴは，一般に一季成品種と言われるもので，露地で栽培すると5月から6月頃に収穫が可能である．これは一季成品種が秋季の短日・低温条件で花芽分化し，その後の低温によって「休眠」し，翌春の温暖長日条件で開花・結実することによる．この質的変化を示す生理生態特性が解明され，施設栽培により温度やCO_2などの環境条件がコントロールされて花芽分化と休眠が調節された結果，今日ではクリスマス前に高品質の果実を収穫することが可能になった（図14.4）．

市場に流通する一般的な野菜と植物工場で生産された野菜の味や成分に大きな違いはない，と言われている．しかし，園芸作物の品質の向上を目的とし，様々な栽培環境条件を調節して植物体のレスポンスに関する膨大なデータベースが蓄積されているなかで，温度，光，肥料，水分などの環境の違いで野菜の品質が大きく異なることも明らかになっている．知能的太陽光植物工場では環境制御が容易であることから，栄養価・成分をコントロールした高品質園芸産物の生産が期待される．特に最近では，量的な収量性改善[9]だけではなく，養液栽培における味質改善や成分含有量の調節などいわゆる食

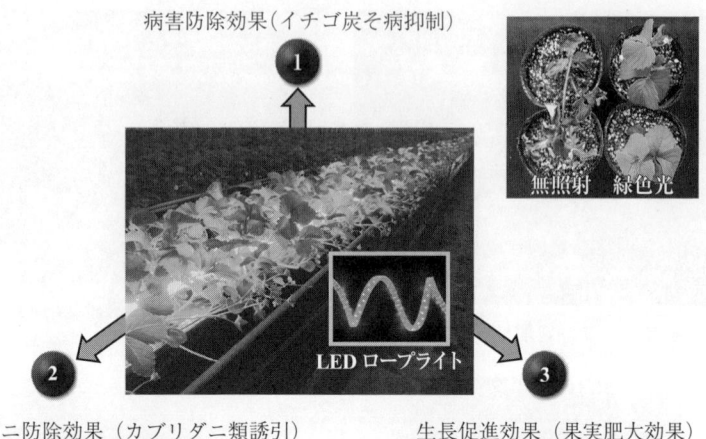

図14.5 イチゴ栽培における緑色光照射の多様な効果[16]

品としての二次機能(嗜好特性)・三次機能(生理的機能性)改善の可能性が検討されている.

例えば,甘味料であるステビア[10],健康増進や美容効果の知られるビタミンC(L-アスコルビン酸)[11],甲状腺ホルモンの構成成分として重要な役割を担うヨウ素[12]を根から吸収させて,野菜中の機能性成分を増加させる可能性が示唆されている.一方,機能性成分を増やす栽培技術は,目的とする成分を培養液へ添加するだけではない.例えば,窒素成分を含んだ従来の培養液組成のもとに水耕栽培されたホウレンソウを,収穫前の一定期間に窒素成分をほとんど含まない培養液に変更する「養分供給停止処理」により,ビタミンC含量を高め,さらに発ガン性との関連が指摘されている硝酸塩含量を10分の1程度に減少させることが可能となることも報告されている[13].最近では,栽培期間中の光・温度環境を制御することで成分を調節できるこ

とも報告されている[14,15]. 栽培期間中の光条件は生育促進や品質向上に寄与だけでなく, 緑色光は病害発生や虫害発生の防除効果 (図14.5) のあることが明らかになり[16], 今後は多様な効果の解明が期待されている.

「フルーツトマト」など高糖度果実の生産には篤農家の栽培にも見られる高度な栽培管理技術が必要である. 高糖度トマト果実の生産では主に地下部環境制御によるストレス付与と品質向上の関係について検討され, 一般に根域における低温, 高濃度塩類および水分によるストレス付与が容易であり, これら環境ストレス要因のデータが蓄積されてきた. 例えば, 根の生育と地下部温度の関係について, 根の伸長および重量増加には種や品種によって適温があり, それぞれの適温から外れるとストレス要因となり, 根の伸長と重量増加が抑制されることが明らかになっている[17]. また, 給液制限による水ストレスの付与の効果についても報告されている. これまでに蓄積された膨大なデータベースには, 例えば, 培養液に塩化ナトリウムを添加して根に塩類ストレスを付与した結果, 食味が良好で糖度やアミノ酸, リコペンなどの成分濃度が高まることが知られている. これは, 高濃度塩類ストレスによりトマト果実が小さくなる傾向があることから果実内の水分蓄積量の減少による濃縮効果が影響していると考えられてきたが, 最近では高濃度塩類によるストレスに伴う代謝活性の変化が影響していることも報告されている. トマト果実中の機能性成分として注目されているGABAやリコペンについて, 高濃度塩類ストレス処理によってそれらの濃度が上昇することが知られている[18,19]. 知能的太陽光植物工場においては高濃度塩類ストレス処理が比較的容易であり, この処理によってトマトを栽培することで果実の食味の向上と機能性成分濃度の上昇が可能になり, 高付加価値化が期待できる.

最近, 塩類ストレスによる果実品質向上のメカニズム解析も進展し, 塩類ストレス付与によりトマト果実の糖度, 果皮色, 果実硬度の上昇, 並びにスクロース, クエン酸, リンゴ酸, GABAの蓄積量が増加することが示され, 塩類ストレス付与と成熟や果実色に関与するとみられるエチレン生合成遺伝子, カロテノイド生合成律速酵素遺伝子に関与する遺伝子の発現との関連性を示唆している[20]. 今後は, 遺伝子レベルの詳細なメカニズムの解明により,

知能的太陽光植物工場での園芸作物栽培への技術開発に繋がるものと期待される．

3. 園芸学的アプローチ

我が国は四季の気温差が大きく，同一地域で特定の園芸作物を長期間栽培することは困難でもある．このため，園芸作物のさらなる周年・安定（定時・定量・定質・定価格）供給体制を確立し，より多くの種類が植物工場で生産できるように，いっそうの技術開発が望まれる．当然，技術開発には環境調節・計測・情報・機械など多面的な視点が必要であるが，栽培する植物の特徴を最大限に発揮させ，生物学的なバックグランドを多面的に取り込んだ園芸学的アプローチは極めて重要である．

今日に至るまで，園芸研究者は多種類の園芸作物の生産性と品質の向上を目的として，様々な環境条件下で植物体の応答に関する膨大なデータベースの蓄積を図ってきており，知能的太陽光植物工場の研究開発にあたってこのドメイン知識を活用することは大いに有効である．ただし，園芸産業としてグリーンハウス・オートメーションをどのように捉えるのか，さらなる議論も必要になる．これは生物科学とシステム科学との融合であり，「次世代型植物工場」へと発展していく新たな園芸技術でもある．そして，これらの多面的な新たな役割を担う人材育成もまた欠かすことができない課題である．

知能的太陽光植物工場への園芸学的アプローチを様々な側面から検討することにより，我が国のみならず世界に向けて「食料生産の向上と安全性確保」と「豊かな暮らし」を我々は目指すべきであり，またそれを期待している．

引用文献

1) 池田英男，岩﨑泰永，安　東赫：施設野菜生産における環境調節 —高収量をめざして—，日本生物環境工学会 2008 年大会プレシンポジウム（香川）講演要旨集，23-31（2008）
2) 丸尾　達：日本型（アジア型）太陽光植物工場の開発と栽培上の課題について，

日本学術会議公開シンポジウム「植物工場における自動化・情報化技術の展望」講演要旨集, 7-18 (2010)
3) 吉田　敏：自然光型植物環境調節実験室（ファイトトロン）の学術研究への利用．日本生物環境工学会 2009 年福岡大会講演要旨集, 345-346 (2009)
4) Saito, T., Matsukura, C., Sugiyama, M., Watahiki, A., Ohshima, I., Iijima, Y., Konishi, C., Fujii, T., Inai, S., Fukuda, N., Nishimura, S. and Ezura, H. : Screening for γ-aminobutyric Acid (GABA)-rich Tomato Varieties. Journal of the Japanese Society for Horticultural Science 77, 242-250 (2008)
5) 大川浩司, 菅原眞治, 矢部和則：時季および花（花蕾）の処理が単為結果性トマト品種'ルネッサンス'の着果および果実特性に及ぼす影響. 園芸学研究 5, 111-115 (2006)
6) Giang, D. T. T. and Tanaka, M. : Photoautotrophic microprppagation of Epidendrum (Orchidaceae) using disposable, gas permeable film vessel. Propagation of Ornamental Plants 4, 41-47 (2004)
7) Tanaka, M., Takamura, T., Watanabe, H., Endo, H., Yanagi, M. and Okamoto, K. : In vitro growth of Cymbidium plantlets cultured under superbright red and blue light-emitting diodes (LEDs). Journal of Horticultural Science and Biotechnology 73, 39-44 (1998)
8) Tanaka, M., Norikane A, and Watanabe T. : Cold cathode fluorescent lamps (CCFL) : Revolutionary light source for plant micropropagation. Biotechnology & Biotechnological Equipment 23 1497-1503 (2009)
9) 内田　徹, 森本哲夫, 橋本　康：太陽光併用型植物工場システムにおけるホウレンソウの生育制御. 植物工場学会誌 6 203-208 (1994)
10) 井上興一, 村瀬治比古, 小倉東一, 中原光久, 染谷　孝：ステビア配糖体溶液の根部浸漬による水耕レタスの味質改善. 植物工場学会誌 16, 16-19 (2004)
11) 井上興一, 杉本和昭, 近藤　悟, 早田保義, 横田弘司：浸漬法による外生 L-アスコルビン酸のレタスおよび葉ネギへの導入. 園芸学会雑誌 65, 537-543 (1996)
12) 権田かおり, 山口秀幸, 丸尾　達, 篠原　温：培養液へのヨウ素添加がトマト, ホウレンソウの発育およびヨウ素蓄積に及ぼす影響. 園芸学研究 6, 223-227 (2007)
13) 内田　徹, 大北定則, 高嶋浩二, 加藤政一, 工藤りか, 網本邦広, 坂野　正：植物工場における蔬菜生産のシステム化に関する研究（第 1 報）収穫前の養分供給停止処理が水耕栽培ホウレンソウの成分に及ぼす影響. 園芸学会雑誌 61 別 2, 328-329 (1992)
14) 名田和義, 田中樹里, 礒崎真英, 小西信幸, 田中一久, 安田典夫：収穫直前の連続照明処理はホウレンソウの硝酸塩低下とアスコルビン酸増加を同時に誘導する. 園芸学会雑誌 74 別 1, 137 (2005)

15) 福永亜矢子，小森冴香，吉田祐子，須賀有子，池田順一，堀　兼明，熊倉裕史：ホウレンソウ抗酸化活性に対する収穫直前の遮光除去の影響．園芸学会雑誌 75 別 2，531（2006）
16) 工藤りか・山本敬司・石田　豊：農作物への緑色光照射技術の開発　―緑色光の多様な効果について―．日本生物環境工学会 2010 年京都大会講演要旨集，294-295（2010）
17) 藤目幸擴，奥田延幸，ジーザス＝ルイツ＝アスプリア：数種冷涼季蔬菜の根の生育に及ぼす液温の影響．生物環境調節 30，177-183（1992）
18) 細川卓也，小松秀雄，吉田徹志，福元康文：トマトの養液栽培における培養液への海洋深層水の添加が生育および果実の収量・品質に及ぼす影響．植物環境工学 17，26-33（2005）
19) 北野雅治，日高功太，図師一文，荒木卓哉：養液栽培期おける根への環境ストレスの応用による野菜の高付加価値化．植物環境工学 20，210-218（2008）
20) Saito, T., Matsukura, C., Ban, Y., Shoji, K., Sugiyama, M., Fukuda, N. and Nishimura, S.：Salinity Stress Affects Assimilate Metabolism at the Gene-expression Level during Fruit Development and Improves Fruit Quality in Tomato（Solanum lycopersicum L.）.Journal of the Japanese Society for Horticultural Science 77，61-68（2008）

第15章　園芸学からの話題（2）　太陽光植物工場に向けての園芸学

位田晴久

1. はじめに

　既に本書の中の随所で述べられているように，これからの日本の農業を考えるに当たって，太陽光植物工場が非常に重要である事は言うまでもない．そしてそれには，システム制御工学，植物生理学，園芸学などの分野がこれまでの成果を結集し，取り組むことが強く求められる．
　そこで，園芸に長らく携わってきた立場からこれからの国家の一大戦略である太陽光植物工場に園芸学分野の研究者がいかに関わっていくべきかについて述べてみたいと思う．認識不足とのご叱正を受ける部分もあるかもしれないが，敢えて火中に栗を投じ，高度施設園芸と，本書で述べられている太陽光植物工場とは明らかに違う概念としてとらえるべきことをご理解頂く参考になればと考える．

2. オランダの園芸

　我が国の園芸分野は接ぎ木，アブラナ科育種，イチゴ作型，変温管理，高機能なプラスチック被覆資材の開発など，世界に誇れる技術開発ならびにその実用化を図ってきた．また，日本の農業が比較的肥沃な土壌と豊潤な降雨に恵まれ，勤勉な国民性と相まって高い生産性を挙げてきたのは事実であり，そして園芸分野の膨大な研究成果には単収増大技術が蓄積されていると自負している．しかし，少なくともトマトの生産に関しては，オランダでは既にトマトの 100 t/10 a 穫りの技術実証が成され，多くが 60 t 穫りであるのに対し，日本では 40 t 穫りに達している生産者は散見される程度である．
　何故それが達成できないかの比較検証もいろいろ行われている．例えばオランダでは輸出が 80％ 以上を占め，ユーロ圏で廉価なスペイン産などに対し競争力を持つために国を挙げて極限まで生産性向上に取り組んだことがあげられ，そのひとつとして規模の拡大によるキャピタルコスト削減がある．

野菜全体の総施設面積の変化はわずかであるものの，平均経営面積は1995年には1 ha弱であったのが，現在は約2.5 haと大幅に増加しており，経営効率的にはさらに拡大が必要としている．また，機械化，労務管理の徹底による人件費削減，コンピューターを駆使した複合環境制御ならびに被覆材の活用，売電によるエネルギーコスト削減も図られた．

　我が国においても，政府は「食と農林漁業の再生実現会議」での提言において，高齢農家の離農が今後大量に見込まれ，相続を活用して農地の集約を促し，5年間で耕作面積を現在の10倍以上の20～30 haに規模拡大するとの目標を明記している．これは水田農業に就いての値であるが，グローバル化が進む現代社会において施設園芸でも大規模化は時代の趨勢と言えよう．

　生産性を上げるためには，労働生産性，土地生産性，資本生産性いずれにおいても分子となる農業純生産の要素である収量の増大が非常に重要なのは言うまでもない．太陽光植物工場において環境制御により，それを飛躍的に高めるのが究極目標であるが，同じく分子となる収益を高めるのは，たとえ総収量がそれほど変わらずとも可販収量の増大によって純生産は増加する．その意味から，可販収量の増大，すなわち非可販を可販とするための制御のクリティカルポイントを見出すことが太陽光植物工場に取り組む園芸研究者にとってこれからの重要な課題の一つになるのではなかろうか．

　高生産・高収益の要素としては，品種，栽培環境，栽培技術が言い古されてきたが，それに販売戦略も付加すべきであろう．現にオランダでは1993年前後に，トマトの主要輸出先であったドイツから，「農薬多使用でまずいオランダ産より太陽の恵み一杯のスペイン産を」と酷評され，厳しい立場に追い込まれた．そこで，低光強度でも高い生産性と食味を誇る品種の開発に注力し，養液栽培専用の素晴らしい品種を生み出した．現在日本国内で大規模栽培を行っている生産者のいくつかは，オランダで育成された品種を使用しているが，あくまで日本で世界最先端の太陽光植物工場を具現するに当たっては，作型の異なる日本に合った専用品種が求められ，まさに園芸研究者が腕をふるうべきと考える．オランダでは新たな品種を用い，生物農薬への転換やパック詰めで付加価値を高め，競り売りから直販へと販売戦略にも

意を尽くし，危機を乗り越えている．我が国は高温多湿であるとか，見た目を非常に気にする消費者が多いとはいえ，農地当たり化学農薬使用量が1990年には22 kg/haと日本より多かったオランダが，現在は9 kg/ha弱と日本の約半分になっていることにも注目すべきであろう．

　栽培環境についても，ハウス外の気象要因の，雨，日照，日射，風向，風速，温度，ハウス内環境要因の温度，湿度，日射，CO_2，さらに灌水温度，排水のEC濃度，植物体重などをセンシングし，スクリーン，送風ファン，暖房，加湿器等を複合的に連動作動させ，同時にその時最適な灌水施肥を行う複合環境制御システムが開発され広く普及している．また，ハウスの環境制御を物理，植物生理，工学，制御工学，プログラムさらにエネルギー収支について，理論から解説し実際にどのように制御すればよいのかを詳細に述べたテキスト[1]が作成され，農家の啓発に役立っている．さらにコンサルタント用にGreenSchedulerというシミュレートソフトが開発されており，環境が異なる場合にはどのように管理を変更するべきかの意志決定補助モデルとして非常に有効である．

　我が国ではごく一部を除いて，ここまで詳細に環境センシングを行っている所はなく，またたとえあったとしても記録であってそれらのデータを活かした日々の管理変更まで至っている例は少ない．篤農と呼ばれる方々が多数おられるが，その技術は経験に裏打ちされた管理技術の集大成であり，その中にはいわゆる勘と称される将来予測も含んでおり，それらは「作物と語る」とも呼ばれる．これらのいわゆる「暗黙知」を「形式知」化することが求められる，すなわち積み上げられた経験に基づく実践にSPA (speaking plant approach to environment control) のような「知」を取り込むことが重要で，今後の日本農業に最も求められることではないかと考えられる．そのためにはシステム制御の専門家と園芸の専門家の双方向のコミュニケーションが何より必要であろう．

3. 人工光植物工場

　ところで，人工光植物工場は，①季節，天候に左右されずに，定時・定量・

定質・定価格（4定）の安定供給が可能，②砂漠，寒冷地，高塩類土壌，連作障害地といったような耕作不適地でも可能，すなわち地域や土地を選ばない，③多段栽培を行うことにより，単位面積あたりの生産性が高い，④閉鎖系であるので病害虫をシャットアウトでき，無農薬の安全・安心な生産物が得られる，⑤養水分や光質の制御により食味や栄養価・機能性成分を高めた作物の生産が可能，⑥労働の平準化，作業環境の快適化，軽労化により安定した労働力の確保が容易，など多くの利点がある．しかしその一方で，①設置コスト・運営コストが莫大，②経済栽培可能な品目が限られる，などの課題を抱えている．経営的にはコスト削減の追求とともに，機能性成分を高めるなどさらに高付加価値化を図るなり，収益性の高い薬草栽培に取り組むなどせねばならないであろうが，研究の立場からは今一度原点に立ち返り，第二世代のファイトトロニクスの大規模実証の場として活用するのもおもしろいのではないだろうか．すなわち，限定要因下での植物の生理，反応性の確認装置としては随一のものであり，センシング，コントロールを含めはるかに進歩した装置で詳細なデータが得られ，生育段階に応じた SPA や SCA (speaking cell approach) の実証実験が出来ると思われる．植物においては，個々の要因に対する最適条件を求め，それらを組み合わせれば最高の生産性が得られるかと言えば必ずしもそうではない．その理由として環境条件の変化に合わせての個体の適応（adaptation）があることや，また外見上はほぼ同じでも内的にはかなりのバラツキがあることなど，工業製品生産とは大きく異なる点があげられる．また個別の要因における最適条件は，要因によって異なるがある程度の幅があることもこれらによって生来すると考えられる．

したがって先述のオランダの先端的なコンピューター制御の温室（グリーンハウス・ホーティカルチャー）のソフトにおいても，ほぼ全ての項目で補正係数が入力できるようになっている．人工光植物工場を太陽光植物工場のミニプラントのように用い，パラメーターを可変させることによって解析はより容易になるのではないだろうか．

4. 培養液管理

　植物工場の知能化においては養液供給の知能的制御も求められる．養液栽培のメリットを十分生かすには，培養液濃度の組成・濃度を作物の種類・栽培時期・生育段階に応じ調整する必要があるが，培養液管理は肥料塩の混合の計算が煩雑すぎて，かなり経験のある農家といえども世界中で既成の標準処方をそのまま採用しているのが現状である．培養液管理には通常，自動養液管理装置が用いられている．しかしこれは養液中の全塩類の電気伝導度（EC）をモニタリングし，低下したら一定組成の肥料塩濃厚液を補充する制御にすぎないため，栽培植物の吸収特性が常に一定で，かつその養液組成と全く同じでない限り，特定の塩類の過不足が生じる．すなわち栽培経過に伴いイオンバランスが狂ってきて生育障害が発生するため，栽培期間中に何度も培養液の更新を行わざるを得ない．このことは培養液の廃棄が環境保全の観点から問題となってきており，また養液栽培のコストダウンが切実となっている今日，解決を急がねばならない重要課題といえる．

　そこで，'イオン濃度調整プログラム'およびそれを利用した制御法「インテリジェント・イオン濃度制御システム」の開発を行った[2]．これは一般的なパソコンを用い，希望する培養液の濃度を入力すると，調製に必要な肥料の種類と量が自動的に算出されるもので，原水の各要素濃度の変化に対応するルーチンも付け加えてある．このプログラムを利用し，イオン濃度センサーよりの情報に基づき，パソコンから濃厚液添加量を自動注入装置に出力し，培地のイオン濃度の自動制御をほぼリアルタイムで行える装置を作製し，実証試験を行った．

　その結果，従来より高精度な培養液管理が可能となり，生育段階に応じた最適イオン濃度組成が与えられることにより，1年間培養液の更新無しのイオン濃度制御区で慣行区に比べ顕著に増収するという結果が得られている．イオン濃度センサーが高額であるため，小規模栽培農家では実用化は困難であったが，太陽光植物工場で根圏環境の制御に活用して頂くため，さらに改良を進めたい．

5. 湿度制御

　日本は世界有数の園芸学大国ではあるものの，研究者は各作物の生育段階に応じた最適環境をどの程度示せるであろうか．ごく初歩的な栽培書でも作物別の昼夜の適温やそれの最高限界，最低限界は記述されている．しかし湿度についての記述はほとんどない．植物体からの蒸散による水蒸気圧の変化と結露を，モリエ線図を用い農家に説明するというようなことを園芸研究者は怠ってきたのではなかろうか．光合成に光が必須であるのは言を俟たないが，炭酸ガスの取り込みのための気孔開度にはハウス内の空気飽差が大きく関与する．しかしオランダの高度なコンピューター制御においても，外気の取り込みや灌水，スクリーンの利用による湿度制御は組み込まれているが，積極的な除湿機や加湿器による制御はほとんど無い．2007年頃，ベルギーの試験場で大規模な吸着式除湿機を用いた試験を行っていたが，固形吸湿剤を使うもので再生の点も含め，成果は予想を下回るとのことであった．

　全国有数の施設園芸地帯である宮崎において，ハウス内環境の改善には除湿が重要と考え，1999年から産官学連携で吸収式除湿機の開発に取り組んだ[3]．この装置は吸湿液を連続再生するため，電気式除湿機に比べはるかに少ないランニングコストで，より大規模な空間の除湿が可能である．また，電気式除湿機は大容量の電気設備が必要，低温条件下では除湿性能が急激に低下などのデメリットがあるが，本装置ではそのような問題はない．本装置を用い，ハウス内相対湿度を90％以下に制御することにより，トマト，キュウリ，パプリカ，ナス，スターチス等で病害発生が劇的に抑制され，収量，秀品率も有意に増加した．さらに除湿により顕著に熱収支が改善されることを見いだしている．現時点では生体情報に基づく湿度制御ではないので，その点の改良が必要であるし，熱エネルギーの専門家にも参画頂いて，太陽光植物工場で活用できる機器が開発出来ればと思っている．

6. エネルギー生産

　オランダのブライズヴァイクで，園芸作物を生産するとともに，自ら消費

する年間エネルギー量より多いエネルギー量を生産し他へ供給出来る温室のコンペが行われ，3つのタイプが建てられている．その内，最もエネルギー収率の良かった Sunergy greenhouse（Sunergy は Sun と Energy を組み合わせた造語）について，少し紹介したいと思う[4]．フェンロー型のハウスをベースに夏季に収穫した太陽エネルギーを，ヒートポンプを利用して地下帯水層に貯蔵し，冬季にはそれとコジェネシステム排熱を利用し暖房する．クーラーを導入し，夏季にも温室を閉め切り，熱収穫を高めている．一方，熱損失を最少にするために2層スクリーンを設置している．外気の取り入れは，曇りの日中，夜間の除湿の時のみ，ハウス内に比べ相対湿度の低い外気を取り込む．そしてキュウリ栽培で 1000 MJ m^{-2}／年のエネルギーが収穫でき，使用エネルギーとの差として 153 日間で天然ガスとして 1.2 m^3 m^{-2} の純エネルギーが生産された．

　再生エネルギー特別措置法案が話題になっているが，日本の園芸学者の中で農業用温室をエネルギー生産施設として活用するという意識は低かったと言わざるを得ないであろう．代替エネルギーの必要性が緊急課題と成ってきた現状において，農産物生産施設がエネルギー生産施設として有用となればその意義は大きい．そしてそれは露地栽培や人工光植物工場では叶えられず，太陽光植物工場においてのみ実現可能である．

7. 遺伝情報発現

　例えば，シロイヌナズナの表皮細胞分化を司る CAPRICE 遺伝子のホモログである *CPC LIKE MYB 3*（*CPL3*）遺伝子は，根毛を作り，葉のトライコームを増やす働きだけでなく，葉の成長や花芽形成に関与することが明らかにされている[5]．園芸作物で *CPL 3* 様遺伝子の突然変異倍数体が得られれば，環境適応性を向上させ大型化した植物体が，遺伝子組み換え植物としてではなく育成できる．*CPL 3* 様遺伝子はトマトで既に見出されており，したがって太陽光植物工場の進展において不可欠の「品種」の問題に大いに寄与すると考えられる．遺伝情報発現には環境要因の関与が考えられ，太陽光植物工場の生体計測情報の解析には遺伝子工学の専門家も取り込みたいものである．

8. おわりに

　現在の日本における農家指導組織形態は，諸事情から編み出されたものであり貶すわけではないが，オランダの Improvement Center の実践的研究や有償のコンサルタントの高い能力には驚かされる．複合環境制御において，何をどのタイミングでどのように調整するかを適切に指導するには，センシングの集積が必須であり，我が国でも太陽光植物工場開発で得られた知見を，研究者，普及員，営農指導員が連携して共有し，生産現場とフィードバックしていく体制，さらにそれを叶える人材の養成機関が必要と思われる．

　グローバル化が進む中，TPP も見据え日本農業を考えると，本書で述べられている太陽光植物工場こそが将来への展望の軸となると考えられる．輸出のみならず，国内市場においても間違いなく求められているようになる GAP（Good Agricultural Practice，農業生産工程管理，適正農業規範）への対応もはるかに容易である．

　日本人の特性としてあくまで戦術的思考は得意だが，戦略的思考は苦手とされる．思い込みと手段へのこだわりが強く，汗を流して努力することはいとわないがロジックの論理性は弱い．今こそ農業においても戦略的取り組みとしての太陽光植物工場の意義を理解し，力を注ぎたいものである．

参考文献

1) P. G. H. Kamp and G. J. Timmerman : Computerized Environmental Control in Greenhouses, Ball Pub. Co., Boston（1996）
2) H. Inden, Y. Kubota, K. Okamoto and T. Kitahara : Software for the automatic ion control of nutrient solutions. J. Soc. High. Tech. Agr., 12(3), 176-181（2000）
3) 平　栄蔵，位田晴久，藤田和也，古田幹雄，宮原栄輔，上村信好：温室用吸収式除湿システムの開発，宮崎県工業技術センター研究報告 48，41-44（2003）
4) H.F. de Zwart : The sunergy greenhouse-one year of measurements in a next generation greenhouse, Acta Horticulturae 893, 351-358（2011）
5) R. Tominaga, M. Iwata, R. Sano, K. Inoue, K. Okada and T. Wada : *Arabidopsis CA-PRICE-LIKE MYB 3（CPL3）* controls endoreduplication and flowering development in addition to trichome and root hair formation, Development, 135, 1335-1345（2008）

第16章 園芸学からの話題（3） 生物環境調節の利用

吉田　敏

1. 九州大学における生物環境調節のスタンドポイント

　高度化された施設園芸，あるいは植物工場のような先端的食糧生産システムにおいては，生物環境調節学の発展の歴史の中で培われてきた概念や技術がふんだんに応用されている．我が国における生物環境調節学の誕生と発展の歴史においていくつもの学術領域から数多くの研究者が関与してきた．それゆえ関連する学術領域は多岐にわたり，何を以って「生物環境調節」とするかを端的に表現することは難しい，と筆者は考えている．生物環境調節学の沿革については旧・日本生物環境調節学会で編纂された書籍[1]等において詳述されており，本書においても若干触れられているので，そちらを参照していただきたい．おそらく，生物環境調節学の中核にあるのは，「生物の環境における（主に物理的な）環境要素の変動を計測により定量的な情報として取り扱い，これを人為的に制御する」ということから始まり，さらに計測と制御の対象をその環境に暴露された生物の生体情報にまで拡張し，生物の生理的過程や生長，繁殖（応用的には生産，収量など）を制御しようとする，一連の考え方であろう．本書に詳述されるスピーキングプラントアプローチ等の学術的取り組みはその最も先鋭的なものである．

　国立大学法人九州大学に学内共同教育研究施設のひとつとして，2011年4月1日に生物環境利用推進センターが設置された（図16.1）．これは生物環境調節センター（以下，旧センター）として1966年に設置された学内共同教育研究施設を前身とし，組織改編により設置されたものである．これは，前述の「生物環境調節学の誕生と発展」に連動したものであった．ただし，九州大学農学部の植物自動温室（1956年設置）をはじめとする環境調節施設を土台として発展的に全学施設のセンターが設置され，対象とする学術領域やそれに従事する人材が主に農学部と密接に関連していた．そのため，旧センター史においては，常に農学，とくに園芸学の学術研究との関連が意識され

図 16.1 国立大学法人九州大学生物環境利用推進センター（旧・生物環境調節センター）

ていた．さらに，学内における主な設置目的が「生物環境調節実験室を九州大学の教員その他の者の研究又は教育の用に供し（学内共同利用），あわせて生物環境調節に関する研究を推進すること」であったことから，生物環境調節学的研究自体が共同利用を反映したものとなりがちであった．すなわち，旧センターに所属する研究者としても，初期にはバイオトロンの開発と装置化に始まり，新たな実験環境の創出，そしてこのような制御環境の下で実験植物学的な手法を用いて新たな知見を得る，ということに機軸を置いていた．その中から「環境制御システムの開発と植物環境反応解析に関する研究（平成3年度日本農学賞受賞）」等の成果が得られた[2]．このような背景から，九州大学における生物環境調節学の位置づけとしては基礎研究を標榜しつつも施設園芸を意識した植物材料として主要な園芸作物が取り扱われていた．

旧センターは比較的大型の各種環境調節実験室を備えて植物（アラビドプシス等の小型のモデル植物からユーカリ，ジャカランダ苗木のような樹木まで）のみならず，昆虫（主要作物の害虫やその天敵昆虫），植物培養細胞，担子菌類などの微生物，実験用マウス・ラット，淡水魚，と様々な実験用生物材料を育成して実験を遂行することができる．これらが九州大学で生物学に関連した研究課題をもつ教員および大学院生などの研究者が行う実験に提供されてきた．とくに，植物に関しては太陽光を利用したファイトトロン・ガラス室として床面積 13 m^2 ほどのコンパートメントが 15 室用意され，イネ，ダイズなどの主要作物，野菜や花卉などの園芸作物，薬用植物，樹木が搬入され，各利用者によって栽培されてきた．特に，農学的研究においては，たとえ基礎研究の場面であっても生産現場や実験圃場のように丹念に育成されて旺盛に生

育した，いわゆる「健全な植物」が得られる制御環境への需要が大きい．旧センターには様々なバイオトロンが整備されていたが，高出力型蛍光ランプやメタルハライドランプを光源とする人工照明グロースチャンバ類は質の高い制御環境が得られる完全制御型ではあるものの，光量・光質に起因する種々の問題により，利用者のニーズは必ずしも高くない．

なお，これらの施設を供することによって利用者が享受できる利点としては，材料植物の育成や実際の実験の場において気象的要因に基づいて生じる誤差要因を抑えて再現性の高い均質な条件を得ることにあり，さらにフィールドで気候的要因によって実験遂行や材料供給ができる時期が限定されるものについて，これを周年とすることが可能な点があげられる．利用者は，育成環境条件が定量的に把握されて一定に揃えられた生物材料を季節を問わずに得ることができるのである．ただし，農学や植物生理学に関する実験ではたとえ気象条件が厳密に制御されたとしても，植物材料の集団が持っている遺伝的な幅に起因する誤差や分析・計測における偶然誤差は取り除けないので，制御環境を利用した実験でもある程度の個体数，実験規模を確保することが欠かせない．したがって，常時，大量の材料植物が育成されて実験に供されるためには，大学内の各研究室・部局等で設置されるインキュベータ，人工気象器，環境調節実験室等の施設群をこのセンターに一元化することにより，比較的多くの植物材料を同時に育成できる規模を確保しつつスケールメリットによるコスト低減の効果が期待されたのである．この共同利用では，農学，理学（生物学），工学などの分野で生物を扱った実験を担う研究者による約100課題／年もの研究課題に施設が提供されており，長年にわたり様々な研究成果が生み出されてきた．

2. 太陽光の下で行われた生物環境調節に関する基礎研究

これまで述べたように，このセンターに所属する教員をはじめとする研究者らが遂行する「生物環境調節に関する基礎研究」はこれらの学内共同利用の動向を反映する傾向にあった．旧センター内で行われる基礎研究場面においても，人工光源を用いることにより次々に新しい成果が得られて行ったに

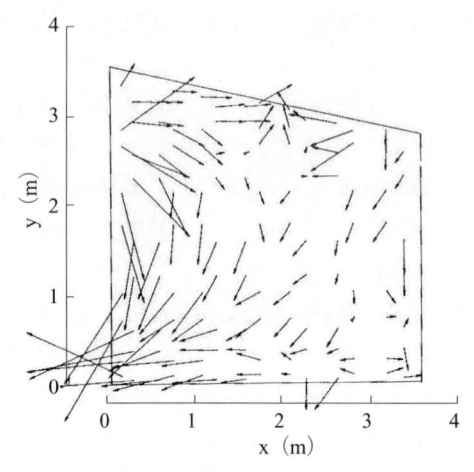

図 16.2 ファイトトロン・ガラス室内の風向・風速に関するシミュレーションの例

もかかわらず，ファイトトロン・ガラス室においても様々な基礎実験が粘り強く行われていた．

　例えば，太陽光を利用するファイトトロンでは，時刻（太陽高度）や天候による光の量と質の変化，あるいは季節的な日長の変化により，日中の光条件が大きく変動する．特に，短期的で急激な放射量の変動は空気調和に対するきわめて重大な外乱となる．光条件に起因する大きな外乱を克服して良好な温湿度制御を行うためには制御対象となる空間の空気の動きに留意せざるを得ない．空気の換気回数を大きくすることにより比較的容易に制御の質を高めることができるが，風速が大きいと植物への機械的刺激となってエチレン生成や付加的な形態形成を促し，結果的に「特殊な実験条件」を作り出してしまうこととなる．一般に，植物域の風速は $0.3\,\mathrm{m\,s^{-1}}$ 以下とする，という要件として良く知られている．したがって，できるだけ風速を抑えつつ良好な制御環境を得るために，ファイトトロン・ガラス室の形状や実験物の配置に考慮したうえで，風向，風速などベンチレーションシステムの設計と運用を工夫することが欠かせない．図 16.2 はその観点からファイトトロン・ガラス室内の風について実測とシミュレーションによって検討したものであ

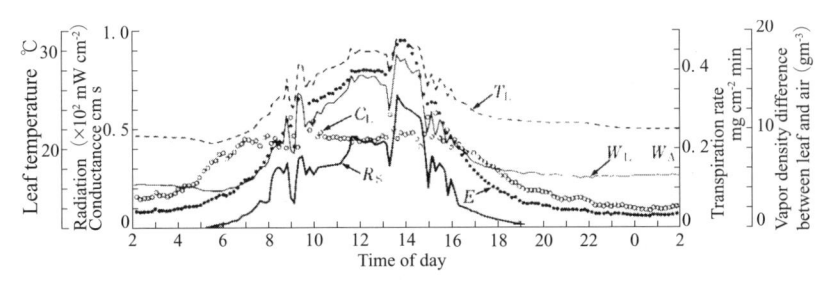

図 16.3 晴天日のファイトトロン・ガラス室における植物の水分動態に関する生体情報
気温 23℃,湿度 70% RH,気流上向,風速 0.3 m s^{-1})
TL：葉温,WL-WA：葉面飽差,RS：短波放射,E：蒸散速度,CL：葉コンダクタンス[4].

る[3].

　だが,たとえ空気の温湿度が一定に制御されていたとしても植物体の生理的過程は光条件の急激な変動によって大きく変化することが避けられない.図 16.3 はその様相を植物の水分動態に着目して示したものである[4].根域に適度な灌漑を行う一方,高度な空気調和によって地上部を安定した温湿度に維持することにより,太陽からの長波放射による葉温の変動と,これにともなう蒸散要求度の変動を明らかにした.葉の蒸散（根の吸水）への影響は,根の養分吸収,根から茎葉部への水と種々の溶質の移動,葉水分レベル,気孔を通した二酸化炭素の取り込み,光合成,等々へと波及する.その結果,植物の物質生産,生育,収量への影響として見出されると考えられる.フィールドとファイトトロン・ガラス室とで程度の差はあるものの,太陽光の下にある植物が不規則かつ大きな環境変動に曝されることは同様である.

　また,このように急激に変動する光条件を制御信号のひとつとして利用することを試みた事例もある.結果的に有効な知見を得るには至らなかったが,ファイトトロン・ガラス室で行われた研究のひとつとして紹介する[5].ここでは,植物葉の表面における光強度をオンライン計測し,これに追従した気温の目標値で空調を行っており,そのパラメータ設定や天候の推移によって植物生育の量と質,形態形成などに及ぼす影響を見出すことができた.

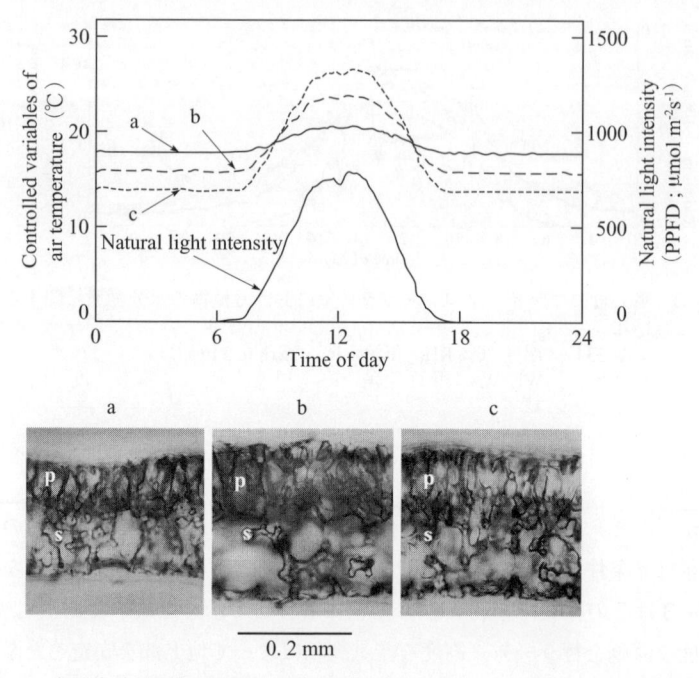

図 16.4 光強度追従型気温制御による 3 セットのパラメータ設定による制御結果と，これらの環境条件で生育させた植物葉の形状[6].

　このセンターでは生物環境調節に関する基礎研究として「生物の環境を人為的に制御して，その環境の静的あるいは動的な状態に対する生物の反応を調べることと，そのために必要な計測と制御のシステムを開発し，装置化すること等，関連する課題を研究対象とする」との方向性を見出し，工学的手法を重要視する一方で応用的な生物（植物）生産の側面を強く残した．これらの成果の多くは旧・日本生物環境調節学会の学会誌「生物環境調節（後の Environment Control in Biology）」をはじめ国内外の学術誌で発表されたが，他はこのセンターが編纂，発刊した学術誌「Biotronics（ISSN 0289-0011）」の誌上で発表された．Biotronics は，当初センターの活動報告を取りまとめた機関紙であったが，廃刊された Phytotronic Newsletter の役割を受け継いで 1982

年から原著論文を掲載する英文学術誌として関連学術情報の収集と発信を担った．本誌は2001年を以ってその歴史を閉じ，新たな学術誌へ衣替えした後，2005年から前述のEnvironment Control in Biologyと統合されて現在に至っている．

3. 新たな生物環境調節への挑戦

近年，国立大学法人九州大学の変革と発展のプロセスの中で，このセンターが果たす役割が見直され，利用者の担う研究分野の動向やこれをとりまく社会的状況の激変に対応するために，組織改編による抜本的な改革が必要となった．これに基づき，2009年当初から本学内で議論を尽くし，2011年4月1日に新たな学共施設として生物環境利用推進センターが設置されることとなった．新センターでは「九州大学の教員その他の者の研究又は教育の用に供し，あわせて新たな生物資源を用いた産業創生に係る展開・橋渡し研究を支援する」との目的を掲げ，本学内の基礎研究場面で新たに開発された生物資源などの研究成果を遅滞なく実用化に結びつけるために，基礎的な学術研究の成果を効率的に実用化して産業を創生するための展開・橋渡し研究を支援し，この実験の場として生物環境調節実験室を効果的に利用することを目指している．このような研究においては植物工場，とくに太陽光の下で行われる高度な植物生産に係る技術開発，生産品目の創出，作型の確立などの実用化に向けた研究が大きな位置を占めていることは間違いない．

今後の太陽光植物工場の発展においては，高度化された施設において最新のグリーンハウス・テクノロジーを駆使した生産体系の確立が欠かせない．そのために，制御環境下の試験栽培を繰り返すことによって生産過程で発生することが予想される様々な課題を抽出し，その知見を蓄積することが求められる．とくに園芸学という学術領域には，その礎となる基礎研究成果が数多く集積されているのだが，これまで園芸学の研究者や技術者は必ずしも植物工場を重要視してきたわけではなかった．企業等の植物工場事業への参画はなかなか進まず，また生産物の需要低下による生産者価格の長期低迷の下では太陽光植物工場の普及・拡大は難しく，もしこれが推進されたとしても

次に露地・施設園芸の生産物との競合を生むことが危惧される，等々の社会的状況がその根底にある．したがって，学術的な知見を太陽光植物工場の研究開発に活かす余地が十分にあり，その場面においては，太陽光を利用した植物用環境調節実験室である「ファイトトロン」に，まだまだ活用される大きな可能性があると信ずる．たとえば，当センターが学外研究者と協調して太陽光植物工場に関する研究に環境調節実験室を供することによって，その実験の効率的進展を支援し，太陽光植物工場の普及・拡大に寄与することも可能であろう．

参考文献

1) 日本生物環境調節学会編：新版生物環境調節ハンドブック．養賢堂（1995）
2) 松井　健・江口弘美：環境制御システムの開発と植物環境反応解析に関する研究．平成3年度日本農学賞受賞論文要旨（1991）
3) J. Chikushi, K. Mori and H. Eguchi : Analysis of air currents in phytotrons by the finite element method. Biotronics 18（1989）
4) H. Eguchi and M. Kitano : Transpiration responding to light conditions in controlled environments -Effect of infrared radiation. Biotronics 15,（1986）
5) H. Eguchi, S. Yoshida, K. Toh, M. Hamakoga and M. Kitano : Growth of cucumber plants（Cucumis sativus L.）under variable-value control of air temperature by using natural light intensity as feedback signal. Biotronics 25,（1996）
6) H. Eguchi, S. Yoshida, K. Toh, M. Hamakoga and M. Kitano : Growth of lettuce plants（Lactuca sativa L.）under variable-value control of air temperature by using natural light intensity as feedback signal. Biotronics 26,（1997）

第17章　植物生理工学からの話題　遺伝子発現情報を利用した環境調節

清水　浩

1. はじめに

　光合成をはじめ植物の反応は植物体の中で行われている．したがって，植物成長に最適な温度というのは，植物を取り巻く気温ではなく，植物の中で行われる生化学反応をもっとも効率的に進める植物体内の温度という意味になる．一般に植物体内の温度は外気温とは異なっており，環境条件によって高い場合もあるし低い場合もある．それは植物に入力するエネルギーと出力エネルギーのバランスによって植物体の温度は上下する．このように植物の成長と環境要因の関係を考える場合には，植物の中で起こっている反応をベースに考える必要がある．

　これまで環境要因に対する植物の反応は，さまざまな実験条件のもとで栽培を行ない，その結果として環境が与える影響の評価を行なうのが一般的である．しかしながら，環境要因の組合せは膨大になる．たとえば，光条件だけ考えた場合でも光強度，光質，日長などの要因が考えられる．直交表などを用いた実験計画を立てても，これらの組合せの中から最適条件を見つけ出すのは大変な作業になる．

　そこで，植物が環境要因から刺激を受けた場合の植物体内でのメカニズムを大きく分けてみると，環境からの刺激→遺伝子レベルでの発現→たんぱく質合成（ホルモン）→形態的特長量の変化　という流れになる．これまでの環境調節の研究の多くはこの流れの中の一番最後のステージ，つまり植物の形や重さなどの形態的特徴量の変化を捉えていることになる（図17.1）．

　これは刺激を受けてから形態が変化するというプロセスの一番出口の部分であり，もちろん最終的には確認する必要があることは当然であるが，最適な環境をサーベイするプロセスではより早い段階での反応を調べたほうが効率的である．植物体内での細胞間情報伝達物質などは多くの研究機関で研究

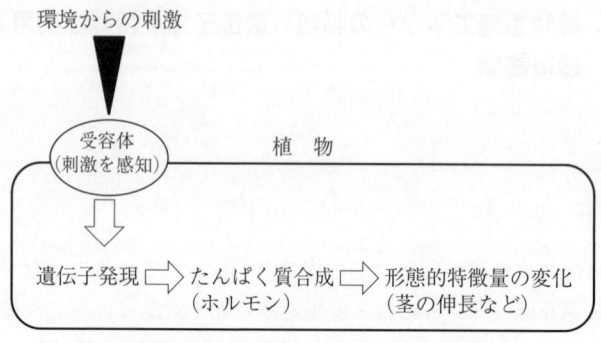

図 17.1　外部から刺激を受けた植物内部の反応

が行なわれているので，受容体で刺激を受けてから遺伝子が発現するまでのプロセスにおいても何らかの情報を抽出することも可能であるかもしれないが，ここでは身近な技術になってきた遺伝子発現解析に着目して，この情報の環境調節への応用の可能性について述べる．

2. 遺伝子発現解析を利用した環境調節の考え方

植物内では，外界からの刺激を受けてからさまざまな生化学反応が発生する．具体的なプロセスにはさまざまなケースがあり，またシグナル伝達の経路にもさまざまな種類があるため，必ずこのようなプロセスを経るとは限らない．しかし一般的には大まかに言うとまず遺伝子の発現が起こる．その後 mRNA をもとにたんぱく質が合成され，それがその後のプロセスのさまざまな生合成系に作用して最終的に形態的な変化となって現れる．

これをイメージとして描いたものが図 17.2 である．

光環境や温度環境の変化などの刺激①を受けてから，ある程度の時間が経過したのち遺伝子の発現②があり，さらにそれから時間を経て茎の伸長率の変化など形態的な特徴変化③が観察される．遺伝子発現から形態的特徴量変化までのタイムラグも問題であるが，このような手法の利点は，遺伝子発現パターンが明らかになるということである．つまり，遺伝子発現後の反応は，生体内で進んでいくプロセスであるので，発現量が減るとその後の反応も小

第17章　植物生理工学からの話題　遺伝子発現情報を利用した環境調節　(311)

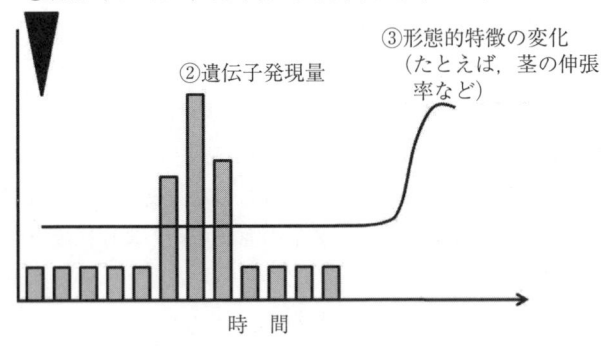

図17.2　刺激を受けたあとの遺伝子発現量と形態的変化の時間的イメージ

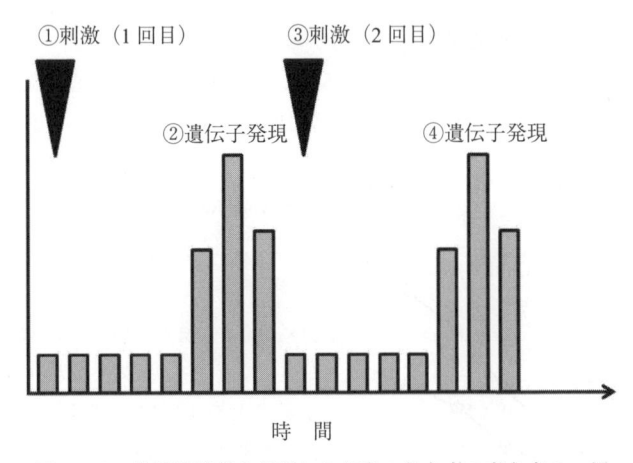

図17.3　発現量情報を利用した刺激の与え方の考え方の一例

さくなり，たとえばホルモンなどのたんぱく質の合成量が減少する．
　したがって，ある特定の酵素の遺伝子発現パターンが図17.2のようになっていたとすると，遺伝子発現がピークを過ぎたあたりでもう一度刺激を与えることによって，ある特定時間内での発現量の平均値を大きくすることができ，結果的に植物体内における特定のホルモン量を平均的にある程度以上のレベルに維持することができる可能性がある（図17.3）．

第3部　今後に向けて

もちろん，特定のたんぱく質量が増加するとそれを減少させるようなフィードバック系が存在したりするので，常に高いレベルに維持することは難しいことは想像できるが，少なくとも，最短でどれくらいのインターバルで刺激を与えることに意味があるのかを判断する材料にはなると思われる．

現在稼働している植物工場でも基本的には栽培のサイクルを24時間にしているケースがほとんどである．これはもちろん深夜電力を利用するためや作業者の環境条件などランニングコストの面からそのように設定されるなど経営的な観点からの判断もあるが，もしかしたらより短いサイクルで成長が飛躍的に促進される可能性も考えられる．

3. 環境要因と遺伝子発現の関係

(1) End-of-day far-red 処理

End-of-dayとは明期終了時の意味で，このタイミングでの短時間の光照射や温度処理に対する植物の反応を栽培に応用する技術のことである．Hisamatsuら（2008）はキク（*Chrysanthemum morifolium* Ramat.）を対象として，日長9時間（明期9時間，暗期15時間）の明期終了時に15分間だけ遠赤色光（735 nm）を照射すること（EOD far-red 照射）でキクの伸長量が飛躍的に増加することを実験的に確認している．実に6日間でEOD far-red 照射を行った場合にはコントロールに対して約1.5倍の伸長量になっている（図17.4）．

明期終了時に15分間 Far-red 処理をするだけでこのように伸長を促進する効果があるわけであるが，これに関して茎伸長に大きく関与するホルモンであるジベレリンの生合成に着目してい

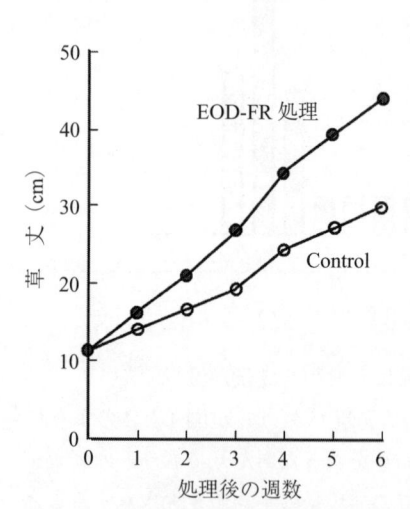

図17.4　EOD-FR処理によるキクの伸長量の経時変化
Hisamatsu et al. (2008) を改変

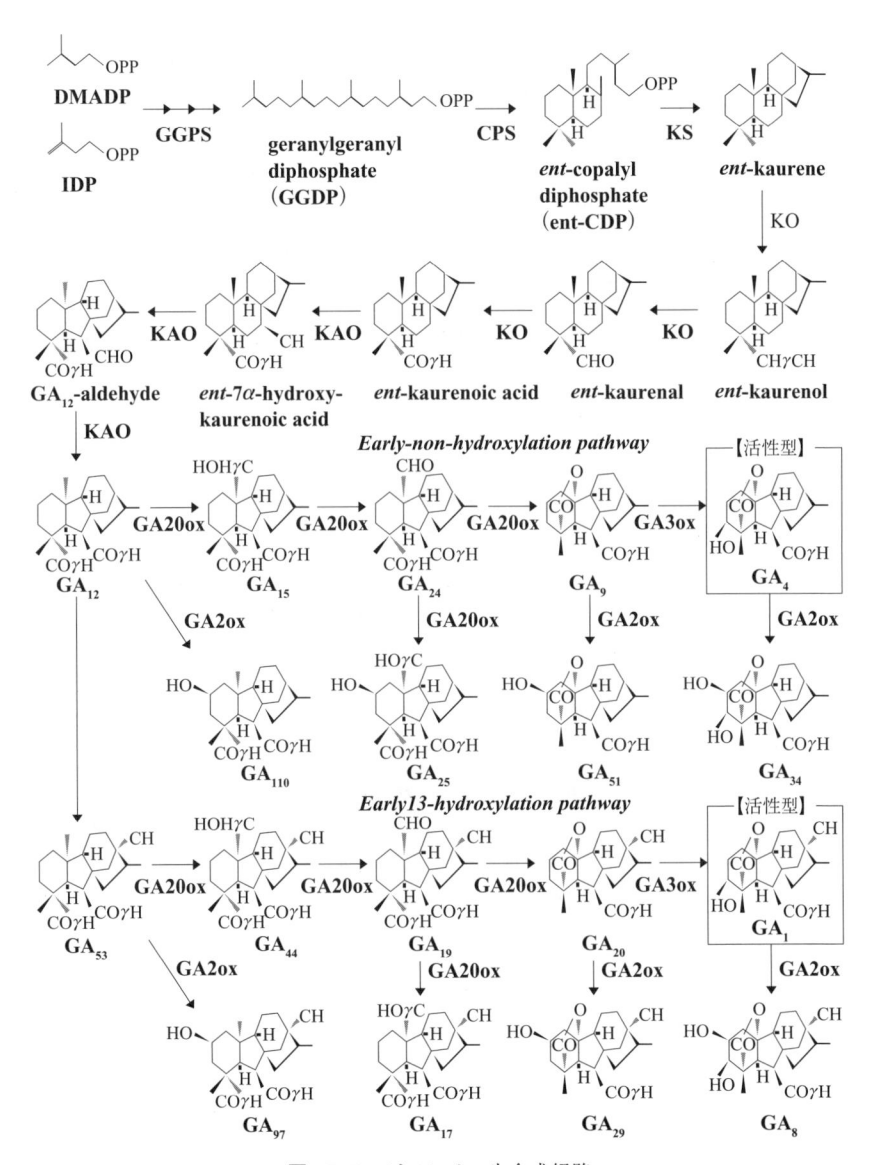

第 17 章　植物生理工学からの話題　遺伝子発現情報を利用した環境調節　（ 313 ）

図 17.5　ジベレリン生合成経路

第3部 今後に向けて

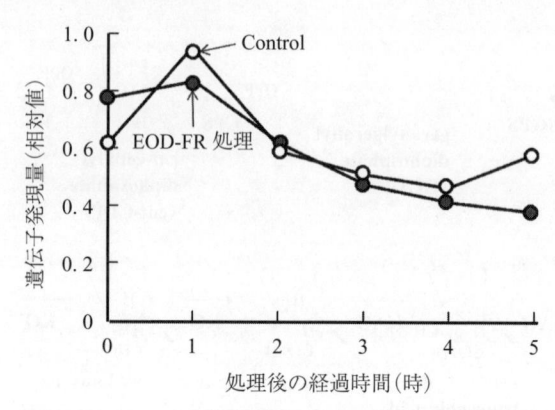

図17.6　Far-red 照射後の GA 2 ox 1 の発現量経時変化

る．図17.5 はジベレリンの生合成経路であり，さまざまな前駆体や代謝物を経て活性型である GA 1 や GA 4 が合成される．キクの場合，図17.5 の GA 12 から下方向に進む合成系が確認されており GA 1 が合成される．この図の矢印下側に書かれている記号は反応を触媒する主要な酵素を示しており，たとえば，GA 20 から GA 1 への反応には GA 3 ox（3β 水酸化酵素）が関わっているということである．また，GA 1 はこの生合成系の最終産物ではなくて，GA 2 ox（2β 水酸化酵素）という酵素があるとせっかく合成された活性型ジベレリンである GA 1 が不活性型の GA 8 になってしまう．つまり，これらの酵素の量のバランスによって GA 1 の合成量がかわってくることになる．そして，これらの酵素の量は遺伝子発現量によって決まる．EOD far-red 処理をしてからジベレリン生合成系酵素の発現量の経時変化を調べた結果が図17.6 である．処理後 5 時間の経時変化をみたところ，GA 3 ox と GA 20 ox では処理区とコントロールではほとんど差が見られなかった．また有意差が認められなかったものの，GA 20 ox 1 では明期終了 1 時間後に処理区における発現量がコントロール区より低くなる現象が観察されている．

Hisamatsu らはこの結果について，フィトクロムのうちでも光安定型の PHY-B が遠赤色光の照射により不活性型に変換され，それによって GA 20 酸化酵素遺伝子の発現抑制が解除され，ジベレリン生合成が促進される可能

性について言及している．

　R/FR 比や EOD far-red 処理とジベレリン生合成系酵素の遺伝子発現や活性型ジベレリンの応答性については，Reed ら（2002）をはじめ複数の報告がある（Garcia-Martinezand Gil, 2002, Maki et al., 2002, Xu et al., 1997）．

　EOD far-red 処理については住友ら（2009）も多品目の花きについて同様の実験をおこなっている．この研究では，キク 3 品種，ヒマワリ 2 品種，キンギョソウ 2 品種，ストック，カーネーション，ガーベラ，カラー，コスモス，ブプレウルム，ケイトウ，アスター，バラについて伸長成長促進や開花促進について実験を行っているが，品目や品種によって反応がさまざまであることを報告している．このことは環境要因から刺激を受け，植物の受容体でそれを感知したあとのジベレリン生合成（あるいはその他のホルモンが関与している可能性も十分考えられる）のプロセスが植物に共通な普遍的なものではなく，あるいはもし普遍的な主要なシステムがあったとしてもそれとは異なる品目や品種ごとに特有の別のパスが存在している可能性を示唆しており，住友らも品目ごとに詳細に検討する必要があると指摘している．

(2)　植物におけるフィードバックシステム

　環境調節によって植物の成長はどの程度コントロールが可能なのであろうか？　植物がもし成長を強いられたときにどのような反応を示すのかを，キクを対象として外生ジベレリンを投与したときのジベレリン生合成に関与す

表 1　実験区の処理内容

実験区	処理内容	n 数
グループ（1）	コントロール区	6
グループ（2）	ジベレリン（GA）区	6
グループ（3）	ウニコナゾール（UCZ）区	7
グループ（4）	UCZ＋GA 0.1 μg 区	7
グループ（5）	UCZ＋GA 1.0 μg 区	7
グループ（6）	UCZ ＋ GA 10.0μg 区	7

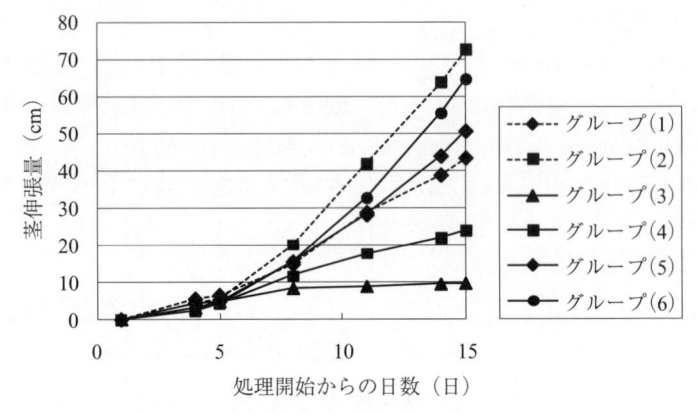

図 17.7 茎伸長量結果
値は各実験区の平均値を示す．

図 17.8 処理開始から15日目のキクの草姿

る酵素群の遺伝子発現を調べた結果について紹介する．

実験の具体的な方法は，キクにジベレリン生合成阻害剤であるウニコナゾール（UCZ）を土壌潅注・葉面散布して植物体内でのジベレリンの合成を止める．5日後に，活性型ジベレリンであるGA3を0，0.1，1.0，10.0μgずつ投与し，それぞれの茎の伸長量を15日間観察した．実験区の処理内容を表1に示す．また，キク茎頂部を採取し，RNAを抽出し，RT反応を行い，リアルタイムPCRを行うことにより，ジベレリン生合成関連酵素の遺伝子発現解析を行い，それぞれのグループでの発現量を比較しその傾向を調べた．

茎伸長量計測結果を図17.7に，処理開始から15日目に撮影したキクの草姿を図17.8に示す．これらの図より，外生ジベレリンを投与した実験区

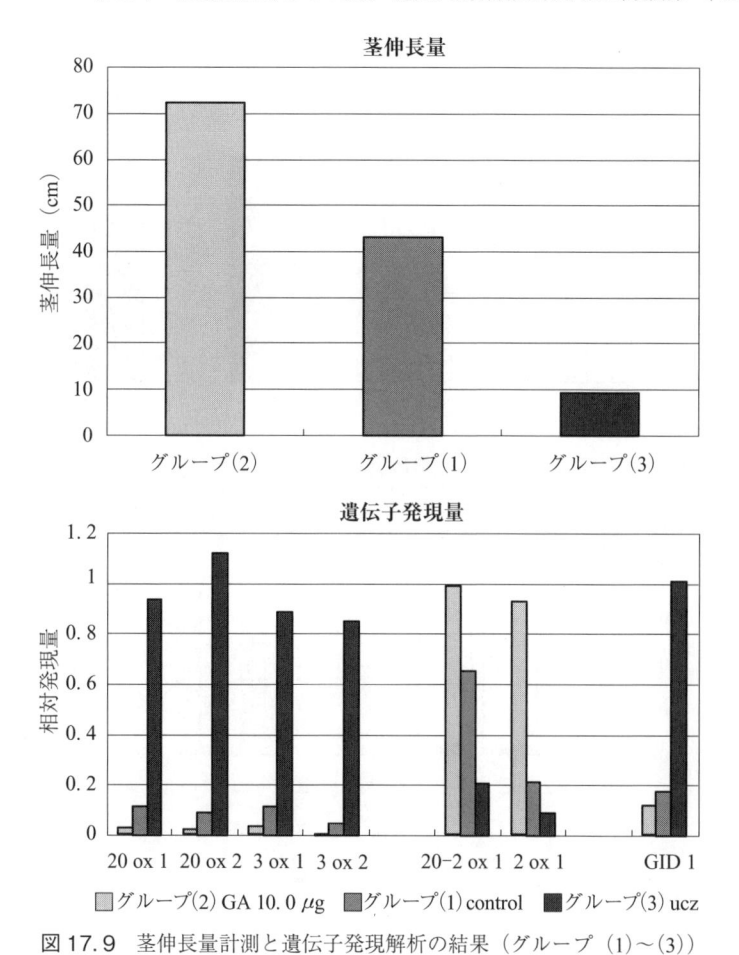

第 17 章 植物生理工学からの話題 遺伝子発現情報を利用した環境調節 （ 317 ）

図 17.9 茎伸長量計測と遺伝子発現解析の結果（グループ (1)〜(3)）

で最も成長が促進され，逆にジベレリン生合成阻害剤（UCZ）を投与された実験区では伸長量が非常に少ないことがわかる．UCZ 投与区で 7 日目くらいまで伸長が観察されるのは，ジベレリン生合成経路で UCZ が阻害するポイントより下流のプロセスに残っていた代謝物によってジベレリンが合成されたことによるものと考えられる．また，UCZ 投与後に外生ジベレリンを

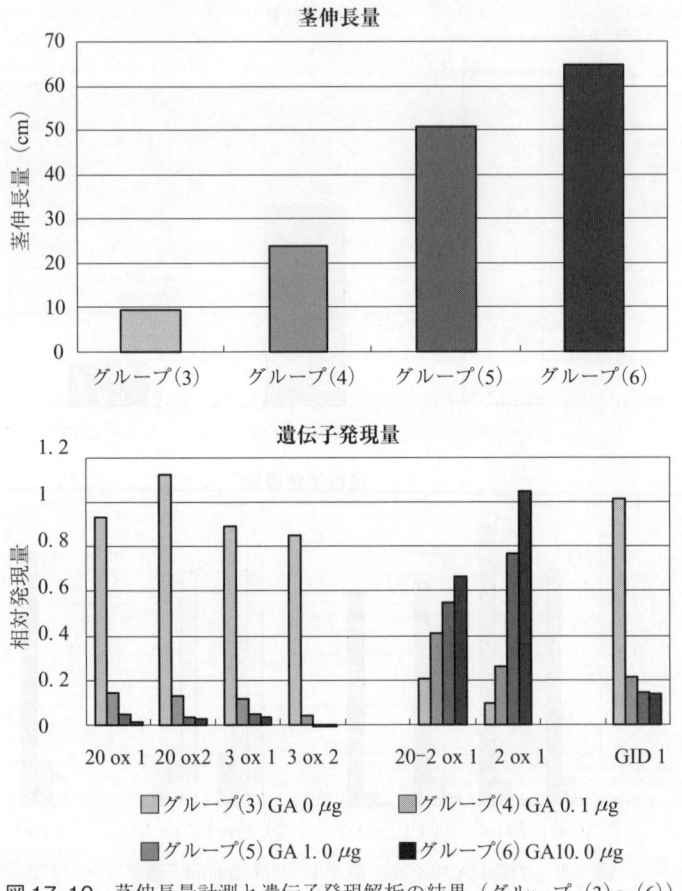

図 17.10 茎伸長量計測と遺伝子発現解析の結果（グループ (3) 〜 (6)）

与えた区では，それぞれの濃度に応じて伸長量が促進されていることが観察される．

さて，このように外生ジベレリンの投与量に応じて伸長量が変わることが明らかになったわけであるが，このときの植物体内における内生ジベレリンの生合成経路に関与する酵素群の遺伝子発現量を調べた．

処理区が多いので，まずグループ (1) 〜 (3) において茎伸長量と遺伝子発

現量との関係について考察してみる（図17.9）．

図17.9の下段の図はActineに対するジベレリン生合成系酵素の相対的発現量であるが，左から4つの20 ox 1, 20 ox 2, 3 ox 1, 3 ox 2は活性型ジベレリン（GA 1）の生合成を促進する方向に働き，その右側の2つ20-2 ox 1, 2 ox 2はGA 1を減少させる方向に働く．これらの図より外生ジベレリンが投与され伸長しているグループ（2）では内生ジベレリンの生合成を促進する20 ox 1, 20 ox 2, 3 ox 1, 3 ox 2の発現量が少ないが，内生ジベレリンの生合成を抑制する20-2 ox 1, 2 ox 2の発現量が多くなっている．一方，UCZで内生ジベレリンの生合成を止めた実験区であるがグループ（3）では20 ox 1, 20 ox 2, 3 ox 1, 3 ox 2の発現量が多く，逆に20-2 ox 1, 2 ox 2の発現量が少ないことがわかる．

次に，UCZで内生ジベレリンの生合成を止めたあと，外生ジベレリンを3段階の濃度で与えたグループ（3）〜（6）についての伸長量と酵素発現量のグラフを図17.10に示す．

こちらのグラフでも，投与された外生ジベレリンの量が少ないグループは20 ox 1, 20 ox 2, 3 ox 1, 3 ox 2の発現量が多く，逆に外生ジベレリンが多いグループでは発現量が少なくなっている．また，内生ジベレリンの生合成を抑制する20-2 ox 1, 2 ox 2に関しては，外生ジベレリンの投与量が少ない場合には発現量が少なく，投与量が多い場合には発現量も大きくなっている．

これらのことより植物体内のジベレリン量が多く存在していると内生ジベレリンの生合成を抑制し，逆にジベレリン量が少ししか存在しない場合には内生ジベレリンの生合成を促進するように関連酵素が発現していることがわかる．つまり，ジベレリン量をある範囲の量に抑えるようにフィードバック系が存在しているように見受けられる．

4. 最後に

植物が環境要因の変化など外部から何らかの刺激を受けた場合，植物内部では関連する遺伝子の発現があり，それにもとづいてたんぱく質が合成され，最終的に形態的な変化となって現れる．本稿では，遺伝子発現の情報をもと

に刺激を与えるインターバルの最適化などの可能性について示したが，また一方で植物にはフィードバック系が備わっていることを示唆する結果もあり，制御工学などの知見を利用してフィードバック系を考慮した最適な環境調節法などについても今後研究すべきであると思われる．

参考文献

1) R. J. Downs, S. B. Hendricks and H. A. Borthwick : Photoreversible control of elongation of Pinto beans and other plants under normal conditions of growth. Bot. Gaz. 18 (1957)
2) J. L. Garcia-Martinez, and J. Gil : Light regulation of gibberellins biosynthesis and mode of action. J. Plant Growth Regul. 20 (2002)
3) T. Hisamatsu, K. Sumitomo, H. Shimizu : End-of day far-red treatment enhances responsiveness to gibberellins and promotes stem extension in chrysanthemum. J. Hort. Sci. and Biotech. 83 (2008)
4) S. L. Maki, S. Rajapakse, R. E. Ballard and N. C. Rajapakse : Role of gibberellins in chrysanthemum growth under far red light-deficient greenhouse environments. J. Amer. Soc. Hort. Sci. 127 (2002)
5) J. W. Reed, K. R. Foster, P. M. Morgan and J. Chory : Phytochrome B affects responsiveness to gibberellins in Arabidopsis. Plant Physiol. 112 (1996)
6) Y.L. Xu, D. A. Gage and J. A. D. Zeevaart : Gibberelins and stem growth in Arabidopsis thaliana (Effect of photoperiod on expression of the GA 4 and GA 5 loci). Plant Physiol. 114 (1997)
7) 住友克彦, 山形敦子, 島　浩二, 岸本真幸, 久松　完：数種切り花類の開花および茎伸長に及ぼす明期終了時の短時間遠赤色光照射 (EOD-FR) の影響, 花き研報 Bull. Natl. Inst. Flor. Sci. 9 (2009)

第18章 植物のヘルスケアー管理

鳥居　徹

　植物も人間同様にヘルスケアーが重要である．植物工場におけるヘルスケアー管理としては，水耕液や植物の組成などの栄養管理と病気や害虫の診断が挙げられる．栄養面からみた植物の健康管理としては，水耕液の液肥成分管理がある．植物体の管理として葉菜類では硝酸態窒素量の管理が挙げられ，果菜ではビタミンCやリコピン含量があると考えられる．医療現場において患者の近くでヘルスケアー計測をする装置，方法のことを，Point of Care Testing（POCT）と呼んでいるが，植物工場におけるヘルスケアーもリアルタイム性からPOCTによる計測が望ましい．現在，小型のPOCT装置として，必要とする試料を少なくするためにセンサー部を小型化するデバイス開発が多く行われている．これらはLab on a Chip（LOC）とかmicro Total Analysis System（micro TAS, μTAS）と呼ばれており，近年めざましく発展してきている[1]．図18.1は一般的なLab on a Chip（LOC）デバイスの概念図である．サンプルや試薬はマイクロポンプ，バルブを用いてマイクロチャンネルを通って供給される．微小化のメリットは，サンプルの微量化だけではなく，熱伝導や拡散時間が大幅に短縮されることにある[2]．拡散や熱伝導は1次元の場合には次式で表される．

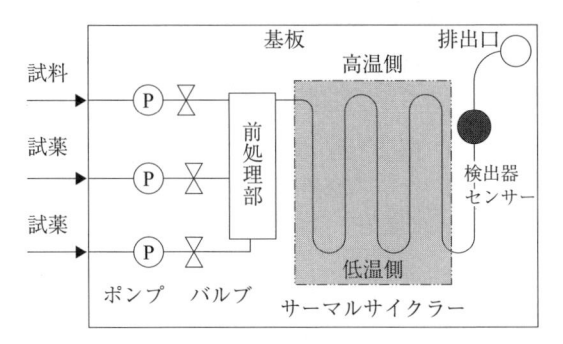

図18.1　サーマルサイクラーを備えた遺伝子検出Lab on a Chipデバイスの概念図

$$\frac{\partial c}{\partial t} K \frac{\partial^2 c}{\partial x^2}$$

　この式は，スケールが 1/100 になると，たとえば試験管と 100 μm の微小流路を比較すると，拡散や熱伝導に要する時間が 1/10,000 となることを意味している．例えば1時間要した拡散律則の反応や熱伝導が 0.36 秒で済むことになる．今後，LOC デバイスが当該分野にて用いられることが期待される．本項では，栄養診断と病害虫診断について述べていく．

1. 栄養診断

　植物の栄養素としては，窒素，リン酸，カリウムの3大要素のほかに，それに次ぐ要素としてはカルシウム，マグネシウム，硫黄があり，さらに微量要素として鉄，マンガンなどがある．水耕液の管理では，pH や EC により管理されているが，養液の成分管理は行われていない．液肥における化学成分は，植物の生長により消費されて減少していくため生長阻害が生じることも考えられる．これに対して，肥料成分を適切に保つことにより，植物の生長促進や高品質化を促すことが期待できる（図 18.2）．また，肥料欠乏による生理障害の予防，養液の長期使用による環境問題への対応，欠乏した化学成分だけを試薬により供給することで，コストダウンが見込めるなどの利点もある．さらに，データーに基づいた科学的栽培管理，生育管理を行うことができる．筆者らは，イオンセンサーメーカーとの共同開発で POCT 型の養液成分計測装置を開発し，製品化した[3-4]．これは，ハンディ型の装置でセンサー部は使い捨てに構造なっている．カードは2種類あり，主にアニオンとカチオンを計測するように分けてある．センサー仕様を表 18.1 に，計測可能なイオンの種類と濃度を表 18.2 に示す．センサーにはイオン選択制電極を用いており，各イオンの選択制は夾雑イオンに対して 10 倍以上の選択性を有している．測定範囲は，一般的な水耕処方の範囲にある．センサーカードは使い捨てであるが，イオンの変動は緩やかなため頻繁な計測は必要ないので，コスト負担もそれほどにはならない．

　また，当該センサーはサンプル最小量必要量が 0.2 μL であるので植物の

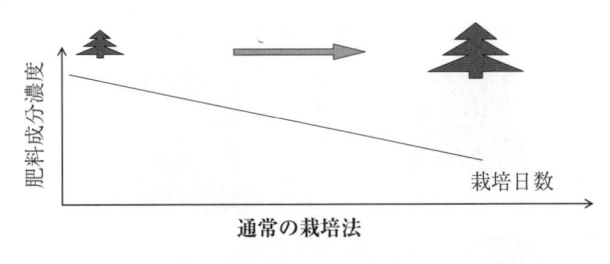

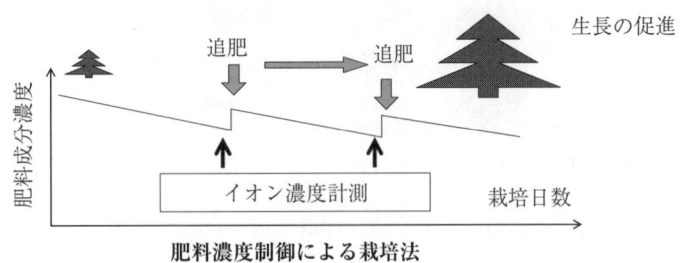

第 18 章 植物のヘルスケアー管理 （ 323 ）

通常の栽培法

肥料濃度制御による栽培法

図 18.2　施肥管理による成長促進の概念図

表 18.1　測定項目

カード種類	測定項目
カード 1	pH, EC, K, Ca, Mg
カード 2	pH, EC, NO_3, NH_4, H_2PO_4, K

表 18.2　センサの仕様

測定項目	センサの種類	測定範囲 ($mmoll^{-1}$)
pH	液膜型イオン選択制電極	2.0–10.0
K	液膜型イオン選択制電極	0.5–10.0
Ca	液膜型イオン選択制電極	0.2–10.0
Mg	液膜型イオン選択制電極	0.2–0.5
H_2PO_4	液膜型イオン選択制電極	0.5–5.0
NH_4	液膜型イオン選択制電極	0.5–5.0

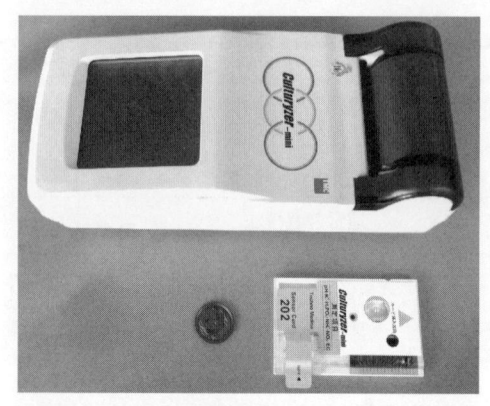

図18.3 Point of Care Testing（POCT）タイプの養液成分計測デバイス

栄養状態を診断するために，植物の搾汁液を用いた診断をすることができる．植物体内の硝酸態窒素含量を測定し，適切な濃度にとどめることが商品価値を高める．植物体の健康診断として水耕液肥を制御することにより，早い生長と高品質をもたらすことができるものと期待している．

2. 病・害虫診断

管理された植物工場では，害虫の進入は希であるので病気の早期診断について今後の研究課題も含めて述べていきたい．ある程度病害虫被害が進行した状況では，画像により計測するアプローチがある．筆者らはキュウリ苗に糸状菌を塗布して病気の発生を調べたところ，可視状態では判断できないものの近赤外画像では菌の増殖を確認することができた[5]．また，クロロフィル蛍光により計測する研究も進行中で，所定の成果が報告されているが[6]，病気対策を行うには，原因の同定が必要である．植物工場における診断自動化として自律走行ロボットによる情報収集ロボットの報告もある[7]．

病気には，糸状菌（カビ類）や細菌に由来するものと，ウイルスに由来するものがある．カビや菌類に対しては，薬剤散布にて原因となる菌類に作用させて対応することが出来るが，ウイルスにより発病した場合には直接作用する薬剤がない．したがって，ウイルス病の予防には早期発見による防除が

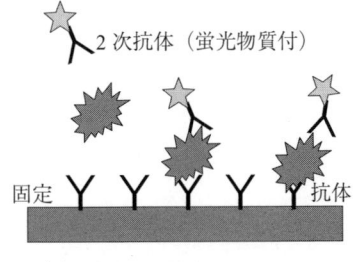

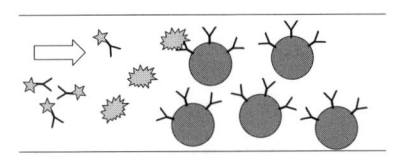

(1) ELISA　2次抗体（蛍光物質付）　固定　抗体

(2) 抗体付きビーズによる検出

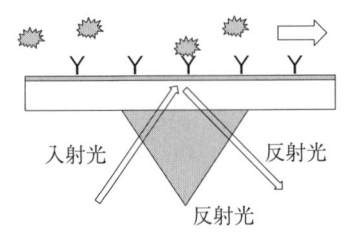

(3) SPRによる抗原の検出　入射光　反射光　反射光

図18.4　各種抗原検出方法

重要となる．ウイルスの検査法としては，口蹄疫などでも使われている免疫酵素吸着測定法（Enzyme-Linked Immunosorbent Assay，ELISA）があるが（図18.4(1)），測定に時間を要するため，リアルタイム計測が要求されるPOCT機器には用いることができない．糸状菌や細菌の計測としては，免疫診断法と遺伝子診断法がある．免疫診断法では，菌を培養して同定するため培養に時間を要するが，菌の同定は正確である．免疫診断法の計測法としては，抗体をビーズなどに付着させて反応を蛍光もしくは電気化学的に計測する方法（図18.4(2)），表面プラズモン共鳴（Surface Plasmon Resonance；SPR）による方法（図18.4(3)），光の反射率の変化を見る方法などがある．一方，遺伝子診断法は遺伝子をポリメラーゼ連鎖反応（Polymerase Chain Reaction, PCR）などにより増幅するために，測定は迅速でありまたサンプルも微量で済むが，増幅過程において誤差が生じる可能性がある．PCRにおいては，温度を上げ下

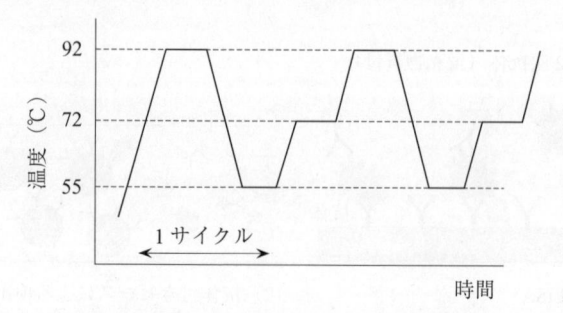

図 18.5 サーマルサイクラーの温度履歴

げするために,サーマルサイクラーと呼ばれることがある(図 18.5).遺伝子診断法も,マイクロアレイを用いる方法から十字型キャピラリー電気泳動による方法まで様々だが,リアルタイム性を考えると採取したサンプルの前処理部,サーマルサイクラー(PCR)による増幅部,検出部を備えた LOC デバイスが必要になると思われる(図 18.1).これらの装置は今後の課題といえよう.

文献

1) E Oosterbroek., A. van den Berg (eds.): Lab-on-a-Chip: Miniaturized Systems for (Bio) Chemical Analysis and Synthesis, Elsevier Science (2003)
2) W. Ehrfeld, V. Hessel, H. Lowe: Microreactors, Wiley-VCH, Weinheim (2000)
3) 山崎,徳川,長内,鳥居,峯,高山,樋口,木幡:電気化学測定法による植物栽培の培養液測定のためのシングルユースマルチセンサーシステムの開発,分析化学 54(4) (2005)
4) H. Yamazaki, R. Tokugawa, M. Osanai, T. Torii, Y. Mine, S. Takayama, T. Higuchi, E. Obata: Evaluation of the properties of a portable ion analyzer for hydroponic nutrient solutions, Environmental Control in Biology, 43(2) (2005)
5) 佐々木:植物病害の自動診断システムの構築に関する基礎研究,東京大学博士論文 (1999)
6) 高山,野並:知能的植物工場の新展開〔5〕 生理生態の計測と新展開.農業および園芸 85(5),養賢堂 (2010).
7) 有馬誠一:知能的植物工場の新展開〔6〕 植物工場のロボット活用例.農業および園芸 85(6),養賢堂 (2010)

第19章　植物機能の画像計測技術の発展とその応用

大政謙次

1. はじめに

　植物工場に関連した画像計測技術の発展は，ファイトトロニクスに代表される植物環境実験施設（ファイトトロン）での植物生体反応のセンシング及び解析のための研究にその源流をみることができる．この分野の研究は，1970年代の半ば頃から始まり，コンピュータと画像計測技術の発達とともに発展してきた（例えば，Matsui and Eguchi 1978, 橋本ら1979, 大政・相賀1981, 大政ら1988, Hashimoto et al. 1990, Omasa 1990）．1980年代の初めには，現在の植物工場研究で提案されているような人工光や自然光の環境制御温室内で植物の環境応答を解析し，その生育診断を行う画像計測システムの原型ができあがっていた．この分野の研究をリードしてきたのは我々日本の研究者であることが世界的にも知られており，1985年に東京で開かれた"Instrumentation and Physiological Ecology"の国際シンポジウムを経て（Hashimoto et al. 1990），デューク大学のファイトトロンやバイオスフェア2等でも研究が行われ，さらに，1990年代初め以降，遺伝子実験施設と融合した新しい分野であるPlant Phenomics研究へと発展してきている（Omasa et al. 2002, Furbank 2009）．この分野の研究は，その社会への出口として，食料生産や地球観測，宇宙実験に関連した研究も行われてきており，採算を度外視した科学技術研究としてみれば植物工場の最先端画像計測研究分野ともいえる．

　一方，グリーンハウス等の実利用システムからみれば，園芸先進国といわれるオランダでは，既に太陽光利用型完全自動化植物工場に近いものが実稼働しており，日本にも輸入されている．この分野への画像計測技術の導入の歴史は，上述したファイトトロン研究の成果でもあるが，グリーンハウスの複合環境制御や栽培・収穫等の実利用分野での自動化への要求でもあった（例えば，高倉1975, 大政1983, 橋本1994, 大政2010）．例えば，Walking Plant Systemはオランダで開発された自動化のシステムで，個別識別が可能なIC

タグやバーコード付きのパレットに植物を乗せ，ベルトコンベアで移動しながら，画像計測技術により植物生育を診断し，複合環境制御と組み合わせて，グリーンハウス内での栽培を自動化するシステムである．現在は，ポット花卉の栽培に限定されているが太陽光利用型完全自動化植物工場に近いものである．このシステムの中で，植物の品質や生育を診断する画像計測技術は，自動化のためのキーテクノロジーといえる．現在，検知情報は形体や色情報に限定されているが，Plant Phenomics の研究と融合した今後の更なる発展が期待されている．

　ここでは，筆者らが行ってきた可視・近赤外分光反射画像計測，蛍光画像計測，熱赤外画像計測，3次元形状画像計測等を中心に紹介するとともに，植物工場における利用の可能性について考える．

2．可視・近赤外分光反射画像計測

　可視から近赤外の波長域（400～2,500 nm）における植物の分光反射，透過，および吸収特性は，表面あるいは内部の構造，含有色素（クロロフィルa，b，カロチノイド，フラボノイド等）や微量成分（窒素，カリウム，リン，マグネシウム，デンプン，糖，タンパク質，リグニン，セルロース等）の種類および量，水分状態等の多くの情報を含んでいる（大政 2002）．可視・近赤外分光反射画像計測は，この波長域の分光特性の違いを利用して，背景から植物や植物器官を分離し，生体情報と関連づけた生育診断を行うものであり，マルチバンドカメラやハイパースペクトルカメラ，そして可視域のカラー情報を得るためのカラーカメラ等が利用できる．例えば，植物は，背景となる土壌等に比べて，800～1,200 nm の帯域の反射が大きいことから，モノクロ CCD カメラに800 nm 以下をカットする光学フィルターを通して得たスペクトル画像を二値化することにより，背景から容易に植物領域を抽出し，被覆面積や成長の解析に利用される（例えば，Matsui and Eguchi 1978，大政ら 1988）．また，複数の方向から群落を計測することにより，葉面積，葉面積指数，乾物重，草丈等の群落成長の特徴量や形状パラメータ等を推定できる．しかし，背景が複数の要素で構成され複雑な場合には，領域抽出のために，複数の分光画像や

統計的な分類による抽出法を用いる必要がある．

　可視・近赤外反射分光画像計測により得られた波長の異なる分光画像を用いて植物の含有色素量や水分状態，構造，活力度等を評価するための様々な指数が提案されている（大政 2007）．光合成に関係する葉のクロロフィルについても幾つかの指標が提案されているが，太陽光等の光強度の影響を除去するために異なる波長の比をとるといった簡単な指標でも葉のクロロフィル量を推定できる．この場合，反射の大きい近赤外域（例えば 850 nm）と緑の帯域（550 nm）の比を使用すると相関係数が高い（0.95 以上）（大政・相賀 1981 Omasa and Aiga 1987）．葉の場合，クロロフィル吸収帯の 450 nm や 680 nm を用いると吸収が大きすぎて，却って相関が悪くなることに注意を有する．このように，2 波長の光学フィルターを使用した安価なカメラでも有用な生体情報を得ることができるので，古くから，植物の成長（被覆面積や器官成長）や病虫害，施肥効果，環境汚染害，体内成分量，水分状態等の診断に使用されてきた．また，背景である土壌の種類や含有成分，水分等の情報も得ることができる．

　さらに，複数の光学フィルター（干渉フィルター）を自動的に切り替え可能なマルチスペクトルカメラや可視から近赤外域を数百バンドで分光可能なハイパースペクトルカメラ等のより高価な装置を利用することにより，より多くの生体情報を得ることができる．特に，ハイパースペクトル画像の解析では，分光分析の分野で用いられているケモメトリックス（多くが多変量解析）を用いた方法が注目されている．しかし，生育している植物から，実際に微量成分の量等を計測するには限界があることにも注意を要する．この場合，それぞれの成分の吸収帯は，あくまで参考であって，生葉での計測では，生体内の状態や反応によって他の波長を用いた方が有用な場合がある．前述したクロロフィル a の場合もそうであったが，水ストレスの影響や窒素施肥効果をみる場合にもこのことがいえる．葉が枯れるような乾燥状態では，水の吸収帯（1940, 1450, 1200, 960 nm）を利用すれば診断できるが，通常の生育状態の萎れ程度の水ストレス（-1.0 MPa 以上）では，葉からの反射スペクトルは変化するが，その変化は殆ど一様でバンド比でみると余り差がみられない．

それゆえ，水ストレスの診断には，形状変化の計測の方が有効である（藤野ら 2002）．窒素施肥の場合，生体内の窒素含有量の増加とともに，クロロフィルの状態を変化させる．このため，施肥効果をみるには，窒素の吸収帯よりも，550 nm と近赤外域との比や 700 nm 付近の吸収エッジの変化（シフト）等，クロロフィル含有量と関係する波長の画像を解析した方が有効である．なお，含有色素や微量成分の量を推定する場合，画像濃度との関係を相関解析により求める方法をよく用いるが，相関係数が 0.9 以上であっても，実際には上下限値に数倍の差が生じるので，定量的な成分分析に利用するときには，注意を要する．また，光合成の熱放散の指標とされる PRI（Photochemical Reflectance Index）も実際の生育条件下の利用ではノイズ成分の方が大きく，クロロフィル等の植物色素等の指標としてみた方がよい．これらの点を注意すれば，スペクトル画像計測は，得られる生体情報も多く，安価で，かつ高速処理も可能なことから，植物生産分野での実用利用の可能性は大きい．

図19.1　鉢花（Kalanchoe blossfeldiana cv.）の自動栽培システム（大政 2010）

図19.1は，オランダのグリーンハウスにおける鉢花（*Kalanchoe blossfeldiana* cv.）の自動栽培システムの一連の作業工程の写真である．人工培土（ピートモス）が自動的に鉢に詰められた後，給水，植え付けが行われる．そして，数百鉢単位で，栽培コンテナに移され，グリーンハウス内で生育させる．その位置はコンテナ単位でコンピュータにより管理される．一定期間生育させた後，個々の鉢が，個別識別が可能なICタグ付きのパレットに移され，ベルトコンベアで移動する．そして，生育状態が複数のカメラで診断され，分類される．同一の生育状態に分類された鉢を，再度栽培コンテナに移し，グリーンハウス内に戻す．これを繰り返し，花が咲き，出荷できるような状態にまで生育した鉢は，規格を整えて出荷する．その際，出荷先の国の通貨での価格を，生産者ブランドのラベル表示により付けている．なお，一連の過程で，自動化されていないのは，植え付けと最終段階の包装だけである．グリーンハウス内の給水や養液管理，細霧冷房，加温，CO_2施肥，補光等は，複合環境制御システムにより制御される．オランダで稼働している上記のような生産方式は，生産性の向上だけでなく，工業製品と同じように，規格化され，また，安定した価格の製品のジャストインタイムでの納入ということで，市場で受け入れられている．栽培の自動化の最もコアとなる生育診断には，カラー情報を含む可視・近赤外反射分光画像計測が利用されている．

3. 蛍光画像計測

蛍光画像計測は，分光画像計測の一種であるが，多くは能動的な計測方式で，励起光を生体に照射し，発せられる蛍光画像から生体情報を得ようとするものである．共焦点レーザースキャン顕微鏡などによる生物試料の観察は広く普及しており，最近では，蛍光色素（外部プローブ）をタンパク質分子に標識し，光学顕微鏡の分解能より小さい分子レベルでの現象の観察も可能になってきている．外部プローブ法の欠点として，生体への影響や蛍光強度の環境依存性，得られた結果の多義性等の問題点も指摘されているが，細胞機能を研究するうえで重要な遺伝子や無機イオンの挙動等を解明するための新しい外部プローブや可視化技術の研究が急速に進んでいる．

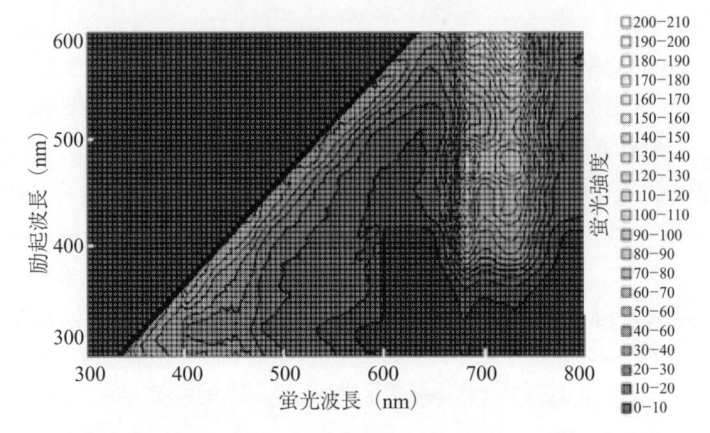

図 19.2　励起波長を 300〜600 nm まで変えたときのキュウリ葉からの steady-state 蛍光を分光測定した例（Omasa et al. 2002）

　一方，葉中に天然に存在する蛍光プローブ（内在蛍光プローブ）を利用し，生体情報を得ることもできる．図 19.2 は，励起波長を 300〜600 nm まで変えたときのキュウリ生葉からの steady-state 蛍光を分光測定した例である．蛍光を発する内在蛍光プローブは，クロロフィルや β-カロテン，フラビン等の植物色素の他，細胞膜のフェノール類，液胞内の色素や各種有機酸等数多く存在するので，各波長の強度を解析することにより，反射スペクトルの解析では得られない微量成分の検出や定量化ができる可能性がある．この分野では，励起光としてレーザーを用いた LIF（laser induced fluorescense）の研究が盛んに行われており，生物生産の分野では，果実や食肉等の診断への利用が試みられている．将来的には，蛍光画像計測スキャナーとして，また，加工ラインに実装されたシステムとして発展していくものと考えられる．
　図 19.2 の 400 nm 以上の励起光で得られた 650 nm 以上の強い蛍光は，主にクロロフィル a からの蛍光である．この蛍光は，暗所に置いた後，光を照射すると，過渡的にその強度が複雑に変化する現象として観察される．この現象はクロロフィル a の蛍光誘導期現象（Kautsky 効果）として知られており，光合成の光化学系 II の電子受容体 QA の酸化還元状態や電子伝達反応，光

リン酸化反応等が関係する葉緑体チラコイド膜のエネルギー状態等を反映する．それゆえ，この蛍光誘導期現象を画像解析することにより，組織培養を含む光合成器官の発達段階の診断や病虫害，除草剤，環境ストレス等による光合成機能障害の診断に利用できる．

蛍光誘導期現象の画像解析の研究は，1987年の筆者らの研究（Omasa et al. 1987）が最初であるが，その後，より定量的な解析のために，励起光の照射に加えて，強い飽和パルス光を照射し，photochemical quenching（Φ_{PSII} PSII yield）と nonphotochemical quenching（NPQ）とに分離して解析する方法が開発され，最近では，ポータブル型の装置も開発されている．ここで，Φ_{PSII} は PSII における電子伝達速度の指標として，また，NPQ は主にチラコイド膜を隔てての H^+ 濃度勾配に由来する熱放散や光呼吸の指標として用いられる．しかしながら，Φ_{PSII} と NPQ を求めるには飽和パルスによる計測が必要であるので，葉の狭い領域の計測には適しているが，植物個体や群落といったレベルでは，定性的ではあるが弱い照射光で計測可能な蛍光誘導期現象による診断の方が有効である．なお，クロロフィルaの含有量を蛍光法によって推定する場合には，光合成反応に関係しての強度の変化や可視障害が現れる過程において，実際にはクロロフィルaの含有量が減ったにもかかわらず，蛍光強度が増す等の現象がみられるので注意を要する．

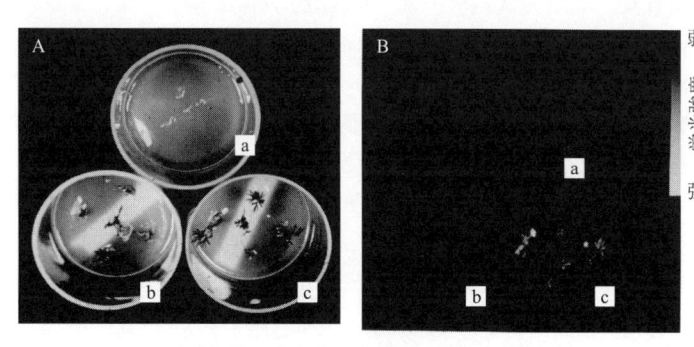

図19.3 ニンジンの培養組織の光合成器官の発達段階の診断（Omasa 1992）
　　　　A：写真，B：クロロフィル蛍光画像
　　　　a：カルス，b：従属栄養，c：独立栄養の成長段階

図19.3は，ニンジンの培養組織の光合成器官の発達段階を蛍光誘導期現象により計測することにより診断した例である．カルス（a）から従属栄養（b），独立栄養（c）の段階へ成長するに従って，蛍光強度が増大し，また，誘導期現象が顕著に認められるようになった．また，遠隔での計測を目的として，レーザーを光学的にスキャニングし，蛍光誘導期現象を遠隔で計測できる LIFT 画像計測システムなどの例もある．筆者等は，1980年代後半に，レーザー光をポリゴンとガルバノの両スキャナーを用いて，面的に照射し，蛍光誘導期現象を計測するシステムを開発した．そして，レーザースキャナーによる光は高速の間欠照明であるが，蛍光誘導期現象が観察され，診断に利用できることを示した（Omasa 1998）．

4. 熱赤外画像計測

熱赤外画像計測は，植物から放射される熱赤外域の電磁波を画像計測することにより，単に植物温度を得るということだけでなく，得られた温度画像から，生理生化学的な反応に関係する発熱や気孔反応，蒸散，その他のガス交換機能等を診断しようとするものである．

植物分野の熱赤外画像計測については，現在までに，数多くの報告がみられる（例えば Hashimoto et al. 1990，大政 1988，Omasa1990, 2002，Omasa and Croxdale 1992）．筆者も，1970年代の後半頃，画像解析ができるサーモグラフィ装置を日本電子（株）と共同で開発し，葉面の熱収支を解析することにより，葉温画像から，蒸散速度や気孔拡散抵抗（1／気孔コンダクタンス），汚染ガス吸収速度等の葉面分布の推定を世界に先駆けて行った．これらの研究で得られた知見を利用して，制御環境下や野外での植物の蒸散やガス交換機能を指標としたストレス診断や植物群落のもつガス交換機能と熱環境緩和機能の診断についての研究を行ってきた．

図19.4は，人工気象室内で温湿度や光環境が一定の条件下におかれたキュウリの水ストレスによる水ポテンシャルと圧ポテンシャル，浸透ポテンシャル，気孔コンダクタンス，Φ_{PSII} との関係と，キュウリ葉の形状変化の画像である．図から，水ストレスにより，まず，圧ポテンシャルが低下し，

図 19.4 水ストレスに伴う水ポテンシャルと圧ポテンシャル（△図 A），浸透ポテンシャル（●図 A），気孔コンダクタンス（□図 B），Φ_{PSII}（△図 B）との関係及びキュウリ葉の形状変化（藤野ら 2002）

次に気孔が閉鎖し，さらに，浸透ポテンシャルの低下に伴って Φ_{PSII} が低下することがわかる．葉温は気孔変化に伴って変化するが，形状変化は，茎や葉脈の力学的な問題により，葉の圧ポテンシャルの低下よりも遅れる．

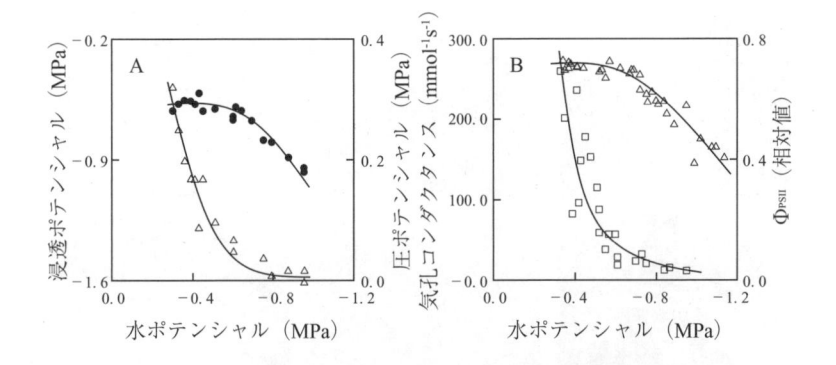

太陽光下で生育している農作物でも，熱環境が一定の条件下では葉温画像の計測による気孔閉鎖を指標とした診断が可能である．植物種にもよるが，風が弱く晴れた日で陰がない状態では，概して葉温が気温と同じかそれよりも低い温度であれば健全である．熱環境が変化した状態でも熱赤外画像計測

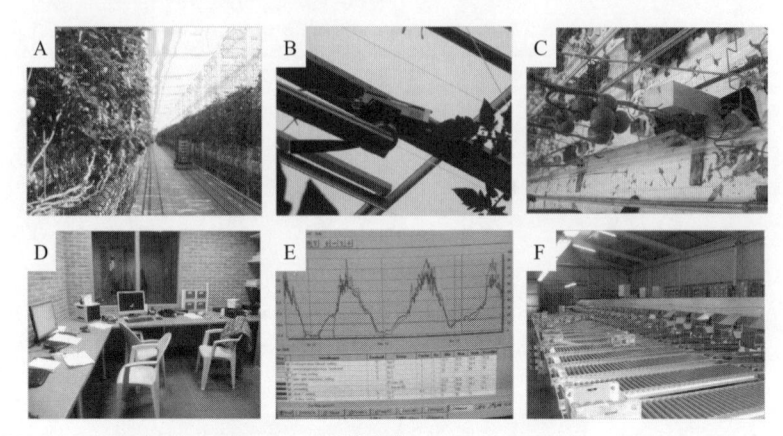

図19.5 オランダにおけるトマト生産施設．
Bはサーマルカメラ，Cは蒸散計測のための重量計である．計測データは，D, Eに示すようにモニタされ，複合環境制御システムで利用される（大政 2010）

による気孔閉鎖や蒸散機能診断の手法の提案もなされている．何れにしても，葉温画像による診断には誤差を伴うので，正確な診断のためには，同時にポロメータ等による測定との相互比較が必要である．

図19.5は，オランダのトマト栽培施設の例である．オランダでは，弱小農家の淘汰で，生産規模の拡大が進んでおり，40 haの経営規模のものも出現している．温室内の環境は，鉢花栽培と同様，複合環境制御システムで制御される．その際，気象条件や培養液のモニタリングだけでなく，サーマルカメラによる葉温画像の計測や重量法による蒸散速度のモニタリングを行っている施設もある．以前に比べればサーマルカメラも小型化し，温度計測精度は多少落ちるが数十万程度の廉価なものも市販されており，植物工場での利用が期待される．

5．3次元形状画像計測

3次元形状画像計測には，計測のためにレーザー光等の電磁波を照射し，その反射を計測することによって距離画像を得る能動的方法と計測のために

第 19 章 植物機能の画像計測技術の発展とその応用 （ 337 ）

図 19.6 トマト群落（A）と水ストレスに対する形状変化（B）の 3 次元画像
　　　　（Omasa et al.2007）

図 19.7 除草剤処理（白い点線で囲った部分）に伴う可視（A），クロロフィル蛍光
　　　　（B），PRI（C）の変化の 3 次元画像（Omasa et al. 2007）
　　　　クロロフィル蛍光の画像には影響がみられるが，可視と PRI の画像には影
　　　　響が見られない．

電磁波を使用しない受動的方法とがある．一般に，能動的方法は，装置が複雑で，高価であるが，計測精度がよい．これに対して，受動的方法は，3 次元画像の生成を，2 次元平面に投影された通常の画像（CCD カメラ等によって得られる）から画像生成過程の逆問題を解くというソフトウエアによって行うことから，一般に，装置は安価であるが，高速処理が難しく（ハードウエア化によって早くはできる），精度は計測対象のテクスチャに依存する．

　図 19.6 は，能動的方法である可搬型画像計測ライダー（イメージングレン

ジファインダー）を用いて計測したトマト群落と水ストレスに伴う3次元形状変化の例である．非常に高精度で形状変化が計測できていることがわかる．最近では，植物群落の3次元構造や葉面積指数（LAD），葉面積密度（LAI），葉傾斜角，バイオマスだけでなく，カラー画像やクロロフィル蛍光画像，温度画像等とのコンポジット計測が可能になってきている（図19.7）（Omasa et al. 2007, Hosoi and Omasa 2009, Konishi et al. 2009）．

6. おわりに

筆者は，これまで，生物環境調節施設や生物情報の画像計測技術の開発を行い，また，開発した計測技術を用いた植物や生態系の機能解明と植物生産分野を含む植物の環境応答診断などへの応用研究を行ってきた．基礎生物学や環境研究分野では，植物あるいは生態系の僅かな変化を画像計測により診断できれば，装置が多少高価であっても許されるという側面がある．植物生産の分野でも，バイオテクノロジーやポストハーベスト等の高い収益性を有する分野においては，比較的高価な装置であっても実利用される．栽培分野でも，植物工場のように，栽培から収穫，選別，梱包までを一貫システム化した大規模施設では，実際に導入されてきている．今後，施設の大規模化と画像計測装置の低廉化により，更なる普及が期待される．関連業績については下記を参照下さい．

（研究論文）http://park.itc.u-tokyo.ac.jp/joho/Omasa/papers2010311.html
（著書・解説）http://park.itc.u-tokyo.ac.jp/joho/Omasa/books20090123.html

参考文献

藤野素子・遠藤良輔・大政謙次：キュウリ葉における水ストレスの非破壊計測に関する研究：分光反射率，気孔コンダクタンス，PSII Yield および形状の変化の比較．農業情報研究 11：151-160（2002）

Furbank, R. T.（ed）: Special Issue : Plant Phenomics Functional Plant Biology 36 : 845-1026（2009）

橋本　康・五百木啓三・船田　周・丹羽　登・杉　二郎：植物生育のプロセス同定とその最適制御（VI）葉温の画像処理．生物環境調節 17：27-33（1979）

橋本　康（編著）：グリーンハウスオートメーション．養賢堂（1994）
Hashimoto, Y., Kramer, P. J., H. Nonami, H., B.R. Strain, B.R. (eds): Measurement Techniques in Plant Sciences. pp. 373-386. Academic Press (1990)
Hosoi F., Omasa K. : Estimating vertical plant area density profile and growth parameters of a wheat canopy at different growth stages using three-dimensional portable lidar imaging. ISPRS J. Photogrammetry and Remote Sensing 64 : 151-158 (2009)
Konishi, A., Eguchi A., Hosoi, F. Omasa. K. : 3D monitoring spatio-temporal effects of herbicide on a whole plant using combined range and chlorophyll a fluorescence imaging. Functional Plant Biology 36 : 874-879 (2009)
Matsui, T., Eguchi, H. : Image processing of plants for evaluation of growth in relation to environment control. Acta Horticulturae 87 : 283-290 (1978)
大政謙次：青果物人工環境栽培施設用機材―土耕・砂耕・礫耕・水耕から植物工場へ．流通システム研究レポート No. 23 : 179-199（1983）
Omasa, K. : Image instrumentation methods of plant analysis. H. F. Linskens and J. F. Jackson (eds): Modern Methods of Plant Analysis. New Ser. Vol. 11. 203-243. Springer. (1990)
Omasa, K. : Image diagnosis of photosynthesis in cultured tissues. Acta Hoticultuare. 319 : 653-658 (1992)
Omasa, K. : Image instrumentation of chlorophyll a fluorescence. SPIE 3382 : 91-99. 口頭発表は1988 農業気象・生物環境調節・農業施設合同大会要旨集 94-95（1988）
大政謙次 プレシジョン・アグリカルチャーのための画像センシング．農業情報研究 11 : 213-230（2002）
大政謙次（編著）：農業・環境分野における先端的画像情報利用―ファイトイメージングからリモートセンシングまで―　農業電化協会 1-154（2007）
大政謙次：グリーンハウスオートメーション―　栽培の自動化と品質管理，そして環境対策．遺伝 64(2) : 87-95（2010）
大政謙次・相賀一郎：画像処理による植物の生育・生理反応の評価．遺伝 35 : 25-31（1981）
Omasa, K. and Aiga, I. (1987) Environmental measurement : Image instrumentation for evaluating pollution effects on plants. M. G. Singh (ed) Systems & Control Encyclopedia. pp. 1516-1522. Pergamon Press. (1987)
Omasa, K., Croxdale, J. G Image analysis of stomatal movements and gas exchange. D. -P. Häder (ed) Image Analysis in Biology. pp. 171-193, CRC Press. (1992)
Omasa K., Hosoi, F., Konishi, A. (2007) 3D lidar imaging for detecting and understanding plant responses and canopy structure. Journal of Experimental Botany 58 : 881-898
大政謙次・近藤矩朗・井上頼直編：「植物の計測と診断」．朝倉書店（1988）
Omasa K., Shimazaki K., Aiga I., Larcher W., Onoe M. : Image analysis of chlorophyll fluorescence transients for diagnosing the photosynthetic system of attached leaves. Plant

Physiology 84 : 748-752.(1987)
Omasa, K., Saji H., Youssefian, S., Kondo N.(eds): Air Pollution and Plant Biotechnology. Springer.(2002)
高倉　直：栽培工場のシステム制御．計測と制御 14：460-471(1975)

第20章　植物工場の将来像への期待

野並　浩

1. どの因子を制御の対象とするのか

　植物工場では，温度，湿度，照度，光の波長，日長，潅水の頻度を制御することが多い．これは，温室内の環境で最も制御が容易な制御因子であるからであり，さらに，操作する人間にとっても，理解しやすい物理的な量であるから，と思われる．これらの物理量は，計測が容易である上に，植物体にも非接触で計測でき，制御の自動化もしやすい．

　施設内で育つ農作物は，非接触で育てることはまずない．移植，肥培管理，整枝，誘引，収穫などで人手が入り，作物と接触する．トマトは頂芽優勢の傾向は強いものの，匍匐性，脇芽の分岐の性質があり，脇芽取り（整枝）・誘引作業・下葉取り作業を行うことなく栽培されることはない．脇芽取り・下葉取り作業で捨てる植物組織を採集して，分析することは，人件費の問題，分析の困難さ，分析の意味づけ・解析の問題からこれまで行われてきていない．生体情報に対する意識も，目に見えるところにあり，安価で，簡単に計測できる因子のみに注目されてきた．

　しかし，目標とする成果が，トマトの糖度であったり，収量であったり，収量の安定性である場合，単に目に見える量と異なる代謝生理的な分析が求められるようになってきている．道管流・師管流のことを考えると，培地中のイオン濃度，pHが，植物を非破壊状態でもっとも簡単に測れる上に，植物生理的な意味合いが，もっとも果実生産に関連している可能性が高い．とくに，トマト果実に注目すると，蒸散流でトマト果実の果柄までカルシウムが運ばれ，果実の肥大に伴い細胞壁の合成が起こるスピードに伴いカルシウムの吸収が起こる．ペクチン酸カルシウムのブリッジが細胞壁を固定化し，セルロース，ヘミセルロースを安定化させ，細胞壁の拡大が起こっていると考えられている[1]．光合成の転流物はこの細胞壁の材料となる糖質分子の元となっている．さらに，転流物は，根に輸送され，根の呼吸に伴って作られ

るATP生成のエネルギー源としての糖として使われている．養分の吸収，すなわち，陽イオン，陰イオンの吸収は窒素肥料も含めて，能動輸送によるため，根の呼吸が重要となる．また，ATP合成には，化学浸透説にみられるように，pHが重要となり，根の環境のpHは根の呼吸過程におけるATP合成にも関連してくる．呼吸のためには，根圏での酸素溶存率も大切である．また，pHは陽イオン，陰イオンの電荷に影響し，膜透過率に影響を与える．水ストレス下では，とくにKイオンが浸透圧調節に使われる傾向があり[1]，師管内での転流にも影響を与える．このことから，生理的に最も直接影響を与える因子として，根圏のpH，および陽イオン濃度，陰イオン濃度を管理することは重要である．さらに，温室からのゼロ・エミッションを目指すのであれば，根圏におけるpH，溶存酸素濃度，およびイオン濃度計測を実行することが有効であると思われるが，これらの計測が行われている植物工場は少ないように思われ，今後の課題として注目される．

　ロックール栽培や水耕栽培，NFT（Nutrient Film Technique），噴霧耕栽培などのソイルレス・カルチャーの施設において，無菌状態で栽培養液を保つことは非常に難しく，ソイルレス・カルチャーに特異的な細菌・カビの増殖があることが指摘されている[2]．養液を循環させずに使い捨てのシステムであると，このような微生物の増殖は防げるであろうが，養液を循環させて再利用するシステムであると，微生物の増殖を防ぐことは容易ではない．長期間，養液を循環させている間に，栽培される植物が分泌する糖質分子や有機酸が養液に混入され，ソイルレス・カルチャー特有の微生物が増殖する[2]．とくに，作業者が出入りするような施設では，微生物の混入は防ぎようがないといってもよい．さらに，養液をリサイクルし，足らなくなった成分を継ぎ足して使用するゼロ・エミッションを目指す植物工場での根圏における微生物の増殖を抑えることは不可能かもしれない．Vallance et al. (2011)[2] は，病原性のある微生物の増殖を抑えるように，意図的に病原性の菌の活動を抑える微生物の利用をソイルレス・カルチャーで提唱しており，今後そのような有用な微生物利用の可能性の研究も植物工場の普及のために必要かもしれない．完全な無菌の植物工場を目指すのであれば，搬入するものはすべて滅菌し，

人を設備の中に入れない栽培体系を目指す必要があろう．

2. オミクス計測科学

　自然科学の新しい方法論であるオミクス計測科学は，総体（オーム）を構成する単位（例えば分子）に対する網羅的あるいは焦点を絞った計測（同定・解析）を基盤とし，プロテオミクス，メタボロミクス（生体，一細胞，天然物など）とメタボノミクス（薬学），グライコミクス，リピドミクス，メタロミクス，アダクトミクス，ゲノミクス，トランスクリプトミクス，および複合ミクス（例えばグライコプロテオミクス）などに関する計測原理・解析原理と規範的応用研究が含まれる．各オミクスには分子固有の性質があり，その性質に応じた計測の課題がある．例えば，糖鎖や脂質はタンパク質・ペプチドとは大きく異なる．計測法の種別として，非破壊計測，可視化・イメージング計測（局所，三次元），オンサイト計測，分光，質量，イオン，レーザーがあり，さらに，計測データを扱うデータベースなど情報科学研究も包含する．加えて，質量分析については，質量分析学の体系化につなげる反応計算化学，物理化学，気相化学，イオン光学，イメージングの計測原理研究と計測内容としての定性，定量，構造，機能（構造機能）解析，分子関連解析に関する原理と規範的応用研究なども含まれる．

　1953年のDNAの二重らせん構造の発見から50周年となる2003年にヒトゲノム計画が完了した後，ヒトのみでなく，細菌類や菌類から動植物にいたるまで多種のゲノムの塩基配列が明らかにされており，ポストゲノム時代を迎えている．ゲノム分析から始まったプロテオミクスから，生物体内にある分子全体を網羅的に調べる学問のオミクス科学が発展してきた．近年，代謝物質の解析に関する研究は重要となり，メタボロミクス（生体，細胞，天然物など）の研究，さらに進んで薬物動態の研究，環境ストレス応答の研究に拡張され，オミクス科学の重要性が非常に高くなっている．いくつかの科学研究補助金の申請細目でオミクスに関連するキーワードが見られることにも，この事実が反映されている．とくに，農学，環境学，生物学，医歯薬学の分野での発展が目覚しい．オミクス解析の基盤技術とも言える質量分析や電気

泳動などの計測原理やその応用技術開発，ソフト開発に関わる研究を対象とした適切な分科細目は存在しない状況である．分析試料を質量分析に導入するためのイオン化に関する研究は，前処理を含め，同位体の利用など，多くの多様な分子種に対して研究が必要であり，高額の研究費を使わなくても研究開発できる分野も多く含まれる．生命科学に関連した計測科学技術の進展がオミックス研究の更なる推進に不可欠であることは明白であり，この領域の研究の発展を推進する目的で「オミクス計測科学」を新たな時限付き分科細目として設定することが平成23年度，日本学術振興会で決定され，平成24年度分から公募が始まる．この科研分野の創設は，農業工学分野から発信し，植物工場でのSCAをオールジャパン参加型の基礎研究分野として提案されたものである．

「オミクス計測科学」では，質量分析を始めとする分子計測のみでなく，バイオインフォマティクス，システム情報（知識）処理，シミュレーション工学，計算力学，微細プロセス技術，生体生命システム情報学，生体システム・フィジオーム，バイオデータベースを含んでおり，分子生物学から情報科学への橋渡しとして位置づけられる．この研究分野に，今後，植物工場に参加する研究者がどれほど積極的に参加するのか，未知な状況である．

愛媛大学の植物工場などでの栽培作物のトマトの遺伝子は解読されている．*Solanum lycopersicum* project（http://mips.helmholtz-muenchen.de/plant/tomato/index.jsp）では，解明されたゲノムの公開が行われている．また，代謝物に関連しても，Tomato Functional Genomics Database（TFGD, http://ted.bti.cornell.edu/）で公開されていて，世界中での協力体制が進みつつある．このようなデータベースの利用を促進し，植物工場への具体的な知識ベースの構築を進める方向を模索すべきであろう．愛媛大学でのSCAでは，トマトにおける代謝物の計測がリアルタイムで，かつ，細胞レベルで可能になりつつあるものの，疑似的なイン・シリコでのトマト細胞やトマト植物体の構造を構築し，計測した分子情報を対話型で入力できる代謝を予測することが重要であり，そのようなシステムの開発が必要であろう．

果実の品質を制御するためには，SCAで紹介したように，メタボロミク

ス研究をリンクさせ，質量分析による代謝物の定量分析が重要となる．また，水分状態計測とリンクさせ，代謝物の濃度，細胞の浸透圧計測，膨圧計測，水ポテンシャル計測が現場で可能になると，SCAの可能性が実現化する．高価な質量分析計を使用した場合，複数の質量分析計を購入することは，今のところ現実的とは言えず，性能が高く，小型で，安価な質量分析計の出現が待たれる．現在のパソコンが，小型化と高性能化を備えるようになり，ほとんどの家庭で使用するような汎用機になってきたので，将来は高性能の小型質量分析計の出現が達成される可能性はある．

　現実に質量分析計を使おうとすると，質量分析計を移動させて生体計測するよりも，植物体を質量分析計の近くに移動させて，計測するシステムのほうの実現性が高い．植物体の移動は，必ずしも植物体にとって不利益となるものではなく，1 m/sのスピードの風は葉の境界面抵抗を適度に取り除く作用があり，光合成効率が高くなるといわれている．また，2007年7月に九州に上陸した台風のように[3]，25 m/sでも，短時間である時は，ほとんどイネに障害が出なかったように，数 m/sの移動速度で植物体を動かしても，植物体同士が接触・衝突するようなことが起こらない限り，障害は出ないと思われる．植物体を自由に移動させることができると，質量分析などの高度な計測が比較的容易に利用できるのみでなく，管理・収穫の効率を上げることができる可能性が増え，施設の環境制御も簡略化できる可能性はある．しかしながら，植物体が大きくなると，重量が増えるため，重力の影響を受ける地上においては，移動のための設備投資が大きくなりすぎるため，現実的といえるのか，問題がある．無重力に近い状態での栽培環境であると，移動するための設備費自身は問題ないようになるであろうと，思われる．一部で，宇宙農業について研究が始まっている．しかしながら，現在使われている国際宇宙ステーションの維持管理も現実のところ経済的な負担が大きく，数人の宇宙飛行士が滞在するにも苦労している現実から，宇宙農業には否定的な意見も多くあり，近い将来における実現の可能性は低いかもしれない．

3. おわりに

オランダでは，グリーンハウス・ヴィレッジ（Greenhouse-Village）とよばれる植物工場と住宅がセットになったコミュニティの形成が計画されている．温室内に溜まった夏季の高温を利用して，地下深くの帯水層に蓄熱を行うとともに，もっと深いところの帯水層の冷たい地下水を地上に汲み上げて夏季の冷房への利用，逆に，地下水に蓄熱された温水の冬季利用など，新たな代替エネルギー源の開発研究を植物工場に取り入れている．温室の熱の利用を住宅の冷暖房と組み合わせ，さらに，生活排水の再利用水を温室に潅水するシステムを導入し，水の有効利用，炭酸ガスの有効利用を計画している．水利用の効率をさらに高めるため，太陽光利用型でありながら，温室を完全密閉形にし，水の再利用を図るウォータジー・グリーンハウス（Watergy Greenhouse）が考案されており[4]，さらなる水資源利用の効率化を模索している．

SPAは植物生体計測を利用するシステム制御の概念として太陽光植物工場の推進力としてより幅広い応用が見込めるが，次なる展開としては細胞レベルでの分子情報を取り込んだダイナミックな最適制御法（SCA）の開発が望まれよう．植物が低温，高温ストレス，水ストレス環境に適応するときには，細胞体積を維持するために浸透圧調節機能が働く[1]．ストレス応答に適応するために要する時間，ストレス感受性の分子機構の解明が必要であり，無駄のない環境制御を行うためには，自動生体計測を取り込んだ次世代植物工場の開発が期待される．SCAは環境応答に対応した遺伝子発現に視点を置いていて，線形システム制御の一種と捉えることができる．言い換えると，環境応答に関するメタボロミクス研究であり，細胞内での代謝をDNAレベルから代謝物まで連続した反応として扱う．環境応答を制御する代謝物の濃度を制御入力に見立てると，植物工場におけるH∞（エイチ・インフィニティ）制御理論を導入することで，H∞制御とSCAを結びつけ，安定した作物の収量・品質の最適化，植物工場のエネルギー消費の効率化に結びつける展望も必要であろう[5]．

世界の人口は2050年までに91.5億人に達するとの予測がある．食料供給

が深刻となり，植物工場への要望が多様化するであろう．人は一日あたり2～4 L 水を飲むが，食料を生産するための水を含めると，一日あたりベジタリアンで 1000 L，肉食を中心とすると 5400 L の水を必要とする[6]．地球規模でみて，海水を含めると，地上には水は充分あり，世界人口を 2200 年以降収束させる努力をして，110 億人に調節するようにすると，工業生産，食料生産を含めて水の使用を，淡水化処理施設を作ることで可能にできるという，試算が出されている[7]．現在の淡水化処理技術を使うと仮定すると，地球上で使用されているエネルギーの 10% を淡水化処理に使用して水の確保に使用する必要がある[7]．ただし，農業生産と飲料用の水の量を確保できたとしても，人口が分布するところまで水を輸送するパイプの配管が必要であり，水輸送は，水利用に関して解決すべき問題として指摘されている[7]．

コロンビア大学の D. デポミエ (2010)[8] は，高層ビルを利用しての植物工場による食料問題の解決法について提唱している．試算によると，マンハッタンの高層ビルを植物工場化し，作物栽培用に当てると，水の確保も含めて，地球レベルでの食料問題の解決法が見出せるのではないか，と希望的観測を述べている．

参考文献

1) 野並　浩：植物水分生理学．養賢堂．pp. 263 (2001)
2) Vallance, J., Déniel, F., Le Floch, G., Guérin-Dubrana, L., Blancard, D. and Rey, P. : Pathogenic and beneficial microorganisms in soilless cultures. In "Sustainable Agriculture Volume 2" edited by Eric Lichtfouse, Marjolaine Hamelin, Mireille Navarrete, and Philippe Debaeke. Springer. pp. 711–726 (2011)
3) Wada H., Nonami H., Yabuoshi Y., Maruyama A., Tanaka A., Wakamatsu K., Sumi T., Wakiyama Y., Ohuchida M., and Morita S. : Increased Ring-Shaped Chalkiness and Osmotic Adjustment when Growing Rice Grains under Foehn-Induced Dry Wind Condition. Crop Science 51 : 1703–1715 (2011)
4) Speetjens, S.L. : Towards model based adaptive control for the watergy greenhouse –Design and implementation. Ph. D. thesis Wageningen Universiteit, Wageningen, The Netherlands, pp. 198 (2008)
5) Leigh, J.R. : Control Theory (2 nd edition), The Institution of Engineering and Technology, Michael Faraday House, UK (2008)

6) Renaulta, D. and Wallenderb, W. W. : Nutritional water productivity and diets. Agricultural Water Management 45 : 275-296（2000）
7) Bonnet, R. M., and Woltjer, L. : Surviving 1, 000 Centuries ; Can we do it? Praxis Publishing, Chichester, UK. pp. 422.（2008）
8) デポミエ，D.：エコな食糧危機解決策？　摩天楼での農業．日経サイエンス 2010年2月号：88-97（2010）

索　引

CCFL　286
CIH　27
CIM　27
CO_2　191, 192, 199, 200, 205
CO_2 損失速度　256
CPL 3 様遺伝子　299
DC パワーコンディショナー　220
Duke 大学　20
GAP　300
HID ランプ　179
H∞（エイチ・インフィニティ）　346
IFAC　12, 13
IC タグ　121
IFAC 活動　26
IFAC 世界大会　15
Lab on a Chip（LOC）　321, 322, 326
LED　179, 180
LNG 発電　217
micro Total Analysis System　321
P1P 仕様　221
PCR　325, 326
pH　341, 342
Point of Care Testing（POCT）　321, 322, 325
SCA　296, 344-346
SILHOS　286
Speaking Plant Approach（SPA）　25, 88, 164, 227, 295, 296
Sunergy greenhouse　299

あ　行

アシストシステム　219
圧力センサ　124
アトラクター　149-152
亜熱帯島嶼環境　271
アブシシン酸　41

雨水利用システム　245
アルゴリズム　24
暗黙知　165
イオン・アップテーク　18
イオン選択制電極　322, 323
イオン濃度　341, 342
イオン濃度制御　297
イオン濃度調整プログラム　297
意思決定支援システム　164
遺伝子組み換え　221
遺伝情報発現　299
遺伝的アルゴリズム　136, 146, 148
医農商工連携　272
インダクション現象　45
インダクション法　45
インテリジェント化　159, 162
インパルス応答　21, 23
ヴァーチャル栽培空間　75
ウォータジー・グリーンハウス（Watergy Greenhouse）　346
うつ病　215
液化天然ガス　268
エキスパート・システム　11, 136, 139-143
エネルギー生産　299
エラーバックプロパゲーション　144
園芸作物　283
園芸療法　215
遠赤色光　176
横幹連合の農工商連携　16
大阪府立大工学部　16
沖縄農業　267
オミクス計測科学　344
重み関数　21, 23

か 行

カーボンニュートラル 273
カーボンリダクション 273
概日リズム 90, 92, 95, 96, 100, 102
海洋深層水 268
カオス 134, 136
画像計測 37
価値の再配置 215
カラー画像 230
換気回数 257
換気回数 N の連続推定 258
環境制御 162, 170
環境制御型農業 6
完全人工光型植物工場 213
気孔 41
機能性成分 284
揮発性有機化合物 49
九州大学生物環境調節研究センター 20
吸収式除湿機 298
吸収式冷凍機 274
吸着式冷凍機 273
吸着パッド 124
局所補光 181
気流制御 74
近赤外線 176
近赤外光フィルター 169
近代農学の起源 7
グリーンイノベーション 167
グリーンハウス 17
グリーンハウス・ヴィレッジ（Greenhouse-Village）346
グリーンハウス・オートメーション 26, 285
グリーンハウス・ホーティカルチャー 3, 14-16, 21, 296
グリーンポート 206
クローン苗 285
クロロフィル 43
クロロフィル蛍光 43, 119
クロロフィル蛍光画像 230
クロロフィル蛍光画像計測 43, 119
クロロフィル蛍光画像計測システム 231

群落内補光 181
茎径 230
形式知 165
（社）計測自動制御学会 9
形態形成補光 179
言語的な記述 136, 137
公益社団法人・計測自動制御学会 13
高温期 172
高輝度放電ランプ 179
光合成機能指標 47
光合成機能診断 231
光合成速度 18
光合成有効放射 175
光合成補光 179
黄砂 223
光質選択性資材 177
光質調節のフィルム 178
高収量品種 191, 192, 196
高糖度トマト 39
高齢者 214
小型分散電源 217
国際園芸学会（ISHS）3
国際学会 IFAC（国際自動制御連盟）3, 10
国際技術委員会（TC）28
コケ緑化 222
コスト・パフォーマンス 248
個体 147
コンピュータ 191-193, 199, 202, 203
コンピュータ制御 15, 26
根圏暖房 235
根圏冷却 235

さ 行

サーカディアン共鳴現象 94, 110
サーマルサイクラー 321, 326
サーモグラフィ 41
最適化 162
最適化問題 147, 148
最適値 146, 147, 149
最適レギュレータ 162
栽培プロセスの「重み付け」18
栽培プロセスのシステム制御 17

索引　（351）

栽培プロセスの特質　17
細密農業　73
しおれ　37-41
自殺原因　215
システム　12
システム・アプローチ　3, 27, 28
システム科学　5, 12, 13
システム科学的アプローチ　12
システム科学の裏話　14
システム制御　12
システム制御に基づく環境調節　18
システム同定　23
システム理論　5, 24, 26
次世代植物工場　167
次世代太陽光植物工場　157
施設内の光環境　172
自走式植物生育診断情報収集装置　234
湿度　195, 200-202
湿度制御　298
時変　135
社会資本　211
社会資本危機　212
社会福祉性　215
遮光　174-177
遮光資材　176, 177
収穫物情報　234
収穫物情報収集装置　234
収穫ロボット　159
集団　147
受粉昆虫　198
省エネルギー　236
障害者　214
蒸散　41
蒸散プロセス　24
蒸散機能診断　232
少子高齢化　212
植物生育診断情報　234
植物生育モデル　234
植物応答　131-134
植物体管理　194
植物工場　188
植物工場特区　189

施用 CO_2 利用効率　252, 255
状態変数　253
情報通信　157
正味光合成速度　255
植物工場専用品種　246
植物残渣処理　245
植物生体計測　8
事例　26
事例ベース　25, 26
人工光植物工場　9, 15, 16, 26, 189, 295
人工知能　25
人材育成プログラム　236
水耕栽培（養液栽培）　20
推論　136, 139, 140
推論エンジン　139
数式による線形フィルタリングの同定結果　25
ストレス適応プロセス　25
生育制御　246
制御因子　341
制御工学　5, 13
制御特性　19
生産性　294, 296
製剤室　221
成長（肥大・伸長，形態形成）プロセス　25
成長点暖房　236
生物の論理　12
精密農業　188
生命機能　131
生理的有効放射域　175
赤外線カット資材　175
設計科学　5
設備償却　213
ゼロ濃度差 CO_2 施用法　256
線形フィルタリング　21-23
センサ開発　220
全自動植物工場　159
ソーラー発電　217
ソーラーモジュール　222
ソイルレス・カルチャー　342
促進効果　172
速度変数　253

速度変数の計測と見える化 255

た 行

体内時計 94-96, 100, 106
体内時計制御工学 108
太陽エネルギー 162, 272
太陽光可変利用型植物工場 275
太陽光植物工場 10, 16, 19, 24, 26
太陽熱利用システム 271
多目的最適制御理論 170
多目的評価関数 252
タワー型 219
単為結果性トマト 285
炭素貯留 273
知識化 26
知識創造モデル 165
知識ベース 139, 166, 231
知的植物工場 231
知能化 231
知能的アプローチ 131, 132
千葉大学の植物工場拠点事業 242
長寿 272
月積算日射量 172
低温期 172
定数 18
低炭素社会 267
適応度 147
デージファーム 270
データマイニング 164
テクノインテグレーション 219
デジタルカメラ 37
デバイス 12
デユーク大学 8
デルフト工科大 14
電気式ヒートポンプ 245
電気伝導度 297
天敵 195, 198
転流プロセス 24
投影面積 39
投影面積測定システム 232
投影面積比 40
統合環境制御 252

同定 18, 23, 25
動的モデル 144, 148
糖度 41, 341
投入資源利用効率 248
時計遺伝子 97, 104, 109
トマトサビダニ 48
ドメイン知識 166

な 行

中城デージファーム 277
ナレッジマネジメント 164
匂い成分 49
日積算日射量 172
日本学術会議第21期農業情報システム分科会 11
日本学術会議IFAC分科会 28
日本学術会議対外報告書 27
日本植物工場学会 9
日本生物環境工学会 10
日本生物環境調節学会 8
入出力関係 134
ニューラルネットワーク 119, 136, 143, 145, 146, 162
認識科学 5
熱画像 230
熱収穫 299
根の物質吸収（イオン・アップテーク）プロセス 24
農業インフラ 187, 212
農業機械化推進事業 184, 211
農業構造改善事業 188
農業就業者 240
農業就労者平均年齢 188
農業人口 240
農商工連携 158, 189
「農商工連携」植物工場プロジェクト 4
納税者 214
農地災害予測及び情報連絡システム 183
農地防災事業 185

は 行

バイオ・エコシステムプロジェクト 273

バイオマスエネルギー 162, 272
ハイブリッドエネルギーシステム 222
培養液管理 297
バガス炭 273
白熱電球 180
発光ダイオード 286
パラダイムシフト 4
半閉鎖型 192, 205
判別分析法 37
ヒートポンプ 162
光エネルギー利用効率 252
光環境制御 173
光形態形成 172
光独立栄養成長培養法 285
光―熱変換システム 275
光ファイバーセンサ 120
非線形性 135
被覆資材 175
ファイトトロニクス 8, 19, 20, 24, 296
ファイトトロニクスの同定結果 25
ファイトトロン 302, 304, 305, 308
ファジイ制御 136
ファジイ制御ルール 137
ファジーロジック 164
複合環境制御 295
複雑システム 131, 132, 136
フィードバック系 162
フィードバック理論 13
フードマイレージ 189, 216, 267
フーリエ変換 24
風力エネルギー 162
フラクタル 149
フラクタル次元 136, 149, 150, 153
フルーツトマト 289
プロダクションルール 139, 142, 143
分析・診断・効率向上システム 248
閉鎖型植物工場 216
変動性エネルギー 269
放射温度センサ 119
補光 175

ポリメラーゼ連鎖反応 325

ま 行

マイクロプロパゲーション 286
マシンビジョン 131
マッピングシステム 234
水ストレス 37, 232
水ストレス状態診断 232
水ポテンシャル 49, 345
水利用効率 252, 259
密植栽培 245
無機肥料利用効率 252
メタボロミクス 343, 344
滅菌除菌システム 220
メンバーシップ関数 136, 137, 139
目的関数 170
モデル化 133, 135, 136, 153
モデル実験 24
モデルハウス型植物工場実証・展示・研修事業 241
モリエ線図 298

や 行

有用物質蓄積モデル 81
ゆらぎ 134, 135
葉温 41
葉温測定システム 41, 232
葉面積指数 195, 197

ら 行

ランニングコスト 125
緑色光 289
ルシフェラーゼ発光 89-93, 95
レーザー光源 220
冷熱エネルギー 269
ロックウール 193, 194, 196, 197

わ 行

ワーゲニンゲン大学 14, 26
ワーゲニンゲン農科大学 14, 26

	＜(社) 出版者著作権管理機構 委託出版物＞	
2012	2012年4月20日　第1版発行	
太陽光植物工場の新展開		
著者との申し合せにより検印省略	編著者	野口　伸（のぐち のぼる） 橋本　康（はしもと やすし） 村瀬　治比古（むらせ はるひこ）
ⓒ著作権所有	発行者	株式会社　養賢堂 代表者　及川　清
定価（本体3800円＋税）	印刷者	株式会社　三秀舎 責任者　山岸真純

〒113-0033 東京都文京区本郷5丁目30番15号

発行所　株式会社 養賢堂　TEL 東京(03) 3814-0911　振替00120
　　　　　　　　　　　　FAX 東京(03) 3812-2615　7-25700
　　　　　　　　　　　　URL http://www.yokendo.co.jp/

ISBN978-4-8425-0498-8　C3061

PRINTED IN JAPAN　　　　　製本所　株式会社三秀舎
本書の無断複写は著作権法上での例外を除き禁じられています。
複写される場合は、そのつど事前に、（社）出版者著作権管理機構
（電話 03-3513-6969、FAX 03-3513-6979、e-mail: info@jcopy.or.jp）
の許諾を得てください。